普通高等教育"十一五"国家级规划教材

炼 铁 技 术

卢宇飞 杨桂生 主编

北 京
冶金工业出版社
2022

内 容 提 要

本书系统地介绍了炼铁的原燃料、产品、炼铁工艺流程及设备、高炉冶炼强化技术和高炉炼铁工艺计算，同时简明扼要地介绍了目前炼铁的新技术、新工艺、新设备以及环境保护与综合利用。

本书可供高等职业技术院校教学之用，也可作为职业技术培训教材，还可供相关领域的工程技术人员和管理人员参考。

图书在版编目（CIP）数据

炼铁技术/卢宇飞，杨桂生主编. —北京：冶金工业出版社，2010.1
（2022.10 重印）
普通高等教育"十一五"国家级规划教材
ISBN 978-7-5024-5092-2

Ⅰ.①炼…　Ⅱ.①卢…　②杨…　Ⅲ.①炼铁—高等学校—教材　Ⅳ.①TF5

中国版本图书馆 CIP 数据核字（2009）第 222188 号

炼铁技术

出版发行 冶金工业出版社	**电　话** （010）64027926
地　址 北京市东城区嵩祝院北巷 39 号	**邮　编** 100009
网　址 www. mip1953. com	**电子信箱** service@ mip1953. com

责任编辑　宋　良　杨　敏　美术编辑　彭子赫　版式设计　张　青
责任校对　卿文春　责任印制　窦　唯
北京虎彩文化传播有限公司印刷
2010 年 1 月第 1 版，2022 年 10 月第 6 次印刷
787mm×1092mm　1/16；13.25 印张；346 千字；196 页
定价 **29.00** 元

投稿电话　（010）64027932　投稿信箱　tougao@cnmip. com. cn
营销中心电话　（010）64044283
冶金工业出版社天猫旗舰店　yjgycbs. tmall. com
（本书如有印装质量问题，本社营销中心负责退换）

前　言

本书为普通高等教育"十一五"国家级规划教材，是按照教育部高职高专人才培养目标和规格应具有的知识与能力结构和素质要求，依据冶金行业"十一五"高职高专教材出版规划，参照原国家劳动部《职业技能标准、职业技能鉴定规范》，根据高职高专办学理念、人才培养目标和职业（岗位）需求，在总结近几年高职高专炼铁工艺教学经验并征求相关企业工程技术人员意见的基础上编写而成的。

为了突出高职教育的特点，注重教材的针对性和适应性，本书以炼铁生产过程为主线，条理清晰、简明扼要、循序渐进、深入浅出，并注重理论联系实践。本书的理论内容侧重于炼铁生产实用理论的介绍，以"必需、够用"为度，打牢学生必要的基础知识，提高学生的自学能力和再学习能力；本书的实践内容以生产过程、实用技术、生产实例的介绍为重点，注意吸收国内外有关的先进技术成果和生产经验，充实了实践性教学内容，以培养学生的职业能力、动手能力和基本操作技能。

本书由昆明冶金高等专科学校卢宇飞、杨桂生担任主编。参与本书编写工作的还有：昆明冶金高等专科学校陈利生、全红，马鞍山钢铁集团公司李士玲，唐山科技职业技术学院陈学英、王艳春，昆明钢铁集团有限责任公司孔维桔。其中，前言、第3~6章由卢宇飞编写，第1章由卢宇飞、李士玲、杨桂生共同编写，第2、7章由杨桂生编写，第8章由孔维桔编写，第9章由陈学英、杨桂生共同编写，第10章由陈利生、全红共同编写，第11章由王艳春、全红共同编写。

本书由昆明理工大学张家驹任主审，马鞍山钢铁集团公司傅燕乐等工程技术人员对本书的编写提出了许多宝贵的意见，对于以上专家的大力支持和帮助，在此一并表示衷心感谢！

由于编者水平有限，书中不妥之处，敬请广大读者批评指正。

编　者
2009 年 9 月

目 录

1　高炉炼铁概述

1.1　高炉炼铁生产工艺流程与特点

自高炉炼铁技术发明以来，就淘汰了原始古老的炼铁方法（例如地坑法），炼铁生产获得巨大发展，炼铁技术不断进步。至今，世界上绝大多数炼铁厂一直沿用高炉冶炼工艺，虽然现代技术研究了直接炼铁、熔融还原等冶炼新工艺，但还不能取代它。

1.1.1　高炉炼铁生产工艺流程

高炉冶炼生铁的本质，就是从铁矿石中将铁还原出来并熔化成铁水流出炉外。还原铁矿石需要的还原剂和热量由燃料燃烧产生。炼铁的主要燃料是焦炭，为了节省焦炭而使用了喷吹煤粉、天然气等辅助燃料。为了使高炉生产获得较好的生产效果，现代高炉几乎全部采用了人造富矿（烧结矿、球团矿）作为含铁原料。因炉料的特性不同，有的高炉在冶炼时还需加入适量的熔剂（石灰石、白云石等）。现代高炉炼铁生产工艺流程如图 1-1 所示。

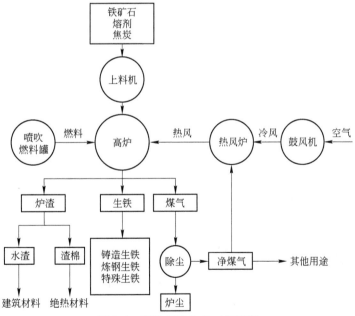

图 1-1　高炉炼铁生产工艺流程

高炉生产工艺流程包括以下几个系统：

（1）高炉本体。高炉本体是炼铁生产的核心部分，它是一个近似于竖直的圆筒形设备。它包括高炉的基础、炉壳（钢板焊接而成）、炉衬（耐火砖砌筑而成）、炉型（内型）、冷却设备、立柱和炉体框架等。高炉的内部空间称为炉型，如图 1-2 所示，它从上到下分为 5 段，即炉喉、炉身、炉腰、炉腹、炉缸。整个冶炼过程是在高炉内完成的。

（2）上料设备系统。上料设备系统包括贮矿场，贮矿槽，槽下漏斗，槽下筛分、称量和运料设备以及向炉顶供料设备（有皮带运输上料机和料车上料机之分）。其任务是将高炉所需原燃料，按比例通过上料设备运送到炉顶的受料漏斗中。

（3）装料设备系统。装料设备系统一般分为钟式、钟阀式、无钟式三类，我国多数高炉采用钟式装料设备系统，技术先进的高炉大多采用无钟式装料设备系统。钟式装料设备系统包括受料漏斗、料钟、料斗等。它的任务是将上料系统运来的炉料均匀地装入炉内，并使其在炉内合理分布，同时又起到密封炉顶、回收煤气的作用。

（4）送风设备系统。送风设备系统包括鼓风机、热风炉、冷风管道、热风管道、热风围管等。其任务是将鼓风机送来的冷风经热风炉预热之后送入高炉。

图 1-2　高炉内型图

（5）煤气净化设备系统。煤气净化设备系统包括煤气导出管、上升管、下降管、重力除尘器、洗涤塔、文氏管、脱水器及高压阀组等，有的高炉也用布袋除尘器进行干法除尘。其任务是将高炉冶炼产生的含尘量很高的荒煤气进行净化处理，以获得合格的气体燃料。

（6）渣铁处理系统。渣铁处理系统包括出铁场、泥炮、开口机、炉前吊车、铁水罐、铸铁机、堵渣机、水渣池及炉前水力冲渣设施。其任务是将炉内放出的渣铁按要求进行处理。

（7）喷吹燃料系统。喷吹燃料系统包括喷吹物的制备、运输和喷入设备等。其任务是将按一定要求准备好的燃料喷入炉内。目前，我国高炉以喷煤为主。喷煤的喷吹燃料系统有磨煤机、收集罐、贮存罐、喷吹罐、混合器和喷枪。本系统的任务是将煤进行磨制、收集和计量后，从风口均匀、稳定地喷入高炉内。

高炉冶炼过程是一系列复杂的物理化学过程的总和，有炉料的挥发与分解、铁氧化物和其他物质的还原、生铁与炉渣的形成、燃料燃烧、热交换和炉料与煤气运动等。这些过程不是单独进行的，而是数个过程在相互制约的情况下同时进行的。高炉冶炼的基本过程是，燃料在炉缸风口前燃烧形成高温还原煤气，煤气不停地向上运动，与不断下降的炉料相互作用，其温度、数量和化学成分逐渐发生变化，最后从炉顶逸出炉外；炉料在不断下降的过程中，由于受到高温还原煤气的加热和化学作用，其物理形态和化学成分逐渐发生变化，最后在炉缸里形成液态渣铁，从渣铁口排出炉外。

1.1.2　高炉炼铁生产特点

高炉炼铁生产特点是：

（1）长期连续生产。高炉从开炉投产到停炉，一代炉龄一般有 10 年左右甚至更长（中间可能进行一次中修）。高炉在此期间是连续生产的，仅在设备检修或发生事故时才能停止生产（称为休风）。任何一个环节出了问题，都将影响整个高炉的冶炼过程，甚至导致停产，给企业带来巨大损失。

（2）机械化、自动化程度高。高炉生产的大规模化及连续性，必须有较高的机械化和自动化程度来保证。为了准确、连续地完成每日上万吨乃至几十万吨原料及几千吨乃至上万吨产品的装入和排出，为了改善职工的劳动条件、保证安全、提高劳动生产率，目前，上料系统大多采用皮带上料，电子计算机、工业电视等均已装备在高炉生产的各个系统中，机械化、自动化程度越来越高。

（3）生产规模大型化。近年来，高炉向大型化方向发展，目前，世界上已有数座 $5000m^3$ 以上容积的高炉在生产。我国也已经有 $5500m^3$ 的高炉投入生产，日产生铁万吨以上，日消耗矿石等近 2 万吨、焦炭等燃料 5000t。

（4）高炉生产是钢铁联合企业中的重要环节。现代化的钢铁联合企业都以与生产规模相匹配的生产流程为基本形式，高炉处于中间环节，起着重要的承上启下的作用。因此，高炉工作者应努力防止各种事故的发生，保证联合企业生产的顺利进行。

1.2　高炉炼铁产品

高炉炼铁生产的主要产品是生铁，副产品有炉渣、煤气和炉尘。

1.2.1　生铁

生铁、钢和熟铁都是铁碳合金，它们的主要区别是含碳量不同，含碳量小于 0.2% 的为熟铁，含碳量在 0.2% ~ 1.7% 范围内的为钢，含碳量在 1.7% 以上的为生铁。

高炉冶炼生铁的含碳量一般为 2.5% ~ 4.5%，并有少量的硅、锰、磷、硫等元素。生铁质硬而脆，缺乏韧性，不能压延成形，机械加工性能及焊接性能不好，但含硅量高的生铁（灰口铁）的铸造及切削性能良好。

生铁按用途可分为普通生铁和合金生铁两种（普通生铁占生铁产量的 98% 以上）。

合金生铁主要是锰铁和硅铁。合金生铁可作为炼钢的辅助材料，如脱氧剂、合金元素添加剂，它们的主要区别是含硅量不同。

普通生铁分为炼钢生铁和铸造生铁两种（炼钢生铁占普通生铁产量的 80% 以上）。

炼钢生铁和铸造生铁按照含硅量的不同，可分别分为 3 个和 6 个牌号，各种牌号的炼钢生铁和铸造生铁的成分要求分别见表 1-1 和表 1-2。

表 1-1　炼钢用生铁国家标准（GB/T 717—1998）

铁　种			炼 钢 生 铁		
铁　号	牌　号		炼 04	炼 08	炼 10
	代　号		L04	L08	L10
化学成分/%	C		≥3.50		
	Si		≤0.45	0.45 ~ 0.85	0.85 ~ 1.25
	硫	特类	≤0.020		
		一类	0.02 ~ 0.03		
		二类	0.03 ~ 0.05		
		三类	0.05 ~ 0.07		
	锰	一组	≤0.03		
		二组	0.03 ~ 0.05		
		三组	>0.05		
	磷	一级	≤0.15		
		二级	0.15 ~ 0.25		
		二级	0.25 ~ 0.40		

表 1-2　铸造用生铁国家标准（GB/T 718—1998）

铁　种		铸 造 生 铁					
铁　号	牌　号	铸34	铸30	铸26	铸22	铸18	铸14
	代　号	Z34	Z30	Z26	Z22	Z18	Z14
化学成分/%	C	>3.3					
	Si	3.20~3.60	2.80~3.20	2.40~2.80	2.00~2.40	1.60~2.00	1.25~1.60
	锰　1组	≤0.50					
	锰　2组	0.50~0.90					
	锰　3组	0.90~1.20					
	磷　1级	≤0.06					
	磷　2级	0.06~0.10					
	磷　3级	0.10~0.20					
	磷　4级	0.20~0.40					
	磷　5级	0.40~0.90					
	硫　1类	≤0.03				≤0.04	
	硫　2类	≤0.04				≤0.05	
	硫　3类	≤0.05				≤0.06	

1.2.2　炉渣

炉渣是高炉炼铁的副产品。矿石中的脉石、熔剂中的各种氧化物和燃料中的灰分等熔化后组成炉渣，其主要成分为 CaO、MgO、SiO_2、Al_2O_3 及少量的 MnO、FeO、S 等。我国大型高炉吨铁的渣量在 270~350kg 之间；地方小型高炉由于原料条件差、技术水平低，其渣量大大超过此数值。炉渣有许多用途，常用作水泥及隔热、建材、铺路等材料。

高炉炉渣有水渣、渣棉和干渣之分。水渣是液态炉渣用高压水急冷粒化形成的，它是良好的制砖和制作水泥的原料；渣棉是液态炉渣用高压蒸汽或高压压缩空气吹成的纤维状的渣，可作为绝热材料；干渣是液态炉渣自然冷凝后形成的渣，经处理后可用于铺路、制砖和生产水泥，还可以制成建筑材料。

1.2.3　煤气

高炉每冶炼 1t 生铁能产生 1700~2500m³ 的煤气，其化学成分（体积分数）包括：CO（20%~30%）、CO_2（15%~20%）、H_2（1%~3%）、N_2（56%~58%）和少量的 CH_4。煤气经除尘脱水后作为燃料，其发热值为 2900~3800kJ/m³（随着高炉能量利用系数的改善而降低），热风炉、烧结、炼钢、炼焦和轧钢等用户均可使用。

高炉煤气是一种无色无味的透明气体，由于含 CO 较高，会使人中毒致死。当煤气与空气混合，煤气含量（体积分数）达到 46%~62% 且温度达到着火点（650℃）时，就会发生爆炸。因此，在煤气区域工作时，要特别注意防火、防爆和防止煤气中毒事故的发生。

1.2.4　炉尘

炉尘也称为瓦斯灰，是随高速上升的煤气带出高炉外的细颗粒炉料，在除尘系统中与煤气分离。炉尘中含铁量为30%~45%，含碳量为8%~20%，每冶炼1t生铁产生10~150kg的炉尘。炉尘回收后可作为烧结原料加以利用。

1.3 高炉炼铁技术经济指标

对高炉生产的技术水平和经济效益的总要求是高效、优质、低耗、长寿和环保。

1.3.1 高炉有效容积利用系数

高炉有效容积利用系数 η_V 按下式计算：

$$\eta_V = P/V_u \tag{1-1}$$

式中　η_V——高炉有效容积利用系数（指每立方米高炉有效容积在一昼夜生产的生铁吨数），$t/(m^3 \cdot d)$；

　　　P——高炉一昼夜生产的合格生铁量，t/d；

　　　V_u——高炉有效容积，m^3。

高炉有效容积利用系数是衡量高炉生产强化程度的指标。η_V 越高，高炉生产率越高，每天所产出的铁越多。目前，我国的高炉有效容积利用系数一般为 $1.8 \sim 2.3 t/(m^3 \cdot d)$，高者可达 $3.0 t/(m^3 \cdot d)$ 以上。

1.3.2 焦比、煤比、综合焦比、综合燃料比

焦比（也称干焦比）K 按下式计算：

$$K = Q/P \tag{1-2}$$

式中　K——焦比（指冶炼1t生铁所消耗的干焦炭量），kg/t；

　　　Q——高炉一昼夜消耗的干焦炭量，kg/d。

煤比 y 按下式计算：

$$y = Q_y/P \tag{1-3}$$

式中　y——煤比（指冶炼1t生铁所喷吹的煤粉量），kg/t；

　　　Q_y——高炉一昼夜消耗的煤粉量，kg/d。

综合焦比 $K_综$ 按下式计算：

$$K_综 = (Q_y R + Q)/P \tag{1-4}$$

式中　$K_综$——综合焦比（冶炼1t生铁所喷吹的煤粉量乘以置换比所折算成的干焦炭量，再与冶炼1t生铁所消耗的干焦炭量相加，即为综合焦比），kg/t；

　　　R——煤粉的置换比（某一数量的喷吹煤粉所能代替的焦炭量），一般来说，$R = 0.7 \sim 0.9 kg/kg$，如煤粉置换比为0.8，则相当于喷吹1kg煤粉可替代0.8kg焦炭。

综合燃料比（简称燃料比）K_f 按下式计算

$$K_f = (Q_y + Q)/P \tag{1-5}$$

式中　K_f——综合燃料比（指冶炼1t生铁所消耗的干焦炭与煤粉的量之和），kg/t。

以上4个指标是衡量高炉能量消耗高低的重要指标。

1.3.3 冶炼强度

冶炼强度分为干焦冶炼强度和综合冶炼强度。

干焦冶炼强度 I 按下式计算：

$$I = Q/V_u \tag{1-6}$$

式中　　I——干焦冶炼强度（指每昼夜每立方米高炉有效容积燃烧的焦炭量），$t/(m^3 \cdot d)$。

综合冶炼强度 $I_综$ 按下式计算：

$$I_综 = (Q + RQ_y)/V_u \tag{1-7}$$

式中　　$I_综$——综合冶炼强度（指每昼夜每立方米高炉有效容积燃烧的燃料量），$t/(m^3 \cdot d)$。

以上两个指标是衡量高炉强化冶炼程度的重要指标。

1.3.4　休风率

休风率按下式计算：

$$休风率 = 休风时间/规定日历作业时间 \tag{1-8}$$

休风率是指高炉休风停产时间占规定日历作业时间（日历时间减去计划大、中修时间和封炉时间）的百分数，它是衡量高炉设备管理水平、维护水平和操作水平的重要指标。降低休风率是高炉增产节焦的重要途径，我国先进高炉的休风率已降到 1% 以下。

1.3.5　生铁合格率

化学成分符合国家标准的生铁为合格生铁。合格生铁产量占高炉总产铁量的百分数，称为生铁合格率，即：

$$生铁合格率 = 合格生铁量/生铁总产量 \times 100\% \tag{1-9}$$

我国一些企业的生铁合格率已达 100%。

1.3.6　生铁成本

生铁成本是指冶炼 1t 生铁所需要的全部费用，它包括原料、燃料、动力、工资及管理等费用。生铁成本是评价高炉经济效益好坏的一个重要指标。

1.3.7　炉龄

高炉从开炉到停炉大修之间的时间，称为一代高炉的炉龄。延长一代炉龄是高炉工作者的重要任务，也是提高高炉总体经济效益的重大课题，大高炉的炉龄要求达到 10 年以上，国外大型高炉的炉龄最长已达 20 年。

复习思考题

1-1　简述高炉炼铁生产工艺流程。各系统的作用是什么？

1-2　高炉生产有何特点？

1-3　什么是生铁，什么是钢，什么是熟铁？

1-4　高炉冶炼的主、副产品各有哪些，各有什么用途？

1-5　高炉冶炼技术经济指标有哪些？

2　高炉炼铁原料和燃料

2.1　铁　矿　石

2.1.1　铁矿石的分类及主要特性

铁矿石可分为天然铁矿石和人造富矿两种。天然铁矿石种类较多，在自然界中已发现的有300多种含铁矿物。目前，世界上常见的天然铁矿石主要是以下4大类：

（1）磁铁矿。磁铁矿的化学式为 Fe_3O_4，具有强磁性，结构致密，晶粒细小，颜色及条痕均为黑色，脉石主要是石英及硅酸盐。磁铁矿中含有 TiO_2 及 V_2O_5 等成分的复合矿，称为钛磁铁矿或钒钛磁铁矿。自然界中的纯磁铁矿很少，由于地表氧化作用，部分磁铁矿氧化为赤铁矿，但仍残留着磁铁矿的晶格及外形，故又称之为假象磁铁矿。

（2）赤铁矿。赤铁矿的化学式为 Fe_2O_3，颜色为暗红色，具有弱磁性，含硫、磷较少，易破碎、易还原，脉石多为硅酸盐。

（3）褐铁矿。褐铁矿是含结晶水的铁氧化物，化学式为 $nFe_2O_3 \cdot mH_2O$（ $n = 1 \sim 3$， $m = 1 \sim 4$）。褐铁矿中绝大部分含铁矿物是以 $2Fe_2O_3 \cdot 3H_2O$ 的形式存在的。

（4）菱铁矿。菱铁矿的化学式为 $FeCO_3$，颜色为灰色带黄褐色。菱铁矿经过焙烧分解出 CO_2 气体，含铁量即可得到提高，而且也变得疏松多孔，易破碎，还原性好。

各种铁矿石的分类及主要特性列于表2-1。

表2-1　常见天然铁矿石的分类及特性

矿石名称	化学式	理论含铁量/%	密度/t·m⁻³	颜色	实际富矿含铁量/%	有害杂质	强度及还原性
磁铁矿	Fe_3O_4	72.4	4.9~5.2	黑色	40~70	含硫、磷高	坚硬、致密、难还原
赤铁矿	Fe_2O_3	70.0	4.9~5.3	暗红色	55~60	含硫、磷低	软、易破碎，易还原
褐铁矿	水赤铁矿 $2Fe_2O_3 \cdot H_2O$	66.1	4.0~5.0	黄褐色、暗褐色至绒黑色	37~55	含硫低，含磷高低不等	疏松，易还原
	针赤铁矿 $Fe_2O_3 \cdot H_2O$	62.9	4.0~4.5				
	水针赤铁矿 $3Fe_2O_3 \cdot 4H_2O$	60.9	3.0~4.4				
	褐铁矿 $2Fe_2O_3 \cdot 3H_2O$	60.0	3.0~4.2				
	黄针铁矿 $Fe_2O_3 \cdot 2H_2O$	57.2	3.0~4.0				
	黄赭石 $Fe_2O_3 \cdot 3H_2O$	55.2	2.5~4.0				
菱铁矿		48.2	3.8	灰色带黄褐色	30~40	含硫低，含磷较高	易破碎，焙烧后易还原

2.1.2　高炉冶炼对铁矿石的要求

铁矿石是高炉冶炼的主要原料，其质量的优劣与冶炼进程及技术经济指标有极为密切的关系。决定铁矿石质量优劣的主要因素是：化学成分、物理性质及冶金性能。高炉冶炼对铁矿石的要求是：含铁量高，脉石少，有害杂质少，化学成分稳定，粒度均匀，具有良好的还原性及一定的机械强度等性能。

2.1.2.1　铁矿石品位

铁矿石的品位即指铁矿石的含铁量，以 $w(\text{TFe})$ 表示。品位是评价铁矿石质量的主要指标。铁矿石有无开采价值，开采后能否直接入炉冶炼及其冶炼价值如何，均取决于矿石的含铁量。

铁矿石含铁量高，有利于降低焦比和提高产量。经验表明：矿石含铁量每增加1%，焦比将降低2%，产量可提高3%。这是因为随着矿石品位的提高，脉石含量减少，熔剂用量和渣量减少，既节省热量消耗，又有利于炉况顺行。从矿山开采出来的矿石，含铁量一般在30% ~ 60%之间。品位较高、经破碎筛分后可直接入炉冶炼的铁矿石称为富矿，一般当矿石的实际含铁量为理论含铁量的70%以上时方可直接入炉；而品位较低、不能直接入炉的铁矿石称为贫矿，贫矿必须经过选矿和造块后才能入炉冶炼。

2.1.2.2　脉石成分

铁矿石的脉石成分主要是 SiO_2、Al_2O_3、CaO 和 MgO。以 SiO_2 为主的脉石，称为酸性脉石；以 CaO 和 MgO 为主的脉石，称为碱性脉石。

现有的铁矿资源中，脉石绝大多数为酸性脉石，SiO_2 含量较高。因为 SiO_2 和 Al_2O_3 这类酸性氧化物熔点很高，所以在现代高炉冶炼条件下，为了得到一定碱度的低熔点炉渣，就必须在炉料中配加一定数量的碱性熔剂（石灰石）与 SiO_2 作用造渣。矿石中 SiO_2 含量越高，需要加入的石灰石越多，生成的渣量也越多，这将使焦比升高，产量下降，所以要求铁矿石中含 SiO_2 越少越好。

脉石中含碱性氧化物（CaO、MgO）较多的矿石，在冶炼时可少加或不加石灰石，对降低焦比有利，具有较高的冶炼价值。这种冶炼时不加熔剂的矿石称为自熔性矿石。

显然，矿石中 SiO_2 含量高，碱性氧化物含量低，矿石冶炼价值较低；矿石中 SiO_2 含量低，碱性氧化物含量较高，矿石冶炼价值较高。

2.1.2.3　有害杂质和有益元素的含量

A　有害杂质

矿石中的有害杂质是指那些对冶炼有妨碍或使矿石冶炼时不易获得优质产品的元素，主要有硫、磷、铅、锌、砷、钾、钠等。高炉冶炼要求矿石中的有害元素含量越少越好。我国规定矿石中有害元素含量的界限见表2-2。

表 2-2　矿石中有害元素含量的界限

元素名称与符号	硫（S）	磷（P）	铅（Pb）	锌（Zn）	砷（As）
允许含量/%	≤0.3	≤0.3	≤0.1	≤0.2	≤0.7

a　硫

硫在矿物中主要以硫化物状态存在。硫的危害主要表现在：

（1）钢中的含硫量超过一定量时，会使钢材具有热脆性。这是由于 FeS 和铁结合成低熔点（985℃）合金，冷却时最后凝固成薄膜状并分布于晶粒之间，当钢材被加热到1150 ~

1200℃时，硫化物首先熔化，使钢材沿晶粒界面形成裂纹。

（2）对铸造生铁，硫会降低铁水的流动性，阻止 Fe_3C 分解，使铸件产生气孔、难以切削并降低其韧性。

（3）硫会显著降低钢材的焊接性、抗腐蚀性和耐磨性。

在高炉冶炼过程中，可以除去 90% 以上的硫，但脱硫时要求提高炉渣碱度，这必然导致焦比升高、产量下降。铁矿石中含硫较高时，应通过选矿、焙烧、烧结等方法处理以后再入炉冶炼，以降低铁矿石中的含硫量。

b 磷

磷也是钢材的有害成分，它以 Fe_2P、Fe_3P 的形态溶于铁水中。磷化物是脆性物质，冷凝时聚集于钢的晶界周围，减弱了晶粒间的结合力，使钢材在冷却时产生很大的脆性，从而造成钢的冷脆现象。磷在选矿和烧结过程中不易除去，高炉冶炼过程中，磷全部还原进入生铁。因此，控制生铁含磷的唯一途径就是控制入炉原料的含磷量。

c 铅和锌

铅在矿石中一般以方铅矿（PbS）形态存在。它在高炉中是易还原元素，但铅不溶于生铁且密度大于生铁，因此沉入炉底，渗入砖缝而破坏炉底砌砖，甚至使炉底砌砖浮起。铅又极易挥发，在高炉上部被氧化成 PbO，黏结于炉墙，易引起结瘤。一般要求矿石中的含铅量低于 0.1%。

锌在矿石中多以闪锌矿（ZnS）状态存在。锌沸点低（905℃），不溶于铁水。但很容易挥发，在炉内又被氧化成 ZnO。部分 ZnO 沉积在炉身上部炉墙上，形成炉瘤；另一部分渗入炉衬的孔隙和砖缝中，引起炉衬膨胀而破坏炉衬。矿石中的含锌量应低于 0.1%。

d 砷

砷在矿石中常以硫化物形态存在。与磷相似，砷在高炉冶炼过程中全部还原进入生铁，钢中含砷量大于 0.1% 时也会产生"冷脆"现象，并降低钢材的焊接性能。要求矿石中的含砷量低于 0.07%。

e 碱金属

碱金属主要指钾和钠，一般以硅酸盐形式存在于矿石中。冶炼过程中，在高炉下部高温区，碱金属被直接还原生成大量碱蒸气，随煤气上升到低温区后又被氧化成碳酸盐沉积在炉料和炉墙上，其中一部分随炉料下降，从而反复循环积累。其危害主要为：与炉衬作用生成钾霞石（$K_2O \cdot Al_2O_3 \cdot 2SiO_2$），体积膨胀 40% 而损坏炉衬；与炉衬作用生成低熔点化合物，黏结在炉墙上，易导致结瘤；与焦炭中的碳作用生成插入式化合物（CKCN），体积膨胀很大，破坏焦炭高温强度，从而影响高炉下部料柱的透气性。因此，要限制矿石中碱金属的含量。

f 铜

铜是贵重的有色金属，铜在钢中的含量不超过 0.3% 时，能增强金属的抗腐蚀性能；但当含铜量超过 0.3% 时，钢的焊接性能降低，并产生热脆。为使钢中含铜量不超过 0.3%，要求矿石中含铜量应小于 0.2%。

B 有益元素

许多铁矿石中常伴有锰、铬、钒、钛、镍等元素，形成多金属的共生矿。这些金属能改善钢材的性能，是重要的合金元素，故称之为有益元素。

a 锰

铁矿石中几乎都含有锰，但一般含量都不超过 5%。锰能增加钢材的强度和硬度，它在高炉中的还原率为 40%～60%。生铁中含有一定量的锰能降低生铁的含硫量，含锰的矿粉在烧结时可以改善烧结矿的质量。

b　铬

铬是很贵重的合金元素，它能提高钢的耐腐蚀能力和强度，是冶炼不锈钢的重要合金元素。铬在矿石中常以铬铁矿（$FeO \cdot Cr_2O_3$）的形态存在，在高炉中的还原率为 80% ~ 85%。

c　镍

镍能提高钢的强度，也是冶炼不锈钢的重要合金元素。它在铁矿石中含量很少，常存在于褐铁矿中，高炉冶炼时全部进入生铁。

d　钒

钒是非常宝贵的合金元素，它能提高钢的耐疲劳强度。钒大量存在于钒钛磁铁矿中，少量存在于褐铁矿中。高炉冶炼时，钒的还原率为 70% ~ 90%。

e　钛

含有钛的合金钢具有耐高温、抗腐蚀的良好性能，是近代制造飞机、火箭、航天器的高温合金。钛在钒钛磁铁矿中以 $FeO \cdot TiO_2$ 的形态存在。钛化物进入炉渣后，使炉渣变得黏稠，高炉不易操作。

2.1.2.4　铁矿石的还原性和软化性

A　铁矿石的还原性

铁矿石的还原性，是指铁矿石中与铁结合的氧被气体还原剂（CO、H_2）夺取的难易程度。铁矿石还原性好，有利于降低焦比。影响铁矿石还原性的主要因素有：矿物组成、矿物结构的致密程度、粒度和孔隙率等。孔隙率高的矿石透气性好，气体还原剂与矿石的接触面增加，加速铁矿石的还原。磁铁矿因结构致密，最难还原；赤铁矿有中等的孔隙率，比较容易还原；褐铁矿和菱铁矿失去结晶水和 CO_2 后，孔隙率增加，容易还原；烧结矿和球团矿的孔隙率高，其还原性一般比天然富矿还要好。

B　铁矿石的软化性

铁矿石的软化性（高温性能）包括铁矿石软化温度和软化温度区间两个方面。软化温度是指铁矿石在一定的荷重下受热开始变形的温度；软化温度区间是指从铁矿石开始软化到软化终了的温度范围。高炉冶炼要求铁矿石软化温度高、软化温度区间窄，这有利于高炉稳定顺行和降低焦比。

2.1.2.5　铁矿石的粒度、孔隙率和机械强度

A　铁矿石的粒度

铁矿石的粒度是指矿石颗粒的直径。它直接影响着炉料的透气性和传热、传质条件。粒度太小，会影响炉内料柱的透气性，使煤气上升的阻力增大；粒度过大，又使矿石的加热和还原速度降低。近年来，有降低矿石粒度上限的趋势，同时采用分级入炉。通常，入炉矿石的粒度在 5 ~ 35mm 之间，小于 5mm 的粉末是不能直接入炉的。

B　铁矿石的孔隙率

铁矿石的孔隙率有体积孔隙率和面积孔隙率两种表示法。体积孔隙率是矿石的孔隙占总体积的百分数；面积孔隙率是单位体积内气孔表面积的绝对值。气孔有开口气孔和闭口气孔两种。高炉冶炼要求矿石的开口气孔要大，烧结矿和球团矿等人造富矿能满足这一要求。

C　铁矿石的机械强度

铁矿石的机械强度是指铁矿石耐冲击、耐摩擦、抗挤压的强弱程度。机械强度差的矿石，在炉内下降过程中很容易产生粉末，从而恶化料柱的透气性。高炉冶炼要求矿石具有较高的机械强度，但矿石在常温下的机械强度并不能反映高炉内的实际情况。近年来，国内外日益重视

高炉原料在高温条件下的机械强度的研究工作。

2.1.2.6　铁矿石各项指标的稳定性

要保证高炉的正常生产和最大限度地发挥其生产效率,必须有一个相对稳定的冶炼条件,要求铁矿石的各项理化指标应符合要求并保持相对稳定。在前述各项指标中,矿石的品位、脉石成分与数量、有害杂质含量的稳定性尤为重要。高炉冶炼要求成分波动范围为:$w(\mathrm{TFe}) \pm 1.0\%$,$w(\mathrm{SiO_2}) \pm 0.3\%$;烧结矿的碱度波动范围为 ± 0.1。

2.2　铁矿石入炉前准备处理

2.2.1　铁矿石入炉前准备处理概述

从矿山开采出来的铁矿石,其含铁量及其他化学成分波动很大,粒度大小相差悬殊,有的大到几百毫米,有的则呈粉末状,并伴有多种金属共生物。从物理和化学性质来看,大部分矿石都不能满足高炉冶炼的要求,入炉前必须经过一系列的加工处理,其处理工艺流程如图2-1所示。

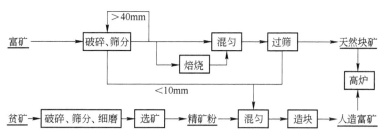

图2-1　铁矿石入炉前准备处理的一般流程

2.2.1.1　矿石破碎和筛分

矿石破碎和筛分的目的是:按高炉冶炼要求提供适宜粒度以及满足贫矿选分处理对粒度的需要。

根据对产品粒度要求的不同,可以将产品的破碎分为粗碎、中碎、细碎、粗磨及细磨等几个级别。粗碎:从1000mm破碎到400mm;中碎:从400mm破碎到100mm;细碎:从100mm破碎到25mm;粗磨:从25mm破碎到1mm以下;细磨:从1mm破碎到0.3mm以下。

筛分是将物料按粒度分成两种或多种级别的作业。筛分设备主要有固定条筛、圆筒滚筛和振动筛等。筛分的效果在工业上用筛分效率表示。所谓筛分效率,是指实际筛下物的重量与筛分物料中粒度小于筛孔的物料总质量之比,常用百分数表示。筛孔的大小(筛分尺寸)用毫米表示。对于粉碎很细的物料用网目表示,简称目。网目是指筛子表面25.4mm(1英寸)长度上所具有的大小相同的筛孔数。根据国际标准筛制,200目为0.075mm;100目为0.15mm;16目为1mm。

2.2.1.2　矿石混匀

混匀也称为中和,目的在于稳定入炉矿石的化学成分。常用方法是平铺直取,即将矿石一层一层地铺在地上,达到一定高度后,沿垂直断面截取(直取),由于截取多层矿石,从而达到混匀的目的。混匀的机械设备有门形抓斗起重机、电铲抓斗、电铲垂直取矿机等。混匀后,要求矿石品位波动小于 $\pm 1\%$。

2.2.1.3　焙烧

焙烧是在专门的设备中控制适宜的气氛(还原或氧化气氛),将铁矿石加热到低于软化温度 200～300℃，使铁矿石在固态下发生一系列可更好地满足高炉炼铁要求的物理化学变化。焙烧的目的是改变矿石的化学组成和内部结构，除去部分有害杂质，回收有用元素，同时还可以使矿石组织变得疏松，提高铁矿石的还原性。焙烧的方法有氧化焙烧、还原磁化焙烧和氯化焙烧等。

A　氧化焙烧

氧化焙烧是指铁矿石在氧化性气氛条件下焙烧，主要用于去除菱铁矿中的 CO_2 和褐铁矿中的结晶水，并提高品位，改善还原性，同时还减少了菱铁矿和褐铁矿结晶水在高炉内分解的热量消耗。

菱铁矿的氧化焙烧是在 500～900℃ 之间进行的，它按下式进行分解：

$$4FeCO_3 + O_2 = 2Fe_2O_3 + 4CO_2$$

褐铁矿大约在 250～500℃ 之间发生下列脱水反应：

$$2Fe_2O_3 \cdot H_2O = 2Fe_2O_3 + H_2O$$

在氧化焙烧中还可以使矿石中的硫氧化去掉，其反应式如下：

$$3FeS_2 + 8O_2 = Fe_3O_4 + 6SO_2$$

B　还原磁化焙烧

还原磁化焙烧是在还原气氛下，通过焙烧将弱磁性的赤铁矿（或褐铁矿、菱铁矿）及非磁性的黄铁矿还原转变为具有强磁性的磁铁矿，以便磁选。

C　氯化焙烧

对于含有一定量有色金属铜、铅、锌等的铁矿粉（如硫酸渣），可以采用氯化焙烧的方法进行处理，使原料中的金属氧化物与加入的氯或氯化物作用生成金属氯化物。在焙烧过程中，金属氯化物便从矿石中分离出来，进入烟气，然后再进行回收。

氯化焙烧的基本原理是，利用许多金属氯化物具有沸点低（如 $CuCl_2$ 为 655℃，$PbCl_2$ 为 954℃，$ZnCl_2$ 为 732℃）、易挥发的特点，达到使这些金属与铁氧化物分离的目的。在氯化焙烧中常用的氯化物有氯气（Cl_2）、盐酸（HCl）、固体食盐（$NaCl$）、氯化钙（$CaCl_2$）及氯化镁（$MgCl_2$）等。氯化焙烧多在竖炉和回转窑等设备中进行。

在用硫酸渣制造球团矿的生产中，为了回收硫酸渣中的有色金属，造球时用 $CaCl_2$ 溶液代替水。生球在竖炉或回转窑中焙烧时，有色金属与氯作用变成氯化物而进入废气中，然后再从废气中回收有色金属；而含铁的球团矿则供高炉使用。

黄铁矿中的铜是以 Cu_2S 状态存在的，在焙烧过程中，它与氯发生如下反应：

$$Cu_2S + 2Cl_2 = 2CuCl_2 + \frac{1}{2}S_2$$

其中，$CuCl_2$ 在 655℃时升华进入烟气，然后再从烟气中回收铜。

氯化焙烧虽然可以回收多种有用金属，但费用高、操作严格，其收尘处理及设备材料的防腐蚀和环境保护等问题都有待进一步研究解决。

2.2.1.4　选矿

选矿的目的主要是为了提高矿石品位。矿石经过选别可得到三种产品：精矿、中矿和尾矿。

精矿是指选矿后得到的有用矿物含量较高的产品；中矿为选矿过程的中间产品，需进一步选矿处理；尾矿是经选矿后留下的废弃物。

对于铁矿石，常用的选矿方法有重力选矿法、磁力选矿法和浮游选矿法三种。

A 重力选矿法

重力选矿法简称重选法，是利用不同密度或粒度的矿粒在选矿介质中具有不同沉降速度的特性，将在介质中运动的矿粒混合物进行选别，从而达到使被选矿物与脉石分离的目的。一般铁矿物的相对密度为 4~5，而脉石矿物的相对密度为 2~3。重力选矿法在处理粗粒物料时，具有处理量大、成本低、指标好的优点。

重力选矿生产中所用的分选介质有水、空气和重介质（密度大于水的重液和悬浮液）。矿粒群在静止介质中不易松散，不同密度（或粒度）的矿粒难于互相转移，所以实际生产中，重力选矿过程都必须在运动的介质中进行，并且运动介质可以使不同密度（或粒度）的矿粒在分选机的不同部位连续地排出，以满足生产要求。

B 磁力选矿法

磁力选矿法简称磁选法。磁选法是利用矿物和脉石的磁性差异，在不均匀的磁场中，磁性矿物被磁选机的磁极吸引，而非磁性矿物则被磁极排斥，从而达到选别的目的。磁选法是分选黑色金属矿石，特别是磁铁矿石和锰矿石的主要选矿方法。

国内外生产的磁选机种类很多，除按磁场强弱不同分类外，在生产中也常常按照其选别方式的不同，将磁选机分为干式磁选机和湿式磁选机；或者按照产生磁场方法的不同，将磁选机分为电磁磁选机和永磁磁选机；也可按照结构的不同，分为筒式、盘式、辊式、环式、转鼓式、转笼式和带式磁选机等。

C 浮游选矿法

浮游选矿法简称浮选法。浮选法是利用矿物表面不同的亲水性，选择性地将疏水性强的矿物用泡沫浮到矿浆表面，而亲水性矿物则留在矿浆中，从而实现有用矿物与脉石的分离。

一般的浮选都是将有用矿物浮入泡沫产物中，使脉石矿物留在矿浆中，这种浮选称为正浮选；而将脉石矿物浮入泡沫产物中，使有用矿物留在矿浆中，这种浮选称为反浮选。

2.2.1.5 造块

天然富矿开采和处理过程中产生的富矿粉以及贫矿选矿后得到的精矿粉都不能直接入炉，为了满足冶炼要求，必须将其制成具有一定粒度的块矿。此外，冶金工业生产中产生的大量粉尘和烟尘等，为了保护环境和回收利用这些含铁粉料，也需进行造块处理。

粉矿造块的方法很多，应用最广泛的是烧结法造块和球团法造块。烧结法生产出来的烧结矿呈块状，粒度并不均匀；而球团法生产出来的球团矿则呈球状，粒度非常均匀。

粉矿经造块后获得的烧结矿和球团矿，统称为人造富矿或熟料。其具有优于天然富矿的冶金性能，如还原性好，有适合的强度和较高的软熔温度；造块生产中配加一定量的熔剂，可制成有足够碱度的人造富矿，高炉冶炼过程可不加或少加熔剂，避免了熔剂分解吸热而消耗焦炭；造块过程中还可以除去矿石中某些有害杂质，如硫、砷、锌、钾、钠等，减少了其对高炉的危害。

归纳起来，粉矿造块的作用主要是：（1）通过造块可以有效地利用铁矿资源，例如，通过造块能回收钢铁工业或化工企业中产生的大量副产品和废弃的燃料；（2）通过造块，高炉使用烧结矿和球团矿可提高生铁质量；（3）通过造块，高炉使用烧结矿和球团矿有利于强化冶炼、提高产量、降低焦比。高炉生产实践证明，使用质量良好的人造富矿（烧结矿和球团矿）可使高炉冶炼各项技术经济指标得到大幅度提高，因而粉矿造块已经成为钢铁冶金工业中不可缺少的一个重要生产工序。

我国的烧结矿和球团矿生产发展极为迅速。现在全国主要钢铁企业的熟料比都在 95% 以上，相当一部分高炉已达 100%，中小型企业也都建起了人造富矿的生产体系，直接用天然富矿入炉生产的高炉已极少。

2.2.2 烧结法造块

2.2.2.1 烧结法造块的工艺流程

烧结法是重要的造块方法之一。烧结法生产烧结矿，就是将各种粉状含铁原料配入适量的燃料和熔剂，加入适量的水，经混合后在烧结设备上进行烧结的过程。在此过程中，借助燃料燃烧产生的高温，物料发生一系列的物理化学变化，并产生一定数量的液相；当冷却时，液相将矿粉颗粒黏结成块，即为烧结矿。

目前，生产上广泛采用带式抽风烧结机生产烧结矿，其他烧结方法还有回转烧结、悬浮烧结、抽风或鼓风盘式烧结等。烧结生产的工艺流程如图 2-2 所示，主要包括烧结料的准备、配料与混合、烧结和产品处理等工序。

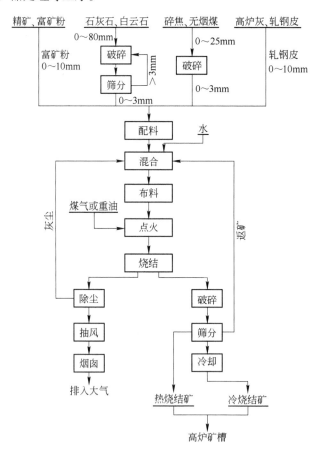

图 2-2 烧结生产的工艺流程示意图

2.2.2.2 带式烧结机

烧结生产使用的主要设备为带式烧结机，它由烧结机体、布料设备、点火器和抽风除尘系统等设备组成，如图 2-3 所示。

    A   带式烧结机的构造

带式烧结机由许多台车组成，台车的数目由烧结机大小决定，台车密排在轨道上形成一条长带，故称为带式烧结机。烧结料铺在底部有炉箅条并能透风的台车上进行烧结，下面用抽风机

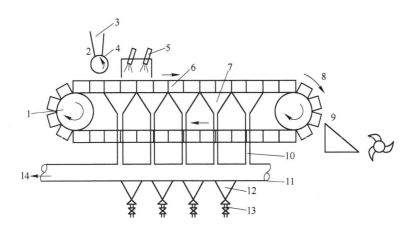

图 2-3　带式烧结机的结构示意图

1—驱动大星轮；2—装料部分；3—给料漏斗；4—滚动布料器；5—点火器；6—台车；7—风箱；8—排矿部分；
9—破碎机（格筛）；10—抽风支管；11—大烟道；12—灰箱；13—双重挡板；14—至主风机

抽风。烧结时，台车在机头大星轮的带动下，沿着轨道连续循环运动，进行到机尾的半圆轨道时，台车倾翻，自动倒出烧结矿，然后靠自重沿下轨道滑到机头大星轮处，所以带式烧结机能连续生产。带式烧结机的规格（大小）是按铺料烧结的台车面积之和计算的，这一面积称为有效烧结面积，例如 $50m^2$、$130m^2$、$450m^2$ 等。有效烧结面积越大，烧结生产的规模就越大。

B　带式烧结机的工作原理

烧结前，根据高炉冶炼对烧结矿的含铁量和碱度的要求，将各种烧结原料按一定的比例配合，在两次混合的过程中适当加入水分，一次混合以混匀和调整水分为主，二次混合以预热（通蒸汽）和造球为主。混合好后的烧结料，先用布料器在台车底部铺一层粒度较大的烧结矿（又称铺底料），然后将烧结料铺满台车，料层厚度一般为 300~700mm。烧结台车一边接受铺料，一边向前运行，当运行到点火器下方时，用煤气或重油点火（温度约1100℃），同时在下面抽风，空气由料层表面吸入，遇混合料中的燃料进行燃烧，产生的高温（约1250~1350℃）使混合料局部熔化，生成熔融体；空气不断从料层表面吸入，穿过料层孔隙供给混合料中的燃料由上而下地逐层燃烧。上层燃烧产生的高温熔融体被不断抽入的冷风冷却，在凝固过程中，散料颗粒互相黏结成多孔的块状烧结矿。当烧结台车运行到机尾弯道处时，混合料已完全烧结成烧结矿，此时台车倾翻，将烧结矿卸下，经破碎机破碎和筛分设备过筛后，筛上物就是成品烧结矿。

2.2.2.3　烧结过程

A　烧结过程料层变化

整个烧结过程是在 9.8~16kPa 负压抽风下，沿料层高度自上而下逐渐进行的。在烧结机上取某一断面，可见料层有明显的分层，依次出现烧结矿层、燃烧层、预热层、干燥层和过湿层（见图 2-4），然后又相继消失，最后只剩下烧结矿层。

（1）烧结矿层。烧结矿层即成矿层，主要变化是液相凝固、析出新矿物、预热空气。由于表层冷空气的剧冷作用，温度低，矿物来不及析晶，液相不多，故表层烧结矿的强度较差；下层烧结矿由于高温保持时间较长，液相多冷却速度慢，结晶较完善，烧结矿强度较好，但还原性差。

（2）燃烧层。燃烧层位于烧结矿层下面，燃料燃烧温度可达1100~1600℃。烧结混合料

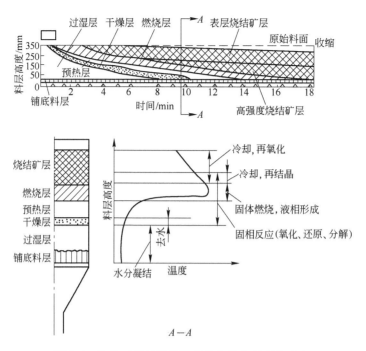

图 2-4　烧结过程料层的温度分布及主要理化反应

局部发生软化、熔融及形成少量液相,此层厚度约为 15～50mm,它对烧结过程和烧结矿质量影响较大。燃烧层过厚,透气性差,导致产量降低;燃烧层过薄,烧结温度低,液相不足,烧结矿固结不好、强度低。

燃烧层的厚度取决于燃料用量、粒度和料层的透气性。许多反应在该层激烈进行,主要包括固体燃料燃烧、铁氧化物氧化、还原和热分解、碳酸盐分解、硫化物分解和氧化、低熔点矿物熔融、液相生成等反应。这些反应对烧结矿的质量影响很大。

(3)预热层。在这一层中,水分已全部蒸发(高于 150℃)并被加热到固体燃料开始燃烧的着火温度(700℃左右)。由于干燥的混合料热容量低、温度升高较快,因而预热层厚度仅为 3～10mm。这一层主要是进行结晶水和部分碳酸盐、硫化物的分解,部分低价铁氧化物的氧化,各种氧化物间的固相反应等。

(4)干燥层。这一层中湿的混合料被热废气加热到"露点"温度(一般为 65～70℃)以上时,湿料中水分开始蒸发直至蒸发完毕(一般为 150℃),其厚度一般为 10～25mm。干燥层中的主要反应是水分蒸发。

(5)过湿层。由干燥层吹来的含有水蒸气的热废气被下部烧结料冷却到"露点"温度以下时,废气中的水蒸气冷凝成水又进入混合料,使混合料的水分超过混合料的原始含量。过湿层的主要反应是水蒸气的冷凝,其厚度一般为 20～40mm。由于冷凝,混合料过湿,混合料颗粒之间充满水分,堵塞孔隙,甚至破坏小球颗粒,是透气性最差的一个层次。

表层混合料中的固体燃料经点燃后,逐渐往下燃烧,5 个层次依次出现。燃烧结束时,料层中只剩下烧结矿层,其余 4 层依次消失,烧结过程结束。

B　烧结过程主要反应

烧结过程是复杂的物理化学反应的综合过程,根据温度和反应气氛条件,主要进行以下一些反应。

a 燃料燃烧反应及自动蓄热作用

烧结所用的燃料主要是焦炭或无烟煤粉，它们含有大量的固定碳，在700℃时即可着火。烧结料中的燃料同空气中的氧进行氧化燃烧时放出大量热及 CO_2 气体，是烧结过程中一切物理化学反应的基础。混合料层具有以下一些特点：

（1）生产1t烧结矿所需热量中，大约有60%是由燃料燃烧提供的。但燃料仅占混合料总量的3%~5%，按体积计算不到10%，在料层中分布稀疏。为保证迅速完全燃烧，就需要有较大的空气过剩系数（1.4~1.5），其主要反应为：

$$C + O_2 === CO_2$$

（2）在局部燃料比较集中的地方或当燃料颗粒较大时，会发生不完全燃烧，其反应为：

$$2C + O_2 === 2CO$$

（3）在高温条件下，还可能产生反应 $CO_2 + C === 2CO$。但由于燃烧层很薄，废气温度降低很快，故产生的反应受到一定限制。

总的来说，烧结废气中除 N_2 外，以 CO_2 为主，有少量的 CO 及自由氧。可以认为，烧结过程是弱氧化性气氛，但在碳粒周围的局部区域属于还原性气氛。

燃料的燃烧虽然是烧结过程的主要热源，但仅仅依靠它并不能把燃烧层温度提高到1300~1500℃的水平，相当部分的热量是靠上部灼热的烧结矿层将抽入的空气预热而提供的。热烧结矿层相当于一个"蓄热室"，热平衡分析表明，蓄热作用提供的热量约占供热总量的40%。

随着烧结过程的进行，燃烧层向下移动，烧结矿层增厚，自动蓄热作用越来越显著。

b 碳酸盐的分解及矿化作用

烧结混合料中如含有石灰石（ $CaCO_3$ ）、白云石（ $MgCO_3$ ）、菱锰矿（ $MnCO_3$ ）和菱铁矿（ $FeCO_3$ ）时，这些碳酸盐矿物在烧结过程中会发生分解反应，分解后参加氧化物的各种矿化反应，可促进混合料中液相的生成，提高烧结矿的强度。CaO 与烧结料中的其他矿物作用生成新的化合物的反应，称为 CaO 的矿化反应。矿化反应生成的新化合物都是低熔点化合物，熔化后在烧结料中起到黏结剂的作用。

例如，当生产熔剂性烧结矿时，烧结料中常配入一定量的熔剂（白云石和石灰石），这些碳酸盐在烧结过程中达到一定温度时会发生分解反应，其反应如下：

$$CaCO_3 === CaO + CO_2 \ （750℃以上）$$
$$MgCO_3 === MgO + CO_2 \ （720℃）$$

由于烧结过程很短，为使碳酸盐完全分解，要求配入的熔剂粒度小于3mm。

在烧结过程中，不仅要求碳酸盐要充分分解，而且要求其分解的产物 CaO、MgO 等必须与其他氧化物完全矿化。没有矿化、呈游离状态的 CaO 或 MgO 残留在烧结矿中（俗称"白点"），会吸收空气中的水分而消化成 $Ca(OH)_2$ 或 $Mg(OH)_2$ ，导致烧结矿体积膨胀（体积会增大一倍），造成烧结矿粉化，影响烧结成品率，最终影响高炉的冶炼。

CaO、MgO 的矿化程度与烧结温度、熔剂和矿粉的粒度、烧结矿的碱度、高温保持时间等因素有关。温度高、粒度细、碱度低、高温保持时间长等都可提高矿化程度。

c 还原与再氧化反应

在烧结过程中，靠近燃料颗粒处存在着还原性气体 CO 以及赤热的燃料粒，因此，混合料中铁、锰等的氧化物将被还原，其反应式为：

$$3Fe_2O_3 + CO === 2Fe_3O_4 + CO_2$$
$$Fe_3O_4 + CO === 3FeO + CO_2$$

在远离燃料的混合料中，特别是烧结矿层的冷却过程中，有 Fe_3O_4 和 FeO 的再氧化现象，如：

$$2Fe_3O_4 + \frac{1}{2}O_2 \Longrightarrow 3Fe_2O_3$$

$$3FeO + \frac{1}{2}O_2 \Longrightarrow Fe_3O_4$$

在实际烧结生产中，由于烧结矿中的 FeO 对高炉冶炼极为不利，所以在上述铁氧化物分解、还原及再氧化的过程中，应给予最大重视的是 FeO 的含量。一般认为，烧结矿中 FeO 的含量每降低 1%，可使高炉生产增加产量 1.5%，降低焦比 2% 左右。

通常在烧结生产中希望得到高氧化度的烧结矿。烧结矿的氧化度表明了烧结料中铁氧化物在烧结过程中被还原的程度。烧结矿的氧化度越高，烧结料中铁氧化物被还原的数量越少，还原性越好。

d 脱硫反应

烧结过程是一个有效的脱硫过程，一般脱硫效率可达 90% 以上。烧结矿中硫以有机物、硫化物和硫酸盐形态存在。大部分硫化物通过氧化被脱除，有机硫在烧结过程中挥发或燃烧逸出，反应如下：

$$S_{有机} + O_2 \Longrightarrow SO_2$$

当还原性气氛强、温度低、扩散条件差时，则有部分有机硫不能去除，反应式为：

$$2FeS_2 + \frac{11}{2}O_2 \Longrightarrow Fe_2O_3 + 4SO_2$$

$$2FeS + \frac{7}{2}O_2 \Longrightarrow Fe_2O_3 + 2SO_2$$

$$3FeS_2 + 8O_2 \Longrightarrow Fe_3O_4 + 6SO_2$$

$$2FeS_2 \Longrightarrow 2FeS + S_2$$

$$3FeS + 5O_2 \Longrightarrow Fe_3O_4 + 3SO_2 \uparrow$$

$$S + O_2 \Longrightarrow SO_2 \uparrow$$

$$CaSO_4 \Longrightarrow CaO + SO_2 + \frac{1}{2}O_2$$

硫是钢铁的主要有害杂质，高炉生产虽然也能除去硫，但将降低高炉冶炼的指标，所以烧结时应尽量除去硫。生成的 SO_2 及 S_2 排入大气对环境污染严重，应对烧结废气进行净化处理。

e 砷和氟的去除

烧结过程中还能去除部分砷，但去除率不高，一般为 30% ~40%。反应式为：

$$2FeAs + 3O_2 \Longrightarrow Fe_2O_3 + As_2O_3$$

烧结过程中的去氟率一般在 10% ~15% 之间，高时可达 40%，总的来说比较低。其反应式为：

$$2CaF_2 + SiO_2 \Longrightarrow 2CaO + SiF_4 \uparrow$$

另外，在烧结过程中还能除去其他有害元素，如铅、锌、钾、钠等。但其反应后产生的气体均为有毒气体，所以对烧结废气应做净化处理。

f 水分的蒸发和凝结

为了混料造球，烧结时常外加一定量的水（精矿粉加水量约 7% ~8%，富矿粉加水量约 4% ~5%）。这种水称为游离水或吸附水，在 100℃ 温度作用下即可大量蒸发除去。

如果烧结的铁矿物是褐铁矿，由于含有较多结晶水（化合水），需要加热至 200 ~300℃ 时铁矿物才开始分解放出结晶水；若脉石中含有黏土质高岭土矿物（$Al_2O_3 \cdot 2SiO_2 \cdot H_2O$），需要在 400~600℃ 时才能分解，甚至在 900~1000℃ 时才能脱尽结晶水。因此，用褐铁矿烧结时需要更多的燃料，配量一般高达 8%~9%。

此外，分解出来的水会与碳发生如下反应，使得烧结过程或高炉冶炼过程的燃耗增加。

$$500~1000℃ \qquad 2H_2O + C = CO_2 + 2H_2$$
$$1000℃ 以上 \qquad H_2O + C = CO + H_2$$

烧结料中水分蒸发的条件是，气相中水蒸气分压（p_{H_2O}）低于该料温条件下水的饱和蒸气压（p'_{H_2O}）。在烧结干燥层中，由于水分不断蒸发，故 p_{H_2O} 不断升高；相反，由于温度不断降低，p'_{H_2O} 则不断下降。当 $p_{H_2O} = p'_{H_2O}$ 时，蒸发和凝结处于动态平衡状态，干燥过程结束。废气离开干燥层后，继续将热量传给下面的湿料层，温度继续下降，p'_{H_2O} 继续降低。当 $p_{H_2O} > p'_{H_2O}$ 时，废气温度低于该条件下的露点温度，便产生水汽的凝结，产生过湿现象，致使料层透气性恶化。如果采取预热措施，使得烧结混合料层的温度超过露点温度（一般在 50~60℃ 之间），则可避免或减轻过湿现象，提高烧结矿的产量和质量。

混合料中水分在料层中随烧结过程的进行，沿料层高度会不断蒸发和冷凝，直至烧结过程结束，这将对烧结过程产生如下作用：

（1）可使粉状混合料黏结成球，使料层具有良好的透气性。

（2）可改善混合料的导热性，提高热交换速度，并使高温区集中在较窄的范围内。这是因为水的导热性比混合料的要高 200~600 倍。

（3）可提高固体燃料的燃烧速度。因为水在高温下会发生分解，分解产物能促进固体燃料的燃烧。

由此可见，混合料中含有适量的水分对烧结过程是十分有利的，它是保证烧结过程顺利完成的必要条件。

C　烧结矿的形成

烧结矿的成矿机理，包括烧结过程的固相反应、液相形成及结晶过程。在烧结过程中，主要矿物都具有高熔点，在烧结过程中大多不能熔化。当物料加热到一定温度时，各组分之间进行固相反应，生成熔点较低的新化合物，使它们在较低温度下生成液相，并将周围的固相黏结起来。当燃烧层移动后，被熔物温度下降，液相放出能量并结晶，液相冷凝固结形成多孔烧结矿。

烧结过程产生的基本液相是硅酸盐和铁酸盐体系的矿物，如 FeO–SiO$_2$（硅酸铁）、CaO–SiO$_2$（硅酸钙）、CaO–Fe$_2$O$_3$（铁酸钙）、CaO–FeO–SiO$_2$（铁钙橄榄石）等，它们是烧结矿形成的主要胶结物。液相矿物的组成及其多少对烧结矿的质量有很大的影响，要根据需要进行控制。

烧结矿的成矿过程，实际上就是指颗粒很小的混合料在高温作用下，通过一系列的物理化学反应，冷却固结后形成多孔矿物的过程。整个成矿过程大致可分为以下几个阶段：固相反应、液相形成、冷却结晶和固结成矿。固相反应是形成烧结矿的基础。

a　固相反应

在烧结过程中，各种矿物在没有熔融之前以固态形式发生的反应，称为固相反应。固相反应生成低熔点化物或化合物之间形成更低熔点的共熔体，为生成一定数量的液相创造了条件。

烧结混合料中的 Fe$_2$O$_3$、Fe$_3$O$_4$、CaO、SiO$_2$、MgO 等矿物之间具有良好的接触条件，在加热过程中，这些矿物质点的运动和扩散，使烧结料中各种矿物间的固相反应得以进行，并形成新的低熔点化合物或固溶体。在 Fe$_2$O$_3$ 与 CaCO$_3$ 及 CaO 的接触处，生成了 CaO·Fe$_2$O$_3$；在

Fe_3O_4 与 SiO_2 的接触处，生成了 $2FeO \cdot SiO_2$；而在 CaO 与 SiO_2 的接触处生成了 $2CaO \cdot SiO_2$，这些都是低熔点化合物或固溶体。固相反应产物开始出现的温度如表 2-3 所示。

表 2-3　固相反应产物开始出现的温度

反 应 物	固相反应产物	反应产物开始出现的温度/℃
$SiO_2 + Fe_2O_3$	Fe_2O_3 在 SiO_2 中的固溶体	575
$SiO_2 + Fe_3O_4$	$2FeO \cdot SiO_2$ 铁橄榄石	995
$CaO + Fe_2O_3$	$CaO \cdot Fe_2O_3$ 铁酸一钙	500，600，610，650①
$2CaO + Fe_2O_3$	$2CaO \cdot Fe_2O_3$ 铁酸二钙	400
$CaCO_3 + Fe_2O_3$	$CaO \cdot Fe_2O_3$ 铁酸一钙	590
$2CaO + SiO_2$	$2CaO \cdot SiO_2$ 正硅酸钙	500，610，690①
$2MgO + SiO_2$	$2MgO \cdot SiO_2$ 镁橄榄石	680
$MgO + Fe_2O_3$	$MgO \cdot Fe_2O_3$ 铁酸镁	600
$CaO + Al_2O_3 \cdot SiO_2$	$CaO \cdot SiO_2$（偏硅酸钙）+ Al_2O_3	530

① 不同研究者取得的不同资料。

　　由于固相反应开始温度一般都在 500℃ 以上，烧结过程从 500℃ 左右加热到液相生成温度的时间很短（少于 3min），固相反应量很少；同时，固相反应产物多为复杂化合物，在熔化后又会重新分解成简单化合物。因此，固相反应产物并不决定烧结矿组成，只对液相形成起重大作用。

　　b　液相形成

　　烧结过程的液相是指在混合料中起黏结作用的熔融体，俗称黏结相。液相的形成过程是：烧结混合料在升温过程中进行固相反应，生成低熔点化合物后，随着温度的升高，这些低熔点化合物首先开始熔融，形成初期的液相；初期液相又与其他固溶体和原始组分反应并形成低熔点的化合物，使熔化温度进一步降低。例如，$2FeO \cdot SiO_2$ 在 1205℃ 时熔化，当接触 SiO_2 时形成 $2FeO \cdot SiO_2 - SiO_2$ 固溶体后，熔化温度降至 1178℃；$CaO \cdot Fe_2O_3$ 熔化温度为 1210℃，如与熔点为 2130℃ 的 $2CaO \cdot SiO_2$ 形成 $2CaO \cdot SiO_2 - CaO \cdot Fe_2O_3$ 共熔混合物后，熔化温度会降至 1192℃，这样在正常的烧结温度（1300℃ 左右）范围内，烧结料中就可以产生足够的液相了。烧结过程中产生的主要液相体系有以下几种：

　　（1）铁-氧体系（$FeO - Fe_3O_4$）。纯赤铁矿或磁铁矿的熔化温度都在 1500℃ 以上，烧结过程中难以直接熔化成液相。但其在还原气氛下部分还原成 FeO 后，以 45% 的 FeO 与 55% 的 Fe_3O_4 组成的固溶体，熔化温度为 1150～1200℃，烧结过程中完全可以熔化为液相，这种液相是烧结矿的主要黏结相。

　　（2）硅酸铁体系（$FeO - SiO_2$）。烧结非自熔性烧结矿时，脉石中的 SiO_2 与由 Fe_2O_3 及 Fe_3O_4 还原生成的 FeO 形成低熔点化合物铁橄榄石（$2FeO \cdot SiO_2$），熔点为 1205℃。铁橄榄石进一步与 SiO_2 和 FeO 生成两个熔点更低的共晶体（$2FeO \cdot SiO_2 - SiO_2$，熔点为 1178℃；$2FeO \cdot SiO_2 - FeO$，熔点为 1177℃）。铁橄榄石还可与 Fe_3O_4 组成低熔点类共晶体（$Fe_3O_4 - 2FeO \cdot SiO_2$，熔点为 1142℃）。

　　（3）硅酸钙体系（$CaO - SiO_2$）。生产熔剂性烧结矿时可产生这种液相。其化合物有：硅灰石（$CaO \cdot SiO_2$），熔点为 1544℃；硅钙石（$3CaO \cdot 2SiO_2$），熔点为 1478℃；正硅酸钙（$2CaO \cdot SiO_2$），熔点为 2130℃；硅酸三钙（$3CaO \cdot SiO_2$），熔点为 1900℃；此外，还有其他

一些共晶体。这个体系熔化温度都比较高，烧结条件下产生的液相不多。其中，正硅酸钙（$2CaO \cdot SiO_2$）在冷却过程中会发生晶形变化，尤其是当温度降至 $650 \sim 680℃$ 时，晶形变化造成体积增大 10%，使烧结矿因膨胀而碎裂粉化。正硅酸钙是烧结矿中最差的一种黏结相。

（4）铁酸钙体系（$CaO - Fe_2O_3$）。这种液相是生产高碱度，特别是超高碱度烧结矿时的黏结相。其化合物有：铁酸二钙（$2CaO \cdot Fe_2O_3$），熔点为 $1449℃$，铁酸一钙（$CaO \cdot Fe_2O_3$），熔点为 $1216℃$，二铁酸钙（$CaO \cdot 2Fe_2O_3$），熔点为 $1226℃$。这个体系的熔化温度都较低，是熔剂性烧结矿及高碱度烧结矿的主要黏结相。铁酸钙矿物具有良好的还原性，它在黏结相中呈交织熔融结构，有最好的黏结强度，是烧结矿中最理想的黏结相。

除以上 4 种主要体系外，还有铁钙橄榄石（$CaO - FeO - SiO_2$）体系、钙镁橄榄石（$CaO - MgO - SiO_2$）体系等。

由以上黏结相的特性不难看出，当前生产高碱度烧结矿及超高碱度烧结矿正是为了促使产生充分的铁酸钙黏结相，尽可能少产生正硅酸钙黏结相，使烧结矿的强度和还原性同时得到改善。

在实际生产中，由于燃料分布不均、温度不同和料层厚度、组分的不同，料层中液相的分布也是不均匀的。烧结时产生液相数量的多少决定着烧结矿的强度和烧结矿的成品率。烧结矿的矿物相是液相在冷却过程中结晶的产物，液相的化学成分直接影响烧结矿的矿物组成。液相数量除了受烧结料的物理化学性质（矿石种类、脉石成分、碱度、粒度等）影响外，主要取决于燃料的用量。因此，生产中正确掌握和控制液相矿物的组成和数量，是保证烧结矿质量和提高成品率的关键。目前的研究认为，烧结矿中的液相数量以控制在 $30\% \sim 50\%$ 之间为宜。

c 烧结矿的冷却固结

烧结过程中产生的液相在抽风过程中冷凝，从液相中先后析出晶质（质点有序排列的固体）和非晶质（质点无序排列的固体），这就是冷却结晶、固结成矿的过程。

2.2.2.4 烧结矿的分类及技术指标

A 烧结矿的分类

烧结矿按碱度的不同，可分为以下 4 类：

（1）酸性烧结矿（普通烧结矿），其碱度小于 1.0。这种烧结矿强度好，但还原性较差，高炉使用它时还需加入较多的熔剂，对提高产量和降低焦比不利。

（2）自熔性烧结矿，其碱度为 $1.0 \sim 1.5$。这种烧结矿还原性较好，高炉使用这种烧结矿时一般可不加或少加熔剂，对提高产量和降低焦比有利；但它的强度较差，对高炉顺行不利。

（3）高碱度烧结矿，其碱度为 $1.5 \sim 3.5$。这种烧结矿的强度和还原性都较好，而且高炉冶炼时可不加熔剂，所以对高炉提高产量、降低焦比以及顺行均有好处。当前普遍生产的是高碱度烧结矿，它在高炉配矿比中占 $80\% \sim 90\%$ 以上。

（4）超高碱度烧结矿，其碱度大于 3.5。

B 烧结矿的技术指标

烧结矿的技术指标主要有品位、强度、化学成分、还原性、碱度、粒度、有害杂质含量及高温冶金性能等。我国规定的烧结矿技术指标见表2-4 和表2-5。

2.2.2.5 烧结生产技术经济指标

A 烧结机利用系数

烧结机利用系数是指在单位时间内每平方米有效烧结面积生产的烧结矿量，单位为 $t/(m^2 \cdot h)$。利用系数是确定烧结机生产能力的重要指标，一般为 $1.5 \sim 2.0t/(m^2 \cdot h)$。

表 2-4　普通铁烧结矿的技术指标（YB/T 421—2005）

项目名称		化学成分（质量分数）				物理性能/%			冶金性能/%	
碱度	品级	TFe/%	碱度	FeO/%	S/%	转鼓指数（+6.3mm）	筛分指数（−5mm）	抗磨指数（−0.5mm）	低温还原粉化指数（RDI）（+3.15mm）	还原度指数（RI）
		允许波动范围		不大于						
1.50 ~ 2.50	一级	±0.50	±0.08	11.00	0.060	≥68.00	≤7.00	≤7.00	≥72.00	≥78.00
	二级	±1.00	±0.12	12.00	0.080	≥65.00	≤9.00	≤8.00	≥70.00	≥75.00
1.00 ~ 1.50	一级	±0.50	±0.05	12.00	0.040	≥64.00	≤9.00	≤8.00	≥74.00	≥74.00
	二级	±1.00	±0.10	13.00	0.060	≥61.00	≤11.00	≤9.00	≥72.00	≥72.00

注：TFe 的质量分数碱度（$w(CaO)/w(SiO_2)$）的基数由各生产企业自定。

表 2-5　优质铁烧结矿的技术指标（YB/T 421—2005）

项目名称	化学成分（质量分数）				物理性能/%			冶金性能/%	
	TFe/%	碱度	FeO/%	S/%	转鼓指数（+6.3mm）	筛分指数（−5mm）	抗磨指数（−0.5mm）	低温还原粉化指数（RDI）（+3.15mm）	还原度指数（RI）
允许波动范围	±0.40	±0.05	±0.50	—					
指　标	≥57.00	≥1.70	≤9.00	≤0.030	≥72.00	≤6.00	≤7.00	≥72.00	≥78.00

注：TFe 的质量分数碱度（$w(CaO)/w(SiO_2)$）的基数由各生产企业自定。

B　作业率

作业率是年实际作业时间占日历时间的百分数，它反应烧结机连续作业的水平，一般为 90%。

C　成品率

成品烧结矿（扣除返矿）占混合料总产量的百分数，即为成品率，一般为 60% ~ 75%。

D　烧结机生产能力

烧结机生产能力用台时产量表示，即每台烧结机单位时间内生产的烧结矿数量，可用下式表示：

$$Q = 60kBL\gamma u \tag{2-1}$$

式中　Q——烧结机生产能力，t/（台·h）；

　　　k——烧结成品率，%；

　　　B——烧结机台车宽度，m；

　　　L——烧结机有效长度，m；

　　　γ——混合料堆密度，t/m³；

　　　u——垂直烧结速度，m/min。

E　烧结能耗

烧结能耗占钢铁能耗的 8% 左右。烧结的能源主要消耗在原料配碳、点火用气体或液体燃料、抽风机耗电以及水、蒸汽、压缩空气、氧气等供应环节。我国将生产 1t 烧结矿所消耗的上述总能耗折算为标准煤，称为烧结工序能耗。目前，我国钢铁企业的烧结能耗还比较高，先进厂的工序能耗约为 75kg/t，比世界先进水平（日本）高 15 ~ 20kg/t；而我国大多数烧结厂的工序能耗为 80 ~ 85kg/t。能耗高的原因是烧结机小，装备水平低，工艺落后，余热、余能回收利用率低。由此可见，烧结工序节能的潜力是很大的。

2.2.2.6　烧结生产工艺技术的发展趋势和新特点

烧结技术自 20 世纪 60 年代以来得到迅速发展，主要表现为：

（1）烧结设备向大型化和自动化发展。目前，已有$600m^2$的烧结机。烧结机大型化的技术经济效益明显。据德国报道，以$100m^2$烧结机单位面积基建费用为1计算，而$150m^2$、$200m^2$、$300m^2$的烧结机，单位面积基建费用则分别为0.9、0.8、0.75。据日本消息，当烧结机面积由$18.8m^2$增加到$130m^2$和$150m^2$时，劳动生产率则由17.2t/（人·h）分别提高到43t/（人·h）和162t/（人·h），烧结矿成本也随之降低。

烧结设备大型化后，生产过程自动化程度也越来越高。目前，先进的烧结生产从烧结配料、返矿与燃料用量、混合料水分含量、料槽料位、料层厚度、点火温度、台车速度一直到烧结终点及冷却温度等，都实现了自动控制。

我国宝钢3号烧结机的面积为$495m^2$，是国内最大的烧结机，其作业指标为：利用系数1.288t/（m^2·h），日作业率93.73%，成品率76.15%，料层厚649mm，生石灰消耗30.24kg/t，返矿313.28kg/t，固体碳消耗47.30kg/t，点火煤气耗61MJ/t，新水耗量0.068t/t，蒸汽耗量0.0008t/t，电耗36.64kW·h/t，工序能耗61.32kg/t，点火温度1065℃，转鼓强度83.21%。烧结矿成分（质量分数）为：TFe58.50%、FeO7.83%、$SiO_2$4.58%，碱度为1.88。宝钢烧结技术水平属于世界先进水平。

（2）烧结生产工艺技术发展的新特点，具体有以下几点：

1）圆筒混合机向大型化发展，圆筒的直径和长度都在增加，这种大型的混合机都安装在地面上。

2）冷却烧结矿是目前国内外烧结技术的发展方向，原因是冷却矿经整粒工艺后可满足高炉精料要求，强化高炉生产。

3）重视烧结矿的破碎和筛分。烧结矿除采用一段热破碎和热筛分外，经冷却后还要经过1~2次冷破碎和2~4次冷筛分。通过整粒后的烧结矿，粒度上限控制在40mm或50mm以下，成品中小于5mm的粒级含量均在10%以下。

4）采用高料层、大风量、高负压操作。烧结机风量一般为90~100m^3/（m^2·min），料层高度为400~500mm，负压为（1.3~1.6）×10^4Pa（1300~1600mmH$_2$O）。有些厂料层高度超过500mm，负压高达$2×10^4$Pa（2000mmH$_2$O）。

5）加强混合料的点火作业。从发展趋势看，点火器的面积日益扩大，而且大部分为两段或三段。如日本若松厂的点火器分为点火、加热和保温三段，并将冷却前和烧结后的几个风箱的热风（300~400℃）回收至保温段。这项措施可以改善液相结晶条件，减少热应力，从而提高烧结矿成品率，提高烧结矿强度，降低成品矿中的FeO含量，获得品质较好的烧结矿。

6）生产高碱度烧结矿。高碱度烧结矿的特点是，烧结矿的黏结相是以还原性好、强度高的铁酸钙为主，从而强化了烧结过程，提高了烧结矿的产量和品质。

7）重视烧结前的原料准备工作。一般在烧结厂内设有中和料场，以解决原料成分波动及粒度偏析的问题。中和料场造堆方法一般采用八字分层法和棋盘式堆叠法。堆料、取料都采用单斗或多斗轮式挖掘机及反铲斗轮机。

8）重视环境保护工作。采用静电除尘器能大大提高除尘效果，除尘效率可达96%以上。为减少风机噪声，目前采用隔声、消声、减震等方法或使用低噪声风机等。

总之，大型化、自动化、新工艺技术、高效率、低消耗、少污染和管理科学化，是当前烧结造块工业的发展趋势和新特点。

2.2.3 球团法造块

球团法造块是把润湿的精矿粉、少量的添加剂（熔剂粒）、造球剂和燃料粉等混合后，用滚动和挤压的方法滚、压成直径为 10～30mm 的圆球，再经过干燥和焙烧，使生球固结成为适合高炉使用的人造富矿的生产过程。球团矿具有粒度均匀、还原性好、品位高、冶炼效果好、便于运输和贮存等优点；但在高温下，球团矿易产生体积膨胀和软化收缩。目前，国内外大多习惯于把球团矿和烧结矿按比例搭配使用。

球团矿可分为自熔性球团矿、非自熔性球团矿和金属化球团矿等几种，金属化球团矿又称为预还原球团矿。球团矿除了用于高炉冶炼之外，还可直接用于电炉、转炉等，代替废钢使用。

2.2.3.1　球团矿的生产工艺流程

球团矿的生产工艺流程一般包括原料的准备、配料、混合、造球、干燥和焙烧、成品和返矿处理等步骤，如图 2-5 所示。

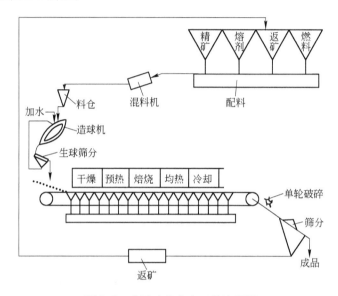

图 2-5　球团矿的生产工艺流程图

造球过程中常用的熔剂有消石灰（Ca(OH)$_2$）、石灰石粉（CaCO$_3$）、生石灰粉（CaO），加入石灰石粉及消石灰、生石灰粉还能提高生球强度和碎裂温度。氯化钙（CaCl$_2$）是作为氯化剂加到球团料中的，它能与铜、铅、锌等作用生成氯化物，从球团中除去并加以回收。

采用固体燃料焙烧球团时，通常加入的是煤粉和焦粉。如果将煤粉混入精矿粉中造球，会因煤粉的亲水性比矿粉小而大大降低生球强度和成球速度，所以常采用在合适的生球表面上加一层煤粉或焦粉的添加方法。

焙烧设备形式主要有带式球团焙烧机、链箅机－回转窑和竖炉等。

2.2.3.2　矿粉造球

A　水在矿粉中的形态和作用

干燥的矿粉是不能滚动成球的，加水润湿后才能使矿粉滚动成球。为了了解造球原理，应当了解水在矿粉中的形态和水分与矿粉间的作用。

干燥的矿粉被水润湿时，水按在矿物表面活动能力的不同，有 4 种存在形态，即吸附水、薄膜水、毛细水、重力水。吸附水和薄膜水合起来称为分子水；吸附水、薄膜水、毛细水、重力水合起来称为全水。4 种水在成球过程中各显示着不同的作用：

（1）吸附水的作用。水分子具有偶极构造显电性，矿粒的表面由于晶体未被电性相反的离子所包围而显电性。当水分子与干燥矿粒表面接触时，便在静电场的作用下被牢牢地吸附在颗粒表面，并呈定向排列。这种被颗粒表面静电引力所吸引的水层，称为吸附水（或称强结合水）。这个吸附水层很薄，特点是它与颗粒表面的附着力很大，在颗粒表面不能自由迁移。一般情况下，当物料只含吸附水时，仍为散沙状，不能结合成团，成球过程也就不会进行。

（2）薄膜水的作用。颗粒表面达到最大吸附水量后，在进一步加水润湿时，依靠分子引力作用，在吸附水层外面形成一层水膜，称为薄膜水。薄膜水与颗粒表面的结合力比吸附水小得多，其主要特点是：在分子力的作用下，可以从水膜较厚的颗粒表面向与之接触的另一个水膜较薄的颗粒表面迁移，直到两颗粒的水膜厚度相同为止。薄膜水因受电分子引力的吸引，具有比普通水更大的黏滞性。颗粒间的距离越小，薄膜水的黏滞性就越大，颗粒就越不容易发生相对移动，这样，对生球来说其强度就越高。

（3）毛细水的作用。在细磨物料层中，存在着许多大小不一、弯弯曲曲的由连通孔隙所形成的复杂通道，可视为大量的毛细管。当矿粉湿润到水含量超过最大分子水含量时，水分便会在矿粒孔隙中形成毛细水。毛细水在细磨物料的成球过程中起主导作用，只有将物料湿润到毛细水阶段，成球过程才开始明显地进行。此时，毛细水在毛细压力的作用下，将物料颗粒拉向水滴中心而形成小球。

（4）重力水的作用。当矿粉完全被水饱和时还有重力水，它能在重力作用下发生迁移。重力水在成球过程中起有害作用，只有当水分含量处于毛细水含量范围内时，水分对物料成球才有帮助。

B 生球的形成

干燥的精矿粉像散沙一样，不会黏结成球，但加水湿润滚动后就会成球，故成球主要是水和机械力作用的结果。在造球机上，成球的过程按下列 3 个阶段进行：

（1）母球形成。矿粉颗粒被水润湿后，首先在其表面形成薄膜水；若进一步润湿并使湿润的颗粒互相接触，则在触点处形成毛细水，靠毛细力的作用，两个或更多的颗粒连接起来形成小球；继续增加水分，在机械滚动力的作用下，小球内部颗粒重新排列，进一步密集，形成比较坚实的小球，即称为母球。

（2）母球长大。母球在滚动过程中彼此碰撞，母球被进一步压紧，引起内部颗粒间毛细管形状与尺寸的改变，从而使过剩的毛细水被挤到母球的表面上来。这样，过湿的母球表面靠毛细水的作用，将周围湿度较低的粉矿黏结到母球表面。不断向母球表面进行人工喷水，使母球表面湿润，从而不断黏结周围矿粉，使母球逐渐长大，直至达到符合要求的尺寸。

（3）长大母球进一步压紧。长大母球中颗粒间的结合力主要靠毛细力连接，强度低。因此，当母球长到要求的尺寸时，应停止喷水润湿，使母球在机械力的作用下，内部颗粒排列更紧密，挤出多余的水分，获得强度更高的生球。

C 粉矿造球设备

粉矿造球使用的主要设备有圆盘造球机和圆筒造球机。我国广泛采用圆盘造球机，其构造如图 2-6 所示。一般圆盘直径为 2.0 ~ 2.5m，边高为 0.4 ~ 0.6m，倾角为 45° ~ 50°，转速为 10 ~ 12r/min。生球在造球盘中的运动如图 2-7 所示。

D 影响生球质量的因素

生球不是最终产品，但它的质量在很大程度上决定了下一步焙烧工序能否顺利进行以及产品球团的质量。因此，要求生球粒度合适，一般为 8 ~ 16mm，炼钢用的球团粒径为 25mm。另外，要求生球的机械强度高，热稳定性好，在焙烧前不破裂。生球的强度常用抗压强度表示，即生球开始龟裂变形时的负荷重量，一般不小于 15 ~ 20N/球；用球团开始爆裂的温度表示热稳定性，爆裂温度一般不低于 300℃。

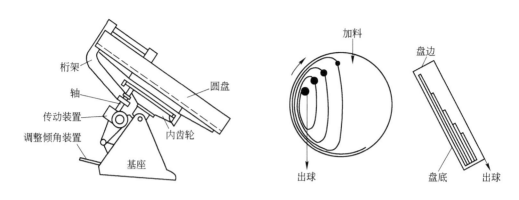

图 2-6　圆盘造球机　　　　　　　　图 2-7　生球在造球盘中的运动

影响矿粉成球及生球质量的因素很多，概括起来主要有：原料性能，如亲水性、湿度和粒度等；添加剂及其加入量；工艺操作，如水和料加入方法，造球时间、生球尺寸以及造球盘倾角、转速等。

2.2.3.3　生球焙烧

通过造球机造出的生球还需要经过高温焙烧而固结，使其具有足够的机械强度，同时还可以去除部分杂质。

球团的整个高温焙烧过程包括生球干燥、预热、焙烧固结、均热和冷却 5 个阶段，如图 2-8 所示。对于不同原料、不同焙烧设备，每个阶段的温度水平、延续时间以及气氛均不尽相同。在整个焙烧过程中进行的一系列物理化学变化，如水分蒸发、碳酸盐分解、燃料燃烧反应、氧化和去硫反应、粉矿固结、气体与固体间的传热等，基本上是相同的。焙烧过程需用气体或液体燃料燃烧产生的高温气体对球团进行焙烧。

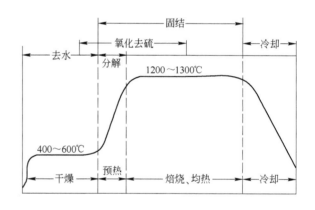

图 2-8　生球焙烧固结各阶段示意图

A　生球干燥

干燥的目的是降低生球水分含量，以免在高温下焙烧时发生破裂。一般预热的温度为 200 ~ 400℃。在干燥过程中，生球内部水分向外扩散，并从表面蒸发去除，所以温度高、气流速度快，有利于脱水。但干燥过快也会引起生球爆裂，因此，需严格控制干燥温度和气流速度。

B　预热

经过干燥后的生球在达到焙烧温度之前，应先在温度区间为 800 ~ 1100℃ 的范围内进行预热。其目的是在此阶段除净干燥阶段尚未排出的水分，同时使结晶水和碳酸盐、硫化物进行分解和氧化反应。该阶段温度一般为 800 ~ 1100℃。

C　焙烧

预热过程中未完成的反应在此阶段继续进行。此阶段主要进行铁氧化物的结晶和再结晶，晶粒长大、固相反应以及由其产生的低熔点化合物或共晶体的熔化，形成部分液相，使球团体积收缩及组织致密化。球团固结主要靠固相反应和再结晶，过多的液相会使球团相互黏结成大块。

由于生球的矿物组成、焙烧气氛和温度的不同，焙烧固结的形式也不同，主要有以下几种（以焙烧磁铁矿球团为例）：

（1）Fe_2O_3 晶桥的形成。在氧化性气氛下将磁精矿粉生球加热到 200～300℃，Fe_3O_4 就开始氧化成 Fe_2O_3，并生成 Fe_2O_3 微晶。这种新生的 Fe_2O_3 微晶具有高度的迁移能力，它们与相邻的颗粒黏结起来形成晶桥。随着温度的升高，这种现象由球团矿表层向内部推进，在高温 1100～1300℃下，Fe_2O_3 微晶长大并再结晶，使颗粒结合成牢固的整体，使球团矿具有很高的氧化度和强度。

（2）磁铁矿 Fe_3O_4 的再结晶。在氧化气氛不足的地方，未氧化成 Fe_2O_3 的 Fe_3O_4 晶粒在 900℃以上时产生再结晶和晶粒长大，从而使颗粒互相连接起来。这种固结方式形成的球团强度较前一种低。

（3）生成 Fe_2SiO_4 液相黏结。在还原性或中性气氛中焙烧磁铁矿球团时，Fe_3O_4 与 SiO_2 作用生成低熔点的 Fe_2SiO_4 液相，在冷却时各颗粒黏结起来。

（4）生成铁酸钙或硅酸钙液相黏结。在生产自熔性球团时，CaO 含量较高，在强氧化气氛中，当温度达 1000℃以上时，有可能产生铁酸钙（CaO·Fe_2O_3）或铁钙橄榄石（CaO·SiO_2·FeO）低熔点化合物。

以上几种固结形式在焙烧过程中可能同时发生，而随着焙烧条件和生球成分的不同，其中的某一种形式占优势。因此在酸性氧化球团的焙烧过程中，一定要控制好焙烧的强氧化性气氛（烟气中含 O_2 大于 8%）和温度（1200±10）℃。

D　球团的均热

均热的主要目的是使球团矿内晶体长大，再结晶充分，矿物组成均匀。该过程的温度略低于焙烧温度。

E　球团矿冷却

为将球团矿的温度从 1000℃以上降到运输带能承受的温度（90～120℃）并回收其热量，需将烧成的球团矿进行冷却，其冷却介质为空气。

2.2.3.4　球团焙烧设备

目前采用的球团焙烧设备主要有带式焙烧机、链箅机-回转窑和竖炉三种。它们的特点列于表2-6。

表2-6　三种球团焙烧设备的比较

方　法	带式焙烧机	链箅机-回转窑	竖　炉
优　点	（1）便于操作、管理和维护； （2）可处理各种矿石； （3）焙烧周期短，各段长度易控制； （4）可处理易结团原料	（1）设备结构简单； （2）焙烧均匀，产品质量好； （3）可处理各种矿石，生产自熔性球团矿； （4）不需耐热合金材料	（1）结构简单； （2）材质无特殊要求； （3）炉内热利用好

方　法	带式焙烧机	链箅机-回转窑	竖　炉
缺　点	（1）上、下层球团质量不均； （2）台车箅条需采用耐高温合金； （3）铺边、铺底料流程复杂	（1）窑内易结圈； （2）环冷机冷却效果差； （3）维修工作量大； （4）大型部件运输困难	（1）焙烧不够均匀； （2）单机生产能力受限； （3）处理矿石种类范围不广泛
生产能力	单机生产能力大，最大为 6000～6500t/d，适于大型生产	单机生产能力大，最大为 6500～12000t/d，适于大型生产	单机生产能力小，最大为 2000t/d，适于中、小型生产
产品质量	良　好	良　好	稍　差
基建投资	稍　高	较　高	低
经营费用	稍　高	低	一　般
电　耗	中	稍　低	高

A　带式焙烧机

带式焙烧机是目前球团矿生产中产量比例最大的一种焙烧设备，世界上近60%的球团矿用带式焙烧机生产。如图2-9所示，它的构造与带式烧结机相似，但实质差别甚大，其采用多辊布料器，抽风系统比烧结机复杂，传热方式也不同。一般焙烧球团矿全靠外部供热，沿焙烧机长度分为干燥、预热、焙烧、均热和冷却5个带（每个带的长度和热工制度随原料条件的不同而异），生球在台车上依次经过上述5个带后焙烧成成品球团矿。机上球层厚度为500mm左右，各带温度为：干燥带不高于800℃，预热带不超过1100℃，焙烧带为1250℃左右。

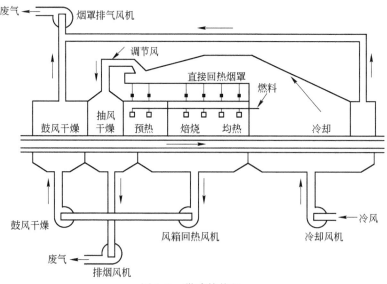

图 2-9　带式焙烧机

带式焙烧机可以采用固体、气体和液体燃料作为热源。全部使用固体燃料时，将燃料粉末滚附在生球表面，经点火燃烧供给焙烧所需的热量。也可全部使用气体或液体燃料，将燃料通入上部的机罩中燃烧，产生的高温废气被抽风机抽过球层进行焙烧。还可以在使用气体或液体燃料的同时，在生球的表面滚附少量固体燃料，组成气-固或液-固混合供热形式。

B 链算机-回转窑

链算机-回转窑从20世纪60年代后期开始发展,用于焙烧球团矿虽然时间不长,但发展较快。目前,约有26%的球团矿由它生产,现已成为焙烧球团矿的一种重要方法。

生球在链算机上进行干燥和预热,然后进入回转窑中高温焙烧,如图2-10所示。链算机装在衬有耐火砖的室内,分为干燥室和预热室两部分。生球经辊式布料机布在链算机上,随算条向前移动的同时,抽来预热的废气(250~450℃)对生球进行干燥;干燥后的生球进入预热室,再被从回转窑出来的温度为1000~1100℃的氧化性废气加热,干球被部分氧化和再结晶,然后进入回转窑高温焙烧。

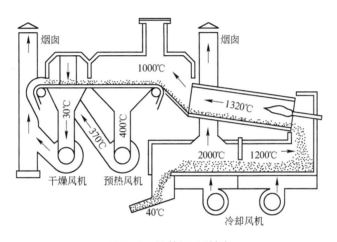

图2-10 链算机-回转窑

C 竖炉

竖炉是世界上最早采用的球团矿焙烧设备。如图2-11所示,它中间是焙烧室,两侧是燃烧室,下部是卸料辊和密封闸门,焙烧室和燃烧室的横截面多为矩形。现代竖炉在顶部设有烘干床,焙烧室中央设有导风墙。燃烧室内产生的高温气体从两侧喷入焙烧室并向顶部运动,生球从上部均匀地铺在烘干床上被上升热气流干燥、预热;然后沿烘干床斜坡滑入焙烧室内焙烧固结,在出焙烧室后与从底部鼓进的冷却风相遇,得到冷却;最后经排矿机排出竖炉。一般竖炉是矩形断面,但也有少量是圆形断面。

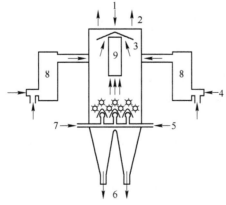

图2-11 竖炉

1—生球;2—废气;3—烘干床;4—燃料;5—助燃风;6—成品球;
7—冷却风;8—燃烧室;9—导风墙

2.3　熔　　剂

2.3.1　熔剂在高炉冶炼中的作用

为了保证高炉能冶炼出合格的生铁，在高炉冶炼过程中还需加入一定量的熔剂。熔剂一般在烧结矿和球团矿中加入，高炉直接加入熔剂的情况很少。高炉冶炼过程中加入熔剂的作用主要是：

（1）使渣铁分离。高炉冶炼加入的熔剂能与铁矿石中高熔点的脉石和焦炭中高熔点的灰分结合，生成熔化温度较低的炉渣，使其能顺利地从炉缸中流出来，并同铁水分离，保证高炉生产的顺利进行。

（2）改善生铁质量，获得合格生铁。加入适量的熔剂，可获得具有一定化学成分和物理性能的炉渣，以增加其脱硫能力，并控制硅、锰等元素的还原，有利于改善生铁质量。

2.3.2　熔剂的分类

根据矿石中脉石成分和焦炭中灰分成分的不同，高炉冶炼使用的熔剂可分为碱性、酸性和中性三种。在确定熔剂的添加量时，应考虑燃料灰分是高酸性物质的影响。

2.3.2.1　碱性熔剂

当铁矿石中的脉石为酸性氧化物时，需加入碱性熔剂。常用的碱性熔剂有石灰石（$CaCO_3$）、白云石（$MgCO_3 \cdot CaCO_3$）等。

2.3.2.2　酸性熔剂

当使用含碱性脉石的矿石冶炼时，可加入酸性熔剂，如石英（SiO_2）等。但由于铁矿石中的脉石绝大部分是酸性氧化物，所以高炉生产中很少使用酸性熔剂；即使是含有一部分碱性脉石的铁矿石，通常也是和含酸性脉石的铁矿石搭配使用，而不另外配加石英。只有在生产中遇到炉渣 Al_2O_3 含量过高，导致高炉冶炼过程失常时，才使用石英来改善造渣，调节炉况。

2.3.2.3　中性熔剂（高铝熔剂）

当矿石中脉石与焦炭灰分中含 Al_2O_3 很低时，由于渣中 Al_2O_3 少，炉渣的流动性会非常不好，这时需加一些含 Al_2O_3 高的中性熔剂，如铁矾土、黏土页岩等。在实际生产中很少使用中性熔剂，若遇渣中含 Al_2O_3 低时，最合理的方法还是加入一些含 Al_2O_3 较高的铁矿石，增加渣中 Al_2O_3 含量，而不是单独加入中性熔剂。由于铁矿石中的脉石绝大多数呈酸性，所以高炉冶炼使用的熔剂绝大多数是碱性的，且主要是石灰石。

2.3.3　高炉冶炼对碱性熔剂的质量要求

高炉冶炼对碱性熔剂的质量要求是：

（1）碱性氧化物含量要高。由于高炉冶炼使用的熔剂主要是石灰石，所以对作为碱性熔剂加入炉内的石灰石，就要求它的碱性氧化物（CaO 和 MgO）含量要高，酸性氧化物（SiO_2 和 Al_2O_3）含量要低。石灰石中 CaO 的理论含量为 56%，但自然界中石灰石都含有一定的杂质，CaO 的实际含量要比理论含量低一些。一般要求 CaO 含量不低于 50%，SiO_2 和 Al_2O_3 的含量不应超过 3.5%。

对于石灰石仅考虑它的 CaO 含量是不够的，实际生产中评价它的质量指标是石灰石的有效熔剂性。石灰石的有效熔剂性是指熔剂按炉渣碱度的要求，除去自身酸性氧化物含量所消耗的碱性氧化物外，剩余部分的碱性氧化物含量。它是评价熔剂最重要的质量指标，可用下式表示：

$$石灰石的有效熔剂性 = w(CaO)_{熔剂} + w(MgO)_{熔剂} - w(SiO_2)_{熔剂} \frac{w(CaO)_{炉渣} + w(MgO)_{炉渣}}{w(SiO_2)_{炉渣}}$$

当石灰石与炉渣中的 MgO 含量很少时，为了计算简便，在工厂多用 $w(CaO)/w(SiO_2)$ 来表示炉渣碱度，则其有效熔剂性的计算式可简化为：

$$有效熔剂性 = w(CaO)_{熔剂} - w(SiO_2)_{熔剂} \frac{w(CaO)_{炉渣}}{w(SiO_2)_{炉渣}}$$

高炉生产要求石灰石的有效熔剂性越高越好。

（2）硫、磷含量要少。高炉生产要求熔剂中的有害杂质硫、磷含量越少越好。一般来讲，石灰石中硫和磷的含量分别为：$w(S) = 0.01\% \sim 0.08\%$，$w(P) = 0.001\% \sim 0.03\%$。

（3）石灰石应有一定的强度和均匀的块度。除方解石在加热过程中很易破碎产生粉末外，其他石灰石的强度都是足够的。石灰石的粒度不能过大，过大的块度在炉内分解慢，会增加炉内高温区的热量消耗，使炉缸温度降低。目前的石灰石粒度，大中型高炉为 25~75mm，最好为 25~50mm；小型高炉为 10~30mm，有的把石灰石的粒度降低到与矿石相同。表 2-7 列出了石灰石的技术条件。

表 2-7 石灰石的技术条件

级 别	化学成分/%				
	CaO	MgO	$Al_2O_3 + SiO_2$	P_2O_5	SO_2
I	≥52	≤3.5	≤2.0	≤0.02	≤0.25
II	≥50	≤3.5	≤3.0	≤0.04	≤0.25
III	≥49	≤3.5	≤3.5	≤0.06	≤0.35
白云石化石灰石	35~44	6~10	≤5		

2.4 燃 料

燃料是高炉冶炼不可缺少的基本原料之一。高炉冶炼早期以木炭为燃料，而后使用了无烟煤，再到后来的高炉几乎都使用焦炭作燃料，并应用了喷吹技术。从风口喷吹的燃料已占全部燃料用量的 10%~30%，有的达 40%。用作喷吹的燃料主要有无烟煤和天然气等。

2.4.1 焦炭

2.4.1.1 焦炭在高炉冶炼中的作用

焦炭在高炉冶炼中的作用主要是：

（1）作发热剂。焦炭在风口前燃烧放出热量而产生高温，它使高炉内各种化学反应得以进行，并使渣、铁熔化。高炉冶炼所消耗的热量，70%~80% 是由焦炭燃烧来提供的。

（2）作还原剂。焦炭中的固定碳（C）和它燃烧后产生的 CO、H_2 与铁矿石中的各级氧化物反应后，将铁还原出来。铁矿石还原所需要的还原剂几乎全部由燃料所供给。

（3）作料柱骨架。高炉内的铁矿石和熔剂下降到高温区时，全部软化并熔化成液体，而焦炭则既不软化也不熔化，所以，它可以作为高炉内料柱的骨架来支承上部的炉料。焦炭在高炉料柱中约占整个体积的 1/3~1/2；焦炭又是多孔的固体，同时它又起着改善料柱透气性的作用。

2.4.1.2　焦炭的物理性质

焦炭的物理性质包括机械强度、筛分组成和孔隙率等，其中最主要的是机械强度。

A　机械强度

焦炭的机械强度主要是指焦炭的耐磨性和抗冲击的能力，其次是抗压强度。它是一个重要的质量指标。焦炭的机械强度对高炉冶炼十分重要，若机械强度不好，在焦炭运转和在炉内下降的过程中，由于炉料与炉料之间、炉料与炉墙之间互相摩擦挤压，会导致焦炭破裂而产生大量的粉末。在高炉冶炼过程中，这些粉末将渗入初渣中，增加初渣的黏度，降低初渣的流动性，增加煤气通过软熔带上升的阻力，最终造成炉况不顺、炉缸堆积、风口烧坏等事故。

目前，我国各厂测定焦炭机械强度的方法是转鼓试验。转鼓的测定有两种：大转鼓和小转鼓。大、小转鼓的测定，以小转鼓为好。小转鼓是由钢板制成的无穿心轴的密封圆筒转鼓，鼓内径和鼓内宽皆为1000mm，鼓壁厚6～8mm，内壁每隔90°焊角钢（100mm×50mm×10mm）1块，共焊4块。试验时取50kg大于60mm的焦炭试样装入鼓内，以25r/min的转速转100r。转完后用ϕ40mm和ϕ10mm的圆孔筛筛分，以大于40mm的焦炭占焦炭试样的质量百分数（用M_{40}表示）作为破碎强度指标，以小于10mm的焦炭占焦炭试样的质量百分数（用M_{10}表示）作为耐磨强度指标。对于中型高炉用焦炭，M_{40}在60%～70%之间；对于大型高炉，M_{40}在75%以上。M_{10}均以小于9.0%为好。

焦炭的抗压强度一般为9.81～14.71MPa，而高炉炉缸的实际压力只有0.294～0.490MPa，但焦炭在炉内高温作用下，强度会有明显的降低并产生碎裂。

由于焦炭的强度指标是在常温、无化学作用的情况下测得的，所以它不能真正代表焦炭在高炉内的实际强度。因此，鉴定焦炭强度（特别是高温下的强度）的合理方法尚待进一步研究。

B　筛分组成

焦炭的筛分组成是用筛分试验的方法来测定焦炭的粒度组成，计算各级粒度焦炭质量占焦炭总质量的百分数。

自高炉大量使用熔剂性烧结矿以来，矿石的粒度普遍降低，使焦炭和烧结矿之间的粒度差别增大，这很不利于料柱透气性的改善。实践证明，在大、中型高炉上使用25～40mm的中块焦炭是可行的。从炼焦生产方面来看，在焦炭产品中，25～40mm的中块焦炭仅占14%～15%，所以，适当降低入炉焦炭的粒度对于合理利用焦炭也是一项有意义的措施。

C　孔隙率

焦炭的孔隙率表示在全部焦炭体积中气孔所占的体积百分数，它可按以下关系式计算：

$$孔隙率 = 1 - \frac{假密度}{真密度} \times 100\%$$

焦炭的真密度为除去全部气孔后单位体积焦炭的质量，一般约为1.85～1.9g/cm³，假密度约为0.85～1.0g/cm³。高炉冶炼用焦炭的孔隙率大约在45%～53%之间。孔隙率高可以改善焦炭的反应性能，但过高时气孔壁薄，会影响焦炭的强度。目前对冶金焦炭的孔隙率还没有具体的要求。

2.4.1.3　焦炭的化学成分

焦炭的化学成分通常是以焦炭的工业分析来表示的。工业分析的内容包括固定碳、灰分、硫分、挥发分和水分的含量，除水分外，其他组成均以干焦为基础来计算。

A　固定碳和灰分

焦炭中固定碳含量应尽量高，灰分含量应尽量低。这是因为焦炭中的固定碳含量越高，焦炭的发热量越大，还原剂越多，越有利于高炉降低焦比。焦炭中固定碳含量的高低，主要受灰分含量影响。固定碳的含量一般是通过下列计算方法求得的：

$$w(C)_{固} = [1 - (w(灰分) + w(挥发分) + w(有机物))] \times 100\%$$

由上式可以看出，要提高 $w(C)_{固}$，必须设法降低其他杂质，特别是灰分的含量。

焦炭中的灰分含量不仅对 $w(C)_{固}$ 影响很大，而且会导致焦炭的耐磨强度降低，粉末增加。灰分的主要成分是酸性氧化物 SiO_2 和 Al_2O_3，它们约占灰分总量的 80% 以上，灰分增加势必导致熔剂耗量和渣量的增加，使焦比升高，产量下降。表 2-8 为某厂焦炭的灰分分析。

表 2-8　某厂焦炭的灰分分析

成　分	SiO_2	Al_2O_3	CaO	MgO	Fe_2O_3	K_2O，Na_2O
含量/%	45.12	39.24	5.32	1.04	7.04	≤1.0

B　硫和磷

在高炉冶炼中，有 80% 左右的硫是由焦炭带入的，因此，降低焦炭中的含硫量对降低生铁含硫量起着很大的作用。控制煤的含硫量和合适的配煤比是控制焦炭含硫量的基本途径。焦炭中一般含磷较少。

C　挥发分

挥发分是炼焦过程中未分解挥发完的有机物质，主要是碳、氢、氧及少量的硫和氮。当焦炭进入高炉再次加热到 850~900℃ 以上时，这些有机物质就以 H_2、CH_4、N_2 等气体的形式挥发出来。挥发分本身对高炉冶炼并无影响，但它却是一个表示焦炭成熟程度的指标。正常情况下，挥发分的含量一般在 0.7%~1.2% 之间，含量过高，焦炭不够成熟，夹生焦（黑头焦）多，这种焦炭强度差，进入高炉后易碎裂产生粉末，影响料柱透气性；而含量过低则表示结焦过大，这种焦炭裂纹多、极脆，对高炉冶炼不利。表 2-9 为某厂焦炭的挥发分分析。

表 2-9　某厂焦炭的挥发分分析

成　分	CO_2	CO	CH_4	H_2	N_2
含量/%	35	35	4	6	18

D　水分

焦炭中的水分是在打水熄焦时渗入的，通常其含量为 2%~6%。焦炭中的水分在高炉上部即可蒸发完毕，对高炉冶炼没有影响。但要求焦炭中的水分含量要稳定，因为焦炭都是按质量入炉的，水分的波动必定会引起干焦量的波动，最终导致炉缸热制度的波动。

2.4.1.4　焦炭的化学性质

焦炭的化学性质包括焦炭的燃烧性和反应性两个方面。

焦炭的燃烧性，是指焦炭与氧在一定的温度条件下反应生成 CO_2 的速度，即燃烧速度，其反应式为：

$$C + O_2 === CO_2$$

焦炭的反应性，是指焦炭在一定的温度下和 CO_2 作用生成 CO 的反应速度，其反应式为：

$$C + CO_2 === 2CO$$

在一定温度下，这两个反应速度越快，则表示焦炭的燃烧性和反应性越好。它们对高炉冶炼的影响还有待于进一步研究，现在有观点认为，焦炭反应性好对高炉冶炼不利，应适当抑制。一般来说，焦炭的燃烧性和反应性主要取决于焦炭的结构、块度和孔隙率，而焦炭的结构基本上是由原煤成分、炼焦工艺所决定的。块度大、孔隙率低、堆密度大和灰分含量高的焦炭，燃烧性和反应性较差；相反，如果焦炭的块度小而合适、孔隙率高、堆密度不大、含水量和灰分含量又低，则其燃烧性和反应性都较好。

2.4.1.5　炼焦炉及附属设备

（1）炼焦炉。炼焦炉主要是用硅砖等耐火材料砌筑而成。它分成 1~4 个相连接的部分，即炉顶、炭化室（燃烧室）、斜烟道、蓄热室。其构造如图 2-12 所示。

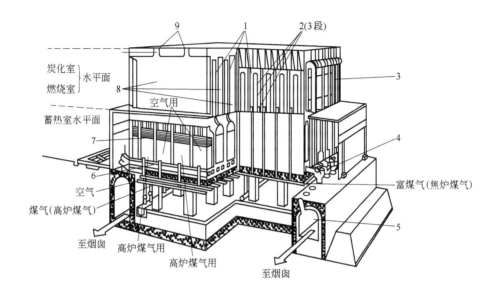

图 2-12　炼焦炉

1—燃烧室；2—烧嘴；3—炉门；4—交换阀；5—烟道；6—小烟道；7—蓄热室；8—炭化室；9—装煤孔

1）炉顶。炉顶设有炭化室装煤孔、燃烧室火道看火孔以及荒煤气导入集气系统的上升管孔等。在炉顶上正对着炭化室处设有装煤口，由装煤车把煤由装煤口装入炭化室。

2）炭化室。炭化室为窄长的方形室，用以容纳煤料，是装煤炼焦的地方。煤料可由装煤孔或机侧（捣固炼焦）装入。

3）燃烧室。燃烧室在炭化室两侧（相间布置：燃烧室—炭化室—燃烧室……），煤气在其内燃烧，燃烧产生的热量通过炉墙传给炭化室的煤料炼焦。燃烧室是煤气和空气混合燃烧的地方。

4）斜烟道。斜烟道是蓄热室、燃烧室火道间的气流通道。

5）蓄热室。蓄热室在炭化室及燃烧室下部，其内填充有带孔的格子砖。燃烧室燃烧产生的废气预热蓄热室，蓄热室预热空气和煤气。当下降气流时，燃烧产生的高温气体将格子砖加热；当交换为上升气流时，使通过蓄热室的贫煤气或空气预热后进入燃烧室。

一个炼焦炉一般由数十孔炭化室组成。

装煤时，贮煤塔中配好的煤先装入装煤车内，再由装煤车从焦炉炭化室顶部的装煤孔装入炭化室。推焦时，由推焦车将焦炭从炭化室推入拦焦车，再通过拦焦车装入熄焦车内，然后运至熄焦塔熄焦。

（2）贮煤塔。贮煤塔设在焦炉两炉组之间，贮存已粉碎好的炼焦配煤。

（3）操作机械。主要包括以下几部分：

1）装煤车。装煤车从煤塔取出一定质量的煤料，送到炭化室顶部装煤孔，并卸入炭化室内。

2）推焦机。推焦机有几种作用：炭化室装煤完毕后，煤落在室内呈锥形，由推焦机的平煤杆将煤推平；打开与关闭机侧的炉门；将成熟的焦炭从炭化室的机侧推到焦侧的熄焦车上。

3）拦焦车。拦焦车拦着从炭化室推出来的焦炭落在熄焦车上，并打开与关闭焦侧的炉门。

4）熄焦车。熄焦车接受推出的赤热焦炭，运到熄焦塔内喷水，将赤热焦炭熄灭，然后卸在晾焦台上冷却。

2.4.1.6 焦炭的生产方法和流程

将各种经过洗选的炼焦煤按一定的比例配合后，在炼焦炉内进行干馏，可以得到焦炭和荒煤气。将荒煤气进行加工处理，可以得到其他多种化工产品和焦炉煤气。焦炭是炼铁的燃料和还原剂，它能将氧化铁（铁矿）还原为生铁。焦炉煤气发热值高，是钢铁厂及民用的优质燃料，因含氢量多，也是产生合成氨的原料。

现代焦炭生产过程分为洗煤、配煤、炼焦、熄焦及煤气和化工产品回收处理等工序，生产工艺流程见图2-13。

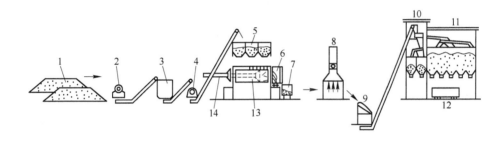

图 2-13 炼焦生产工艺流程图

1—煤堆；2—破碎机；3—配煤槽；4—粉碎；5—贮煤塔；6—拦焦机；7—熄焦车；8—熄焦塔；
9—晾焦台；10—筛分机；11—焦槽；12—装焦车；13—炼焦炉；14—推焦机

（1）洗煤。洗煤就是将原煤在炼焦之前先进行洗选的过程，其目的是降低煤中所含的灰分和洗除煤中的其他杂质。

（2）配煤。配煤是将各种结焦性能不同的煤经过洗选后，按一定比例配合进行炼焦，其目的是在保证焦炭质量的前提下，扩大炼焦煤的使用范围，合理利用国家资源，并尽可能多的得到一些化工产品。

（3）炼焦。炼焦是将配合好的煤粉装入炼焦炉的炭化室，在隔绝空气的条件下通过两侧的燃烧室加热干馏，再经过一定的时间，最后获得质量合格的冶金焦。

（4）熄焦等焦炭产品处理。焦炭产品处理是将由炉内推出的炽热的焦炭经喷水熄火或干熄火后，进行筛分分级，获得不同粒度的焦炭产品，分别送往高炉和烧结等用户。

现代焦炉结焦时间一般为12～17h，结焦完毕后应立即出焦。出焦时，先打开炭化室两侧炉门，然后用推焦机推出红热焦炭，必须立即进行熄焦冷却，以免被空气氧化烧损固定碳，并且易烧坏设备。熄焦方法有干法和湿法两种：

1）湿法熄焦。湿法熄焦是把红热焦炭运至熄焦塔，用高压水喷淋60～90s。目前我国多采用湿法熄焦。

2）干法熄焦。干法熄焦是将红热的焦炭放入熄焦室内，用惰性气体循环回收焦炭的物理热，时间为2～4h。我国宝钢采用干法熄焦，冷却后的焦炭送往筛焦台进行筛分处理。干法熄焦优点多，焦炭机械强度好、裂纹少、筛分组成均匀，同时，焦炭是干的，避免了因水分波动而引起的不良影响；但这种熄焦方法设备投资大。

（5）炼焦方法。综上所述，炼焦方法可归纳如下：煤料从炉顶部的装煤孔卸入炭化室，由两侧燃烧室传来的热量将煤料在隔绝空气的条件下加热至高温。加热过程中，煤料熔融分解，一部分成气体由炭化室顶部的上升管逸出，导入煤气净化处理系统，可得到化学产品及煤气；残留在炭化室内的部分则固化成焦炭。煤料分解固化后，将炭化室两侧的炉门打开，用推焦机将焦炭推出，落入熄焦车。赤热的焦炭可用水熄灭或用惰性气体将热导走冷却，从而得到使用的焦炭。

在炼焦过程中还会产生焦炉煤气及多种化学产品。焦炉煤气是烧结、炼焦、炼铁、炼钢和轧钢生产的主要燃料；各种化学产品是化学、农药、医药和国防工业部门的主要原料。

2.4.1.7 炼焦用煤种类

煤按其生成的地质年代的长短，可分成泥煤、褐煤、烟煤及无烟煤四种；煤按挥发分含量和胶质层厚度的不同，又可划分为褐煤、长焰煤、不黏结煤、弱黏结煤、气煤、肥煤、焦煤、瘦煤、贫煤和无烟煤10种。由于地质年代的长短和变质程度的不同，各种煤的性质差别很大。

用于炼焦的主要是烟煤，烟煤可以分为气煤、肥煤、焦煤、长焰煤、瘦煤及贫煤6种。用于炼焦的煤主要是烟煤中的气煤、肥煤、焦煤、瘦煤4种。

不同的煤在炼焦时所表现的结焦性能各不相同。

（1）气煤。气煤挥发分含量大于37%，胶质层厚度为5~25mm。由于挥发分含量高，结焦过程收缩大，所以裂纹多、块度小且易碎，而挥发分高，可以得到较多的化工产品。在配煤中适当增加气煤，可以降低炼焦过程中的膨胀压力和增加焦饼的收缩，有利于推焦。但多配气煤可使焦炭块度变小，强度下降。

（2）焦煤。焦煤挥发分含量为18%~26%，胶质层厚度为12~15mm，具有中等挥发分含量和胶质层厚度。多数焦煤在单独炼焦时，都可以获得块度大、裂纹少、耐磨性好的焦炭。但单独炼焦时，在结焦过程中产生的膨胀压力较大，产生推焦困难现象，不利于对炉墙的保护；并且由于焦煤贮量不多，从提高焦炭的强度和节约焦煤的角度出发，只能在配煤中适当加入焦煤。焦煤在配煤中起提高焦炭强度的作用。

（3）肥煤。肥煤挥发分含量为26%~37%，胶质层厚度大于25mm，在加热时能产生大量的胶质。单独使用这种煤炼焦时，生产出来的焦炭熔融性好，但容易产生较多的横向裂纹，易碎，且生成小焦块等。由于它具有很强的黏结性，可黏结一部分弱黏结性煤，所以它是配煤中的重要成分。

（4）瘦煤。瘦煤挥发分含量为14%~20%，胶质层厚度小于12mm，加热时胶质体数量少。一般瘦煤能结焦，但块度大、裂纹少、不耐磨。配煤中加入少量瘦煤可以提高焦炭的块度。

（5）贫煤。贫煤挥发分含量为10%~20%，贫煤的变质程度较瘦煤高，有挥发分而无胶质和黏结性，配入少量贫煤可以作瘦化剂。

（6）无烟煤。无烟煤挥发分含量最低，加热时不产生胶质体，因此不能作为炼焦用煤，只是在瘦煤缺乏的地区，配煤中的煤料较肥时，加入少量无烟煤作为瘦化剂。

以上几种煤在实际生产中一般不单独使用，而是几种煤搭配使用。这就是配煤炼焦。一般要求是：配煤中灰分的含量不高于10%~12%，硫含量不大于1.0%~1.2%，挥发分含量在25%~30%之间，胶质层厚度为15~20mm。配煤中一般增加焦煤、减少气煤，可以提高焦炭的转鼓强度。

2.4.1.8 配煤的质量标准

配合煤的质量取决于各单种煤的质量及配合比，配煤时必须注意配煤的质量指标。配煤的质量指标指配煤的灰分含量、硫分含量、挥发分含量、胶质体厚度和水分含量等。冶金焦配煤的质量指标如下：

（1）灰分含量。煤中的灰分在炼焦后，全部残留在焦炭中，因此应严格控制配合煤中的灰分含量，一般不大于12%。

（2）硫分含量。配合煤中硫的含量不应大于1%，最高不大于1.2%。

（3）挥发分含量。若配合煤的挥发分含量高，则炼焦煤气和化工产品的产率高；但由于大多数挥发分含量高的煤结焦性能差，因此多配挥发分含量高的煤，会降低焦炭的强度。配合煤挥发分的质量分数一般控制在28%～32%之间。

（4）胶质层。配合煤必须具有一定的胶质层厚度，才能炼出强度较高的焦炭。但胶质体厚度过大会产生很大的膨胀压力，而且收缩小，对保护炉墙及推焦不利。一般胶质层厚度控制在14～20mm之间。

（5）水分含量。水分的含量应在7%～10%之间，并要求稳定。配合煤水分含量高时，会延长结焦时间，降低产量。

（6）细度。细度是指粉碎后的煤料中，0～3mm的细粒占全部煤料的百分数。提高煤料的细度能提高焦炭强度，但细度过高（大于90%）会使装煤困难，甚至扒炉。

2.4.1.9 结焦过程

从煤料装入焦炉到炼成焦炭的整个过程，称为结焦过程。将配合好的煤料装入炼焦炉的炭化室内，在隔绝空气的条件下加热，经过一定时间逐渐分解，挥发物逐渐析出，残留物逐渐收缩，加热到950～1050℃时，即炼成焦炭。煤在焦炉中的结焦过程可以分为以下几个阶段：

（1）干燥和预热。湿煤装入炭化室后，在两侧燃烧室的加热下，水分开始蒸发干燥。当温度升高到100～200℃，煤开始预热，放出吸附于煤表面气孔中的气体（CO_2、CH_4、H_2S等）以及部分结晶水，使煤料得到干燥和预热。

（2）分解生成胶质体。当温度升高到200～300℃时，煤料中的结晶水和有机物开始分解，产生H_2O、CO_2、CO、CH_4等气体，同时产生少量焦油蒸气和液态物质。当温度升高到350～450℃时，继续分解大量焦油蒸气，高沸点液体和残留的固体形成胶质体。

（3）胶质体固化成半焦。当温度升高到450～500℃时，胶质体开始固化并分解出大量气体，形成半焦。当温度升高到500～650℃时，半焦开始收缩，这个阶段分解出的气体主要是CH_4、H_2等，胶质体被鼓成许多气泡，半焦形成后，这种气泡成为固定气孔。

（4）半焦转化为焦炭。当温度升高到650～950℃时，继续放出气体（主要是H_2），这时焦炭进一步收缩、变紧、变硬、密度扩大、裂纹扩大。当温度升高到950～1050℃时，焦炭成熟。若温度超过1050℃时，焦炭会变碎，甚至石墨化。

结焦过程是在焦炉炭化室内进行的，炭化室中的煤料受到两侧燃烧室加热，热流从两侧炉墙同时传递到炭化室中心。因此，结焦过程也是从靠近炉墙的煤料开始，逐渐向中心移动。在整个结焦时间内，炭化室中的煤料是分层变化的，靠近炉墙的先成熟，中心煤料最后成熟。因此，在沿炭化室宽度方向上，焦炭质量是不均匀的。靠炉墙处焦炭强度好，中心部分焦炭疏松多孔、强度差。

2.4.2　喷吹燃料

从风口向高炉中喷吹燃料目前已被大量采用。喷吹燃料可分为气体燃料、液体燃料和固体燃料三种，气体燃料有天然气、焦炉煤气等；液体燃料有重油、焦油等；固体燃料以无烟煤和烟煤为主。各国的燃料资源不同，喷吹的燃料也不同，我国的喷吹燃料以无烟煤为主，也有喷吹天然气的，或采用以无烟煤为主、配加少量烟煤进行喷吹的。各种喷吹燃料的理化性能见表2-10、表2-11。

表 2-10　气体燃料的理化性能

类　　别	成分（体积分数）/%							发热值 /kJ·m⁻³
	CH_4	C_2H_4	C_mH_n	H_2	N_2	CO_2	CO	/kJ·m⁻³
辽宁天然气	94.31	1.76	0.78		0.66	3.15	0.10	33930
四川天然气	97.40	0.40			1.60	0.40		39867
焦炉煤气	28.4	6.00	2.40	55.60	0.90	2.90	5.80	19368

表 2-11　固体燃料（无烟煤）的理化性能

指标品名	工业分析（质量分数）/%					元素分析（质量分数）/%				低发热值 /kJ·kg⁻¹
	全水	灰分	挥发分	S	固定碳	C	H	N	O	/kJ·kg⁻¹
阳泉 1	0.81	18.93	9.17	0.84	71.90	90.77	4.24	1.20	2.70	34290
阳泉 2	0.68	14.03	11	0.40	76.80		3.87	1.21	1.54	

复习思考题

2-1　常用的铁矿石有哪几类，基本特性怎么样？

2-2　什么叫贫矿，什么叫富矿，适宜于高炉冶炼的铁矿石应具备哪些标准？

2-3　矿石中的有害杂质有哪些，对钢铁的性能和高炉冶炼有什么影响？

2-4　矿石中的有益元素有哪些，对钢铁的性能有什么影响？

2-5　矿石的高温性能包括哪些内容，高炉冶炼需要的矿石应具有何种高温性能？

2-6　锰矿石在高炉冶炼中起什么作用，对它的质量要求有哪些？

2-7　在入炉冶炼前，铁矿石为什么要进行预处理，预处理方法有哪些？

2-8　焙烧的目的是什么？

2-9　叙述选矿的目的及常用的选矿方法。

2-10　烧结生产具有什么意义和作用？

2-11　什么是烧结，烧结矿一般分成哪几种？

2-12　叙述带式抽风烧结机的生产过程。

2-13　抽风烧结过程中料层的分层情况如何，各层有什么特点？

2-14　叙述 CaO 的矿化反应及它对烧结矿质量的影响。

2-15　烧结矿的氧化度表明了什么，如何提高烧结矿的氧化度？

2-16　什么是固相反应，固相反应有什么作用？

2-17　在烧结过程中液相是如何形成的，液相有什么作用？

2-18　烧结过程中产生的液相主要有哪几种，哪种最有利，哪种最不利，为什么？

2-19 烧结矿的矿物组成有哪些，它们对烧结矿的质量有何影响？

2-20 什么是球团矿，它有什么特点？

2-21 高炉冶炼为什么要加入熔剂？

2-22 高炉使用的石灰石应具备哪些质量要求？

2-23 有某一种石灰石，CaO 含量为 52.3%，SiO_2 含量为 2.5%，炉渣碱度为 1.10，试计算该种石灰石的有效熔剂性。

2-24 焦炭在高炉冶炼中起什么作用？

2-25 焦炭的工业分析主要有哪几项内容？

2-26 焦炭的物理性质包括哪几项内容？

2-27 焦炭的化学性质如何？

2-28 喷吹用燃料的种类有哪些？

3 高炉内炉料的蒸发、挥发和分解

3.1 炉料中水分的蒸发和水化物的分解

高炉炼铁所用的各种炉料除了热烧结矿外，都或多或少地含有水分，这些水分可分为吸附水（游离水）和结晶水两种。游离水是依靠微弱的表面张力吸附在炉料颗粒表面及其孔隙表面的水。结晶水是与炉料中的氧化物化合成为化合物的水，也称为化合水。含有结晶水的化合物称为水化物。除此之外，炉料中还含有碳酸盐。在高炉炼铁中，吸附水将蒸发成为水蒸气，结晶水和碳酸盐将发生分解反应，它们都对高炉冶炼或多或少地产生一定的影响。

3.1.1 游离水的蒸发

游离水存在于矿石和焦炭的表面和孔隙里。炉料进入高炉之后，由于上升煤气流的加热作用，游离水首先蒸发。游离水的蒸发温度是100℃，但是要使料块内部也达到100℃，从而使炉料中的游离水全部蒸发掉，就需要更高的温度。根据料块大小的不同，温度一般需要达到120℃；对于大块料来说，甚至要达到200℃，游离水才能全部蒸发掉。一般用天然矿或冷烧结矿的高炉，其炉顶温度为150~300℃，因此，炉料中的游离水进入高炉之后，不久就蒸发完毕。游离水蒸发时所吸收的热量是炉顶煤气中的余热，不会引起焦比的升高；相反，游离水蒸发吸热，反而使炉顶煤气温度降低与体积缩小。炉顶温度降低，对炉顶设备及金属结构的破坏作用也相应减弱；同时，由于炉顶温度降低使煤气体积缩小，煤气流速降低，从而减少了炉尘的吹出量。所以，游离水的蒸发对高炉冶炼是有益而无害的。

3.1.2 结晶水的分解

炉料中的结晶水主要存在于水化物矿石（褐铁矿 $2Fe_2O_3 \cdot 3H_2O$）和高岭土（$Al_2O_3 \cdot 2SiO_2 \cdot 2H_2O$）中，褐铁矿所含的结晶水最多，高岭土次之。高岭土是黏土的主要成分，有些矿石中含有高岭土。试验表明，褐铁矿中的结晶水从200℃时开始分解，温度达到400~500℃时剧烈分解，才能分解完毕；高岭土中的结晶水从400℃开始分解，但分解速度很慢，到500~600℃时迅速分解，全部除去结晶水要达到800~1000℃的高温。

结晶水从开始分解到分解完毕所需要的时间与炉料的颗粒大小有关。因为热量是由料块表面向内部传导进去的，小块料表面到中心的距离短，料块的中心容易被加热到分解温度，大块料表面到中心的距离远，料块中心温度达到分解温度的时间长，所以，小块料结晶水分解完成的时间较大块料结晶水分解完成的时间短。

高温下分解出来的结晶水与高炉内的碳发生下列反应：

500~800℃之间　　$2H_2O + C = 2H_2 + CO_2$　　　　　　$-83134kJ$　　　　　　(3-1)

850℃以上　　$H_2O + C = H_2 + CO$（碳水反应）　　$-124450kJ$　　(3-2)

可见高温区分解结晶水对高炉冶炼是不利的，它不仅消耗焦炭，使焦比升高，而且还吸收高温区热量，增加热消耗，降低炉缸温度。因此，高炉使用褐铁矿的比例不能太高。此外，结晶水剧烈分解时，矿石容易碎裂而产生粉末，堵塞料柱的孔隙，使料柱透气性变坏，不利于高炉顺行。所以，在使用含结晶水高的炉料时，最好预先经过炉外焙烧后再入炉冶炼。

达到高温区分解、参加上述反应的结晶水所占的比例，称为结晶水高温区分解率。一般结晶水高温区分解率为 30% ~ 50%，即有 30% ~ 50% 的结晶水在高温区分解。

3.2 高炉内炉料中挥发分的挥发

3.2.1 燃料挥发分的挥发

燃料挥发分存在于焦炭及粉煤中。焦炭中挥发分含量的高低，是评价焦炭质量的重要指标之一。高挥发分的焦炭强度较差，对高炉冶炼不利。国家标准中规定，冶金焦的挥发分含量应该小于 1.2% （按质量计算）。焦炭中挥发分含量少，一般为 0.7% ~ 1.3%。焦炭下降到风口时，已被加热到 1400 ~ 1600℃，所含挥发分已全部逸出，由于数量少（焦炭燃烧生成的煤气中，挥发分仅占 0.20% ~ 0.25%），对煤气成分和冶炼过程影响不大。但在喷吹粉煤时，粉煤如含挥发分高，喷吹量又大，则将引起炉缸煤气成分明显变化，这对还原反应的影响是不能忽视的。

3.2.2 其他物质挥发分的挥发

炉料中的物质都会或多或少地挥发，其中最易挥发的是碱金属（钾和钠）化合物，此外，还有 Zn、Mn 和 SiO 等。

3.2.2.1 碱金属（钾和钠）化合物的挥发

高炉炉料中所含的碱金属主要以硅铝酸盐或硅酸盐的形式存在，这些碱金属化合物落至高炉下部的高温区时，一部分进入渣中，一部分被还原成 K、Na 或生成 KCN、NaCN 气体，呈气态挥发并随煤气上升。一般碱金属化合物有 70% 进入炉渣，30% 挥发并随煤气上升。

随煤气上升的碱金属化合物到达 CO_2 浓度较高而温度较低的区域时，有一部分随煤气逸出炉外；另一部分则被 CO_2 氧化成 K_2O、Na_2O 或碳酸盐，当有 SiO_2 存在时可生成硅酸盐，黏附在炉料上又随炉料下降，落至高炉下部高温区时再次被还原和气化，如此循环而积累，在高炉下部形成循环富集现象，使炉料粉化，恶化炉料透气性，导致高炉难以操作。在高炉的中、上部还易生成液态或固态粉末状的碱金属化合物，它能黏附在炉衬上，导致炉墙结厚或结瘤，从而破坏炉衬。

防止碱金属危害的措施主要有：

(1) 减少入炉炉料中的碱金属含量，降低碱负荷；

(2) 提高炉渣的排碱能力，造酸性渣有利于炉渣排碱。

3.2.2.2 锌的挥发

锌在炉料中以 ZnO 的状态存在，在高炉中能还原成锌。锌很容易挥发，但上升到高炉上部又被 CO_2 或 H_2O 氧化成 ZnO，其中一部分 ZnO 被煤气带出炉外；另一部分黏附在炉料上又随炉料一起下降，再被还原和挥发，造成循环。一部分锌蒸气渗入炉料中，冷凝下来后被氧化成 ZnO，体积增大，胀裂炉料；另一部分 ZnO 附着在炉墙的内壁上，严重时也会形成炉瘤，阻碍炉料的顺利下降。

3.2.2.3 锰、硅的挥发

锰在冶炼时，约有 8% ~ 12% 挥发。挥发的锰随煤气上升至低温区又被氧化成极细的

Mn_3O_4，随煤气逸出，增加了煤气的清洗难度。

SiO 也易挥发，这种挥发的 SiO 在高炉上部重新被氧化，凝成白色的 SiO_2 微粒，一部分随煤气逸出，增加了煤气的清洗难度；另一部分沉积在炉料的孔隙中，堵塞煤气上升的通道，使料柱的透气性变坏，导致炉料难行。

不过在冶炼制钢生铁和铸造生铁时，在温度不是特别高的情况下，Mn 和 SiO 的挥发不多，影响不大。

3.3　炉料中碳酸盐的分解

3.3.1　炉内碳酸盐的分解反应、分解压力、开始分解温度和化学沸腾温度

炉料中的碳酸盐主要来自熔剂（石灰石或白云石），有时矿石也带入一小部分。炉料中的碳酸盐主要有 $CaCO_3$、$MgCO_3$、$MnCO_3$、$FeCO_3$ 等，这些碳酸盐在下降过程中逐渐被加热，发生分解反应，其通式可写为（Me 代表 Ca、Mg、Fe、Mn 等元素）：

$$MeCO_3 \Longrightarrow MeO + CO_2 - Q \qquad (3-3)$$

该反应式达到平衡时的 CO_2 压力，称为碳酸盐的分解压力，用符号 p_{CO_2} 表示。碳酸盐分解压力的大小，取决于温度和碳酸盐本身的性质。在一定温度下，分解压力越小的碳酸盐越稳定而不易分解；反之，则越不稳定而容易分解。碳酸盐的分解压力与温度的关系可用图 3-1 或函数式表示。例如，$CaCO_3$ 的分解反应以及反应的分解压力与温度的函数关系如下：

$$CaCO_3 \Longrightarrow CaO + CO_2 \uparrow - 17858kJ \quad (3-4)$$

$$\lg(p_{CO_2})_{CaCO_3} = -\frac{8920}{T} + 7.54 \qquad (3-5)$$

碳酸盐的分解反应能否进行，与碳酸盐的分解压 p_{CO_2}、高炉煤气总压 p 和煤气中 CO_2 的分压 p'_{CO_2} 有关。当碳酸盐的分解压力 p_{CO_2} 大于高炉内煤气中的 CO_2 分压时，反应（3-3）正向进行，碳酸盐就发生分解反应；当碳酸盐的分解压力 p_{CO_2} 小于高炉内煤气中的 CO_2 分压时，则碳酸盐的分解反应就不会发生；当碳酸盐的分解压力 p_{CO_2} 等于炉内煤气总压力时，碳酸盐分解反应将激烈进行，CO_2 呈沸腾状高速析出。

碳酸盐的开始分解温度和化学沸腾温度是由碳酸盐的分解压 p_{CO_2}、高炉内煤气中的 CO_2 分压 p'_{CO_2} 和煤气总压 p 决定的。图 3-1 中，曲线 3 与曲线 2

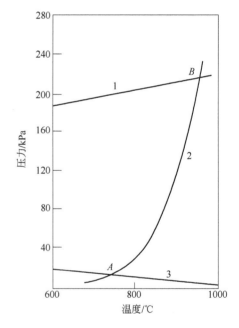

图 3-1　碳酸盐分解压力与温度的关系
1—炉内煤气总压；2—$CaCO_3$ 分解压；
3—炉内煤气中 CO_2 分压

的交点 A 表示 $CaCO_3$ 的分解压力与炉内煤气中的 CO_2 的分压相等，$CaCO_3$ 开始分解，相应的分解温度称为 $CaCO_3$ 的开始分解温度。曲线 2 与曲线 1 的交点 B 表示 $CaCO_3$ 的分解压力 p_{CO_2} 与炉内煤气总压力 p 相等，$CaCO_3$ 激烈分解，CO_2 呈沸腾状高速析出，相应的分解温度称为 $CaCO_3$ 的化学沸腾温度。从图 3-1 中不难看出：炉内煤气中 CO_2 的分压越低，碳酸盐的开始分解温度就越低；炉内煤气总压力 p 越低，碳酸盐的化学沸腾温度就越低。由于高炉冶炼条件不同，不

同高炉内煤气的总压力和煤气中 CO_2 的分压也有差别，碳酸盐在不同高炉内的开始分解温度和化学沸腾温度也有差别。

3.3.2 $CaCO_3$ 分解对高炉冶炼的影响

在各种碳酸盐分解中，仅 $CaCO_3$ 分解对高炉冶炼影响较大。

高炉中当炉料加热时，碳酸盐分解的难易程度顺序（由易到难）依次为：$FeCO_3$、$MnCO_3$、$MgCO_3$、$CaCO_3$，具体数据如下：

碳酸盐	$FeCO_3$	$MnCO_3$	$MgCO_3$	$CaCO_3$
开始分解温度/℃	380 ~ 400	450 ~ 550	550 ~ 600	740
分解出 1kg CO_2 吸热/kJ	1995	2180	2490	4045

从以上数据看出，$FeCO_3$、$MnCO_3$ 和 $MgCO_3$ 的分解比较容易，分解吸热不多；而 $CaCO_3$ 的分解则较困难，分解吸热较多。因此，在高炉炼铁中，$FeCO_3$、$MnCO_3$ 和 $MgCO_3$ 在高炉内的低温区就分解完毕，它们的分解仅仅消耗高炉上部多余的热量，对高炉冶炼无大影响。而石灰石（$CaCO_3$）就不一样，它的开始分解温度在700℃以上，而化学沸腾温度在960℃以上，而且分解速度受料块粒度影响很大；一方面是分解析出的 CO_2 向外扩散制约分解；另一方面，反应生成的 CaO 导热性很差，阻挡外部热量向中心传递，石灰石块中心不易达到分解温度，这样，石灰石总有部分进入高温区分解。

$CaCO_3$ 的分解除了与温度和压力有关外，还与其粒度的大小有关。石灰石的分解是由表面开始的，分解反应进行一定时间后，石灰石的表面生成了一层石灰（CaO）层。如果分解条件（温度、压力、石灰石的结构）相同，那么在大块和小块的表面上形成的石灰层的厚度是相等的，因此，大块比小块分解速度慢。另外，由于热量从大块表面向中心传导的距离比小块远，并且石灰层的导热性也比较差，随着分解的石灰层的增厚，热量向中心传递的速度也降低。所以，大块石灰石比小块石灰石分解完毕晚。当未分解完毕的大块石灰石随炉料下降到高温区时，分解出来的 CO_2 会与焦炭中的碳发生如下反应：

$$CO_2 + C_焦 = 2CO - 165805kJ（碳的气化反应）$$

根据测定，在正常冶炼情况下，高炉中石灰石分解完毕后，大约有50%的 CO_2 在高温区会发生碳的气化反应，从而增加了固定碳的消耗，导致高炉焦比升高。

在高温区，$CaCO_3$ 的分解以及分解产物 CO_2 与碳发生的碳的气化反应都是吸热反应，这样会消耗较多的热量。高温区 $CaCO_3$ 分解出 1kg CO_2 所消耗的热量 Q（kJ/kg）可用下式计算：

$$Q = 4050 + 3770\psi_{CaCO_3}$$

式中　ψ_{CaCO_3}——$CaCO_3$ 进入高温区分解部分所占的比例，称为石灰石高温区分解率，一般

$$\psi_{CaCO_3} = 50\% ~ 70\%。$$

如果高炉1t生铁消耗100kg石灰石，石灰石有50%进入高温区，石灰石含 CO_2 45%（质量分数），则每100kg石灰石在高炉内要消耗的热量为：

$$100 × 0.45（4050 + 50\% ×3770）= 266850kJ$$

此热量相当于消耗入炉焦炭：

$$266850/（9800 ×85\% ×80\%）= 40kg$$

式中　85%，80%，9800——分别为焦炭固定碳含量、焦炭在风口前的燃烧率和每千克碳在风口前燃烧的放热量。

综上所述，在高温区 $CaCO_3$ 的分解以及分解产物 CO_2 与碳发生的碳的气化反应都是吸热反应，这不仅会消耗较多的热量，而且还会消耗较多的碳，这对高炉冶炼影响较大。对高炉冶炼的影响主要是：

（1）在高炉生产条件下，$CaCO_3$ 分解是吸热反应，要消耗大量的热量。根据计算，分解 1kg 的 $CaCO_3$ 要消耗热量 17858kJ。

（2）在高炉内较低温度区（炉内间接还原区）分解放出的 CO_2 进入煤气中，使煤气中的 CO_2 含量增加，相对降低了 CO 的浓度，冲淡了还原气氛，使煤气的还原能力降低，影响了炉内铁氧化物的还原速度。

（3）$CaCO_3$ 在高温区域分解出来的 CO_2 与焦炭发生碳的气化反应，不但是吸热反应，而且直接消耗碳，导致高炉焦比升高。根据测定，在高炉内石灰石放出的 CO_2 约有 50% 被碳还原。

3.3.3　消除 $CaCO_3$ 分解不良影响的措施

消除 $CaCO_3$ 分解不良影响有以下几项措施：

（1）用生石灰代替石灰石，将石灰石的分解过程移到高炉外进行。这一措施在我国小高炉上使用收到显著效果，一般使用 100kg 生石灰代替相应的石灰石时，焦比可降低 30kg 左右。对于那些大量使用生矿、矿石品位较低、石灰石用量大的小高炉，应积极采用这一技术措施。

（2）采用自熔性或熔剂性烧结矿，在高炉炉料中不加或少加石灰石。这不仅减少了石灰石在炉内分解的热量消耗，降低了焦比，还能改善炉内的造渣过程，促进炉况的稳定顺行。

（3）减小石灰石的粒度。减小粒度，使其在高炉上部尽量分解完毕，使在高温区分解的石灰石减少，降低高温区分解的有害影响。

最后还应指出，菱铁矿与石灰石虽然均为碳酸盐，但在高炉内分解的情形却大不相同。在高炉条件下，$FeCO_3$ 的分解要比 $CaCO_3$ 容易得多，其化学沸腾温度也低得多，只要矿石粒度不大，在进入高温区前就可完全分解，因此，对高炉冶炼的影响程度比较小。所以在使用以菱铁矿为主的生矿进行冶炼时，应力求做到小粒度入炉。

复习思考题

3-1　什么是吸附水？

3-2　什么是结晶水？

3-3　说明结晶水进入高温区分解引起焦比升高的原因。

3-4　什么是高炉内碱金属化合物的循环富集现象，这种现象对高炉冶炼有哪些影响？

3-5　说明吸附水蒸发焦比不升高的原因。

3-6　说明 Na、Zn、SiO 的挥发对高炉冶炼的影响。

3-7　石灰石在高炉内分解对高炉冶炼过程有哪些影响？

3-8　消除石灰石分解的不良影响可采取哪些措施？

4 高炉内的还原过程

4.1 高炉内氧化物还原的基本理论

炉料中的铁氧化物还原为金属铁，是高炉内主要的化学反应之一，除铁的还原外，还有 Si、Mn、P、Ti、V、Cr、Cu、Pb、Zn 等非铁元素的还原。在高炉冶炼中，Fe、P、Zn 几乎能全部被还原，Si、Mn、Ti、V、Cr、Cu、Pb 只能部分被还原，而 Mg、Ca、Al 则完全不能被还原。

4.1.1 矿石中金属氧化物的生成自由能

金属氧化物的稳定性可以用该氧化物的自由能来表示。以 Me 代表金属，则生成反应的化学通式为：

$$2Me + O_2 \Longrightarrow 2MeO \tag{4-1}$$

反应的自由能 ΔG 和标准自由能 $\Delta G^{\ominus}$ 为：

$$\Delta G = \Delta G^{\ominus} + RT\ln \frac{1}{p'_{O_2}} \tag{4-2}$$

$$\Delta G^{\ominus} = -RT\ln \frac{1}{p_{O_2}} \tag{4-3}$$

式中 p_{O_2}、p'_{O_2}——分别为反应式（4-1）在一定温度和压力条件下，氧气的平衡分压和实际分压。

当 $\Delta G < 0$ 时，反应向着生成 MeO 的方向进行；当 $\Delta G > 0$ 时，反应向着 MeO 分解的方向进行；当 $\Delta G = 0$ 时，反应达到平衡。所以，ΔG 值越小（负的绝对值越大），金属与氧生成金属氧化物的趋势越大，表明金属与氧的亲和力越强，该金属氧化物的稳定性越高，还原就越难；反之，ΔG 值越大（负的绝对值越小），金属与氧生成金属氧化物的趋势越小，金属与氧的亲和力越弱，表明该金属氧化物的稳定性越低，还原就越容易。

4.1.2 矿石中金属氧化物的分解压力

金属氧化物的稳定性可以用该氧化物的分解压力来表示。以 Me 代表金属，则分解反应的化学通式为：

$$2MeO \Longrightarrow 2Me + O_2 \tag{4-4}$$

分解反应的平衡常数为：

$$K_p = p_{O_2} \tag{4-5}$$

氧化物的分解压越大，说明该金属与氧的亲和力越小，该氧化物 MeO 越不稳定，越容易分解和还原；反之，MeO 越稳定，越不容易分解和还原。

4.1.3 还原反应进行的条件

若用 B 表示还原剂，则还原反应的通式可表示为：

$$MeO + B \Longrightarrow Me + BO \tag{4-6}$$

还原反应进行的条件是：

$$\Delta G_{\text{BO}} < \Delta G_{\text{MeO}} \text{ 或 } p_{O_2, \text{BO}} < p_{O_2, \text{MeO}}$$

凡是对氧的亲和力大于金属与氧的亲和力的物质（B），均可作为还原剂。常用的还原剂有 CO、H_2，固体碳，金属 Al、Mg、Si 等。

4.1.4 标准自由能 $\Delta G^{\ominus}$ 与温度关系图和分解压与温度关系图

各种氧化物的标准自由能与温度的关系，见图 4-1。由图可以看出，某氧化物的 $\Delta G^{\ominus}$ 曲线越高，表明该氧化物中的元素与氧的亲和力越小，该氧化合物越不稳定，越容易被还原；反之，该氧化合物越稳定，越不容易被还原。例如，在 1100K 时，各种氧化物被还原的难易程度由易到难依次是：Cu_2O、NiO、FeO、Cr_2O_3、MnO、SiO_2、TiO_2、Al_2O_3、MgO、CaO。由此可得出结论：铜、镍比铁容易还原，而锰、硅比铁难还原。同时，与氧亲和力大的元素可以作还原剂，还原与氧亲和力小的元素的氧化物。例如铝就可作为还原钛的还原剂。而生成自由能越小的氧化物中的元素，作为还原剂时其还原能力越强。随着温度的升高，各种氧化物的标准生成自由能变大，即各种元素与氧的亲和力变小，则有利于元素的还原。从图 4-1 还可以看出，除 CO 外，几乎所有其他氧化物的标准生成自由能均随着温度的升高而增加，故其稳定性均随

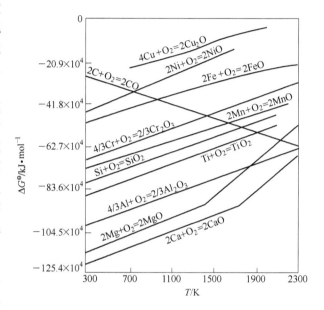

图 4-1 各种氧化物的 $\Delta G^{\ominus} - T$ 图

着温度的升高而降低；而 CO 的标准生成自由能是随温度的升高而降低，表明其稳定性随温度的升高而升高；CO 的 $\Delta G^{\ominus}$ 曲线几乎同所有其他氧化物的 $\Delta G^{\ominus}$ 曲线相交，这表明在足够的温度下，碳可以作为几乎所有其他氧化物的还原剂。但是，在高炉内还原区域的温度一般不超过 1600℃，在这样的温度条件下，CO 的标准生成自由能大大高于 Al_2O_3、MgO 和 CaO 的标准生成自由能，因此，Al_2O_3、MgO 和 CaO 在高炉内不可能被还原，而只能形成炉渣排出炉外。高炉中主要的还原剂为 CO 和 C，其次还有 H_2。从各种氧化物的 $\Delta G^{\ominus} - T$ 图中 CO_2、CO 和 H_2O 的 $\Delta G^{\ominus}$ 曲线与其他氧化物的 $\Delta G^{\ominus}$ 曲线相交时的温度高低情况，可以大概地判断出各种氧化物被 CO、C 和 H_2 还原的先后顺序，同时也可以大概判断出在不同的温度条件下，CO、C 和 H_2 还原能力的强弱。

上述判断是根据氧化物的标准生成自由能变化进行的，还原反应是指在标准状态下发生的，即由标准状态下的反应物变为标准状态下的生成物。高炉内实际进行的还原反应要比这复杂得多。

图 4-2 为各种氧化物的 $p_{O_2} - t$ 图。从图 4-2 可以看出，某氧化物的 p_{O_2} 曲线越高，氧化物的分解压越大，这表明，该氧化物中的元素与氧的亲和力越小，该氧化物越不稳定，越容易被还原；反之，则该氧化物越稳定，越不容易被还原。例如，FeO 的分解压比 MnO 和 SiO_2 的分解

压大，所以 FeO 比 MnO、SiO_2 易于还原。高价铁氧化物的分解压比低价铁氧化物的分解压大，所以高价铁氧化物比低价铁氧化物容易还原。

4.1.5　逐级转化原则

铁的氧化物形式很多，这些铁的氧化物的自由能或分解压是不同的，所以稳定性也不同。一般低价氧化物的自由能或分解压较小，而高价氧化物的自由能和分解压较大，所以氧化物的分解顺序是由高价氧化物向低价氧化物转化。还原顺序与分解顺序是相同的，从高价氧化物逐级还原成低价氧化物，最后获得金属，铁氧化物的还原顺序为：

大于 570℃ 时　　$Fe_2O_3 \rightarrow Fe_3O_4 \rightarrow FeO \rightarrow Fe$

小于 570℃ 时　　$Fe_2O_3 \rightarrow Fe_3O_4 \rightarrow Fe$（FeO 在小于 570℃ 时不稳定，分解成 Fe_3O_4 和 Fe）

4.1.6　平衡移动原则

当体系达到平衡时，若温度、压力、浓度等条件发生改变，则平衡发生移动，其移动是向着削弱或消除这些变化的影响的方

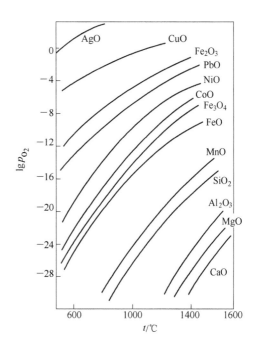

图 4-2　各种氧化物的 $p_{O_2} - t$ 图

向进行，或者说是向着反抗外界条件变化的方向进行。以 FeO + C $\Longrightarrow$ Fe + CO 这一反应为例，由于它是吸热反应，因此，若提高温度，则有利于该反应的正向进行；由于它的正向反应因 CO 的生成而为体积增大过程，因此，若提高压力，则反应逆向进行；如果生成的铁能与别的物质形成溶液，则相当于降低了生成物的浓度，因而有利于反应正向进行。

4.2　用碳还原铁氧化物

用固定碳作还原剂，最终生成的产物是 CO 的还原反应称为直接还原。

炉料中的焦炭从炉顶装入直到风口区域，它始终以固体状态存在，到达风口区才被鼓入的热风燃烧，生成煤气并产生大量的热，提供高炉冶炼所需要的热量，所以焦炭既是还原剂又是发热剂。由于高炉内存在大量焦炭，铁的各级氧化物除了被 CO 和 H_2 间接还原外，还被固定碳直接还原，其反应方程式如下：

温度高于 570℃　　　　$3Fe_2O_3 + C \Longrightarrow 2Fe_3O_4 + CO$　　　$-128636kJ$　　　（4-7）

$Fe_3O_4 + C \Longrightarrow 3FeO + CO$　　　$-186654kJ$　　　（4-8）

$FeO + C \Longrightarrow Fe + CO$　　　$-152161kJ$　　　（4-9）

温度低于 570℃　　　　$3Fe_2O_3 + C \Longrightarrow 2Fe_3O_4 + CO$　　　$-128636kJ$

$Fe_3O_4 + 4C \Longrightarrow 3Fe + 4CO$　　　$-64590kJ$　　　（4-10）

上述反应有两个特点：（1）上述反应均为不可逆反应，而且都是吸热反应，所以反应都是在高温区进行；（2）反应物没有气相成分，反应的产物有气相成分。

由于 Fe_2O_3 和 Fe_3O_4 较易还原，一般情况下，温度达到 800℃ 以前，炉料中的 Fe_2O_3 和

Fe_3O_4 均被 CO 充分还原，即这两种氧化物只有间接还原。而 FeO 则一部分被间接还原，另一部分进入高温区被直接还原。因此，在铁的各级氧化物被直接还原的反应中，具有实际意义的只有反应（4-9）。

高炉中的焦炭和矿石均为块状物体，在矿石熔化之前，它们之间的接触面积极小，发生反应实际上是很困难的，此时直接还原主要是通过以下 3 种方式进行：

（1）第一种方式是直接还原反应的主要方式，它是通过间接还原与碳的气化反应（或水蒸气与炽热焦炭的反应）这两对叠加反应实现的。因为装入高炉的焦炭和矿石是极不规则的散状块，它们之间只能在凸出的棱角上成点状接触或线接触，接触的面积很小。因此，在高炉块状带内，固体铁矿石与焦炭接触而发生直接还原的几率是很小的。高炉内实际的直接还原反应经过两个步骤完成，它是借助于两对叠加反应实现的，即 CO 和 H_2 的间接还原反应分别与碳的气化反应、碳水反应叠加。这两对叠加反应如下：

$$CO \text{ 间接还原} \qquad FeO + CO == Fe + CO_2 \qquad +13190J/mol \qquad (4-11)$$

$$+）\text{ 碳的气化反应} \qquad CO_2 + C == 2CO \qquad +165390J/mol \qquad (4-12)$$

$$FeO + C == Fe + CO \qquad +178580J/mol \qquad (4-13)$$

或者

$$H_2 \text{ 间接还原} \qquad FeO + H_2 == Fe + H_2O \qquad -28010J/mol \qquad (4-14)$$

$$+）\text{ 碳水反应} \qquad H_2O + C == H_2 + CO \qquad -124190J/mol \qquad (4-15)$$

$$FeO + C == Fe + CO \qquad -152200J/mol \qquad (4-16)$$

（2）第二种方式是在下部高温区液态炉渣中的 FeO 与焦炭之间发生的。炉料进入软熔带后，大量的低熔点化合物被熔化而形成初渣，初渣中的氧化铁含量很高，流经固体焦炭表面时接触条件较好，即发生下述反应：

$$(FeO) + C == Fe + CO \qquad (4-17)$$

（3）第三种方式是液态炉渣中的 FeO 与渗入铁水中的碳发生直接还原反应：

$$(FeO) + [Fe_3C] == 4Fe + CO \qquad (4-18)$$

一般来说，入炉矿石中的铁氧化物以间接还原的方式被还原为 FeO 之后，一半以上被 CO 还原，其余熔入渣中，按上述方式被还原出来。由于高炉下部温度高，渣中 FeO 绝大部分能够被还原出来。终渣中的 FeO 含量一般不超过 0.6%，如果高到 1.0% 以上，则已是高炉失常的表现。

4.3　用 CO、H_2 还原铁氧化物

用 CO 或 H_2 作还原剂，最终生成的气体产物是 CO_2 或 H_2O 的还原反应，称为间接还原反应。

4.3.1　用 CO 还原铁氧化物

根据铁氧化物的还原顺序，铁的各级氧化物的还原按下列顺序进行：

温度高于 570℃

$$3Fe_2O_3 + CO == 2Fe_3O_4 + CO_2 \qquad +37130kJ \qquad (4-19)$$

$$Fe_3O_4 + CO == 3FeO + CO_2 \qquad -20888kJ \qquad (4-20)$$

$$FeO + CO \Longrightarrow Fe + CO_2 \qquad +13604kJ \qquad (4-21)$$

温度低于570℃ $3Fe_2O_3 + CO \Longrightarrow 2Fe_3O_4 + CO_2 \qquad +37130kJ$

$$Fe_3O_4 + 4CO \Longrightarrow 3Fe + 4CO_2 \qquad +4290kJ \qquad (4-22)$$

上述反应的特点是：（1）仅反应（4-20）是吸热反应，其余反应均为放热反应；（2）反应（4-19）实际上是不可逆反应，由于 Fe_2O_3 分解压较大，因此，即使气相成分几乎都是 CO_2，Fe_3O_4 也不会被氧化；（3）除反应（4-19）外，其他反应都是可逆反应。这些反应的平衡常数都可以用 CO_2 和 CO 的平衡分压比或 CO_2 和 CO 的体积分数比来表示，由 $\varphi(CO) + \varphi(CO_2) = 100\%$ 可推导出：

$$K_p = \frac{p_{CO_2}}{p_{CO}} = \frac{\varphi(CO_2)}{\varphi(CO)} \qquad (4-23)$$

$$\varphi(CO) = \frac{1}{1+K_p} \times 100\% = f(T) \qquad (4-24)$$

4.3.2 用 H_2 还原铁氧化物

当温度高于570℃时： $3Fe_2O_3 + H_2 \Longrightarrow 2Fe_3O_4 + H_2O \qquad +21809kJ \qquad (4-25)$

$$Fe_3O_4 + H_2 \Longrightarrow 3FeO + H_2O \qquad -63585kJ \qquad (4-26)$$

$$FeO + H_2 \Longrightarrow Fe + H_2O \qquad -27711kJ \qquad (4-27)$$

当温度低于570℃时： $3Fe_2O_3 + H_2 \Longrightarrow 2Fe_3O_4 + H_2O \qquad +21809kJ$

$$Fe_3O_4 + 4H_2 \Longrightarrow 3Fe + 4H_2O \qquad -148100kJ \qquad (4-28)$$

上述反应的特点是：（1）除反应（4-25）是放热反应外，其他反应都是吸热反应；（2）反应（4-25）实际上是不可逆反应，由于 Fe_2O_3 分解压较大，因此，即使气相成分几乎都是 H_2O，Fe_3O_4 也不会被氧化；（3）除反应（4-25）外，其他反应都是可逆反应。这些反应的平衡常数都可以用 H_2O 和 H_2 的平衡分压或 H_2O 和 H_2 的体积分数比来表示，由 $\varphi(H_2) + \varphi(H_2O) = 100\%$ 可推导出：

$$K_p = \frac{p_{H_2O}}{p_{H_2}} = \frac{\varphi(H_2O)}{\varphi(H_2)} \qquad (4-29)$$

$$\varphi(H_2O) = \frac{1}{1+K_p} \times 100\% = f(T) \qquad (4-30)$$

4.3.3 过剩系数 n

为了保证用 CO 还原铁氧化物的反应向右进行，达到高炉冶炼的目的，必须用过量的还原剂来保证。

温度高于570℃时 $Fe_3O_4 + n_1CO \Longrightarrow 3FeO + (n_1 - 1)CO + CO_2 \qquad (4-31)$

$$FeO + n_2CO \Longrightarrow Fe + (n_2 - 1)CO + CO_2 \qquad (4-32)$$

温度低于570℃时 $Fe_3O_4 + n_3CO \Longrightarrow 3Fe + (n_3 - 4)CO + 4CO_2 \qquad (4-33)$

n 称为过剩系数，其值随温度而变，可由该温度下的可逆反应达到平衡状态时的煤气成分或平衡常数确定：

$$n = 1 + \frac{1}{K_p} = \frac{1}{\varphi(CO_2)} \qquad (4-34)$$

为了保证用 H_2 还原铁氧化物的反应向右进行，必须用过量的 H_2 来保证。

温度高于570℃时 $Fe_3O_4 + n_4H_2 \Longrightarrow 3FeO + (n_4 - 1)H_2 + H_2O \qquad (4-35)$

$$FeO + n_5H_2 = Fe + (n_5 - 1)H_2 + H_2O \quad\quad (4-36)$$

温度低于570℃时　　　$Fe_3O_4 + n_6H_2 = 3Fe + (n_6 - 4)H_2 + 4H_2O \quad\quad (4-37)$

$$n = 1 + \frac{1}{K_p} = \frac{1}{\varphi(H_2O)} \quad\quad (4-38)$$

各级铁氧化物在不同温度下，其平衡气相成分是不同的。通过实验室测定或将各种温度下的平衡常数代入式（4-24）、式（4-30），便可计算出各个反应在不同温度下达到平衡时的煤气成分（$\varphi(CO)$、$\varphi(CO_2)$ 或 $\varphi(H_2)$、$\varphi(H_2O)$），而根据这些数据可作出 $\varphi(CO) - t$ 曲线图和 $\varphi(H_2) - t$ 曲线图（见图4-3和图4-4）。

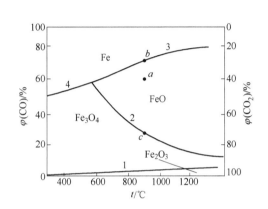

图4-3　CO 还原铁氧化物的气相平衡图

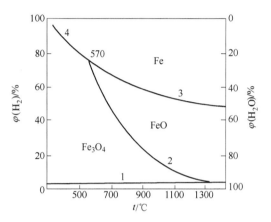

图4-4　H_2 还原铁氧化物的气相平衡图

根据计算所得或由图4-4上的平衡气相成分，可以计算出任何温度下的 n 值。例如，在1000℃用 CO 还原 FeO 得到铁时的平衡气相成分中，$\varphi(CO_2)$ 值为28.4%，则 $n = 1/28.4\% = 3.52$。

4.3.4　温度和成分对铁氧化物还原反应的影响

从图4-3可以看出，平衡曲线将图面划分为 Fe_2O_3、Fe_3O_4、FeO 和 Fe 4 个稳定区域。每个区域只有该种物质才能稳定存在，其他物质在该区域将被还原或氧化。例如，在气相成分为 $\varphi(CO) = 60\%$ 和 $\varphi(CO_2) = 40\%$ 时，在温度为900℃处（a 点）置入 Fe、FeO、Fe_3O_4，那么，只有 FeO 不发生变化；Fe_3O_4 将被还原为 FeO，反应一直进行到气相达到平衡成分（$\varphi(CO) = 22\%$、$\varphi(CO_2) = 78\%$，即 c 点）或 Fe_3O_4 消失为止；铁将被氧化为 FeO，反应一直进行到气相达到平衡成分（$\varphi(CO) = 68\%$、$\varphi(CO_2) = 32\%$，即 b 点）或铁消失为止。图4-3中，曲线4、曲线3和曲线1向上倾斜，曲线2向下倾斜。用化学平衡原理能很好地解释这一现象：当还原反应为放热反应时，随着温度的升高，反应力求朝着吸热的方向移动，为了达到平衡，就要求气相中 CO 浓度升高，因此，平衡曲线就向上倾斜；与此相反，当还原反应是吸热反应时，平衡曲线就向下倾斜。

图4-4与图4-3相似，所不同的是，图4-4中曲线4、曲线3是向下倾斜。很显然这是由该两个反应均为吸热反应所致。

4.3.5　用 CO 和用 H_2 还原铁氧化物的比较

用 CO 和用 H_2 还原铁氧化物的比较如下：

（1）二者的相同和不同。用CO和用H_2还原铁氧化物，二者相同之处是：这些反应都是间接还原反应，不增加也不减少煤气的体积，所以气相压力与反应进行程度无关。用CO和用H_2还原铁氧化物，二者不同之处是：CO还原铁氧化物的反应大多数是放热反应；而H_2还原铁氧化物的反应大多数是吸热反应，所以提高温度有利于氢还原反应的进行。

（2）二者还原能力比较。为了比较H_2和CO对铁的还原能力，将图4-3和图4-4合并可得到图4-5。由图4-5中曲线相交的情况可以明显地看出：在810℃时，CO和H_2的夺氧能力相等；高于810℃时，H_2的夺氧能力大于CO；而低于810℃时，则相反。

（3）H_2具有促进和加速CO或C还原反应的作用。在高炉冶炼条件下，用H_2还原铁氧化物可促进和加速CO或C的还原反应（即水煤气反应和碳水反应对还原反应的影响）。因为用H_2还原铁氧化物时，生成的水蒸气会与CO和C发生水煤气反应和碳水反应，使水蒸气变成H_2继续参加还原反应。如此，H_2在CO或C还原过程中，会把铁氧化物中夺取的氧转给CO或C，起着媒介传递作用，这种作用可用如下的反应表示。

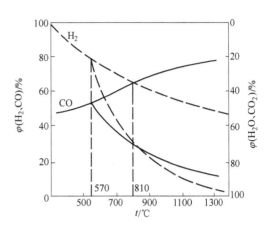

图4-5 CO、H_2还原能力比较

1）在低温区，H_2还原反应生成的水蒸气，可与CO发生水煤气反应：

$$FeO + H_2 === Fe + H_2O \qquad\qquad -27716kJ \qquad (4-39)$$
$$\underline{+）\ H_2O + CO === H_2 + CO_2 （水煤气反应）\qquad +41324kJ \qquad (4-40)}$$
$$FeO + CO === Fe + CO_2 \qquad\qquad +13607kJ \qquad (4-41)$$

2）在高温区，H_2还原反应生成的水蒸气，可与C发生碳水反应：

$$FeO + H_2 === Fe + H_2O \qquad\qquad -27716kJ \qquad (4-42)$$
$$\underline{+）\ H_2O + C === H_2 + CO （碳水反应）\qquad -124479kJ \qquad (4-43)}$$
$$FeO + C === Fe + CO \qquad\qquad -152195kJ \qquad (4-44)$$

由此可见，H_2除了本身参加还原反应变为H_2O外，还起着从铁氧化物中夺取氧并将氧传递给CO和C的作用，因而促进和加速了CO和C的还原反应，改善了还原过程，所以，H_2对还原的实际贡献大于炉顶煤气成分计算出的值。生产实践表明，H_2如同CO一样，由于在炉内停留时间太短，因此，H_2参加的前述反应也未达到平衡，尤其是在低温区的水煤气反应等更未达到平衡。根据实验测定，在无喷吹的高炉中，H_2总量的2/3起传输氧的作用，1/3起还原剂作用，变为水蒸气离开高炉，即H_2的利用率为30%左右。高炉喷吹燃料，尤其是喷吹重油或天然气时，煤气中H_2的浓度（体积分数）约有58%，其利用率提高到40%～50%。H_2主要在高温区参加还原反应，其数量约占参加还原H_2量的85%～100%；而直接代替炭素还原的H_2约占参加还原H_2量的80%以上，另一小部分则代替CO还原。需要指出的是，H_2虽然小部分起还原作用，但由于H_2及水蒸气比CO和CO_2的扩散能力强，因此，H_2在夺取氧和传输氧的能力上比较强，起到了促进和加速CO或C还原反应的作用。其次，在喷吹重油和天然气的高炉中，由于H_2的数量增加，其还原作用是不能忽略的。

根据实验，在1300℃时，反应式（4-36）的平衡气相中只有9%的H_2O存在；而在1200℃时，则有20%的H_2O存在。这说明在1300℃时，只有9%的H_2参加了还原反应，起了还原剂的作用，而 91% 的 H_2 只起了传输氧的作用。在 1200℃ 时，则增加到 20% 的 H_2 起还原剂的作用，而传输氧作用的 H_2 量降低到 80%。必须指出的是，如果没有 H_2 的存在，那么在温度高于 1100℃ 时，铁氧化物就完全变为用碳还原，而碳还原的量越多，不仅吸热量越多，而且剩余的、到达风口燃烧的碳量就越少，因而产生的热量也就越少，这样必然导致炉温下降，增加焦炭的用量，引起焦比升高；有 H_2 存在时，虽然高温区只有少量的 H_2 参加了还原反应，但至少代替了一部分碳，而且用 H_2 还原比用碳还原消耗的热量少，所以，H_2 的存在有利于焦比的降低。

4.3.6   一氧化碳利用率和氢利用率

4.3.6.1   一氧化碳利用率

一氧化碳利用率，是衡量高炉炼铁气、固相还原反应中 CO 转化为 CO_2 程度的指标，也是衡量高炉间接还原发展程度的指标。一氧化碳利用率用 η_{CO} 表示，其值常用小数表示。

$$\eta_{CO} = 炉顶煤气中 CO_2 含量／炉顶煤气中 CO 和 CO_2 含量的总和$$

4.3.6.2   氢利用率

氢利用率，是衡量高炉炼铁中氢参与铁氧化物还原转化为 H_2O 的程度的指标。氢利用率用 η_{H_2} 表示，其值也用小数表示。

$$\eta_{H_2} = 氢参与间接还原形成的 H_2O 量／（炉顶煤气中 H_2 量 + 还原形成的 H_2O 量）$$

由于还原形成的 H_2O 量无法在炉顶煤气成分分析中测得，所以常用下式计算：

$$\eta_{H_2} = （入炉总 H_2 量 - 炉顶煤气中 H_2 量）／入炉总 H_2 量$$
$$= 1 - （炉顶煤气中 H_2 量／入炉总 H_2 量）$$

4.3.6.3   高炉炼铁中 η_{CO} 和 η_{H_2} 的关系

高炉炼铁中，η_{CO} 和 η_{H_2} 由高炉内极易达到平衡的水煤气置换反应紧密联系在一起。

$$
\begin{array}{lll}
氢的间接还原 & \quad & FeO + H_2 === Fe + H_2O \\
+）水煤气置换反应 & & H_2O + CO === H_2 + CO_2 \\
\hline
CO 的间接还原 & & FeO + CO === Fe + CO_2
\end{array}
$$

这样，H_2 促进了 CO 的间接还原，从而提高了 η_{CO}；然而在煤气中 CO_2 含量超过了水煤气转换反应的平衡值时，多余的 CO_2 又会与 H_2 反应形成 H_2O 和 CO，这时还原反应又相当于消耗了 H_2。

$$
\begin{array}{lll}
CO 的间接还原 & \quad & FeO + CO === Fe + CO_2 \\
+）水煤气置换反应 & & CO_2 + H_2 === CO + H_2O \\
\hline
H_2 的间接还原 & & FeO + H_2 === Fe + H_2O
\end{array}
$$

所以在高炉炼铁过程中，η_{CO} 和 η_{H_2} 是相互促进又相互制约的，大量的研究和生产资料的统计表明，它们的关系为：

$$\eta_{H_2} = 0.88\eta_{CO} + 0.1 \quad 或 \quad \eta_{H_2}／\eta_{CO} = 0.9 \sim 1.1$$

4.4   碳的气化反应及其对还原反应的影响

4.4.1   碳的气化反应

高炉内充满了焦炭，上述还原反应是在有炭素存在的情况下进行的。因此，在一定的温度条件下，还原产生的 CO_2 将与固定碳发生反应，该反应称为"碳的气化反应"或"碳的溶解损失反应"，即：

$$CO_2 + C \Longrightarrow 2CO - 165766kJ \tag{4-45}$$

此反应为可逆反应，反应向左进行时，CO 分解析出碳和 CO_2；当反应向右进行时，碳气化生成 CO。

这个反应不仅是强烈的吸热反应，而且体系的体积发生了变化，因此，外界对反应的平衡状态有影响。例如，反应向右进行时，1mol 的 CO_2 体积变为 2mol 的 CO 体积。所以，它的平衡不仅与气体成分有关，而且还与压力和温度有关。根据化学平衡移动的原理，在一定的压力条件下，当温度升高时，反应向右进行；当温度降低时，反应向左进行。在一定的温度条件下，当压力升高时，反应向左进行；当压力降低时，反应向右进行，但高炉在正常生产时，压力变化很小，对反应影响不大。

4.4.2　碳的气化反应对还原反应的影响

碳的气化反应决定着直接还原反应的产生和发展，因而也决定着直接还原反应与间接还原反应区域的划分。把碳的气化反应在 0.1MPa 下的平衡气相成分曲线 5 绘入图 4-3 中，得到图 4-6。图 4-6 中，曲线 5 分别与曲线 2、曲线 3 相交于 b 和 a 两点，对应的温度分别为 $t_b = 647℃$ 和 $t_a = 685℃$。从该图可以看出，由于反应体系中有过剩的碳存在，最终的气相成分总是要达到碳的气化反应平衡曲线上，这必然对铁氧化物还原反应产生影响，碳的气化反应使铁和铁氧化物的稳定存在区域发生变化。在温度高于 685℃ 的区域中，曲线 5 的位置高于曲线 3 和曲线 2，碳的气化反应的平

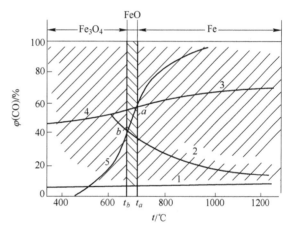

图 4-6　碳的气化反应对还原反应的影响

衡气相浓度大于两个反应的平衡气相浓度（两个反应是 $Fe_3O_4 + CO \Longrightarrow 3FeO + CO_2$ 和 $FeO + CO \Longrightarrow Fe + CO_2$），因此，这两个反应向右进行，直到 Fe_3O_4 和 FeO 全部还原为铁为止。所以，这个区域是铁的稳定区域。

在温度小于 647℃ 的区域，曲线 5 的位置低于曲线 2 ~ 曲线 4，与温度大于 685℃ 的情况正好相反，因此，曲线 2 ~ 曲线 4 所表示的三个反应向左进行，直至铁和 FeO 全部氧化成 Fe_3O_4 为止。所以，这个区域是 Fe_3O_4 的稳定区域。

在 647 ~ 685℃ 之间的区域，曲线 5 的位置高于曲线 2，低于曲线 3，因此，曲线 2 表示的反应向右进行，曲线 3 表示的反应向左进行，直至铁被氧化为 FeO、Fe_3O_4 被还原为 FeO 为止。所以，647 ~ 685℃ 之间的区域是 FeO 的稳定区域。

上述分析说明，碳的气化反应既影响着间接还原反应，又影响着直接还原反应。它对直接还原反应的影响是，使固体矿石与焦炭能很好地进行还原反应，从而促进了直接还原反应；它对间接还原反应的影响是，使间接还原反应转变为直接还原反应，改变了间接还原铁氧化物的稳定区域（见图 4-3），使之成为以温度为界限的三个稳定区域（见图 4-6）。

从图 4-6 中的三个稳定区域可以得出一个结论：间接还原铁氧化物在低于 685℃ 时不能还

原出铁，只有在高于685℃时才能还原出铁。但是，此结论与高炉冶炼过程的实际情况不符，

在高炉中低于685℃的低温区域内实际上早已经有铁还原出来，而且根据计算，被还原的铁中有40%～60%是间接还原出来的。出现理论与实际不符的原因是：该结论的得出是以体系中的碳的气化反应达到平衡为假设条件，而实际中高炉内碳的气化反应只在温度较高的燃烧区才达到平衡，且高炉绝大部分区域碳的气化反应都不能达到平衡，所以实际高炉煤气的CO浓度远远大于碳的气化反应平衡时的CO的浓度。因为高炉内煤气只停留数秒钟，高温下碳的气化反应进行得非常快，数秒即可达到平衡。但是，低温下高炉内碳的气化反应，特别是CO的分解反应进行得很缓慢，达到平衡所需要的时间很长，有的甚至需要几十个小时反应才能达到平衡。多年来，高炉的生产实践证明了这一点。图4-7是高炉煤气中CO、CO_2含量与温度的关系图。由图可以看出，在700℃以下的低温区，

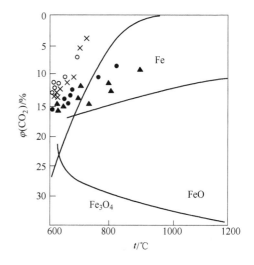

图4-7　煤气成分与温度的关系
▲—鞍钢（喷油）；○—鞍钢；×—本钢；●—首钢

高炉内实际煤气成分和碳的气化反应平衡时的成分相差甚大，煤气中CO_2含量比平衡含量低，CO含量则比平衡含量高得多；而且，由于操作条件不同，高炉煤气与碳的气化反应平衡气相成分差别也大。一般情况下，焦比高的高炉在700～1000℃范围内的煤气成分接近于反应$CO_2 + C \Longrightarrow 2CO$的平衡成分；而焦比低的高炉在此温度范围内，煤气成分接近于反应$FeO + CO \Longrightarrow Fe + CO_2$的平衡成分。

根据实验，碳的气化反应的逆反应，即CO的分解反应在没有催化剂存在时，反应速度极慢，几乎不能进行；有催化剂存在时，也要在400～600℃的条件下才能进行。高炉中刚还原出的铁能起催化剂的作用，使CO分解反应发生。但CO分解时有炭黑析出，炭黑的颗粒极细，黏附在矿石上能还原铁氧化物，其反应如下：

$$2CO \Longrightarrow C_{炭黑} + CO_2 \tag{4-46}$$

$$+)\ FeO + C_{炭黑} \Longrightarrow Fe + CO \tag{4-47}$$

$$FeO + CO \Longrightarrow Fe + CO_2 \tag{4-48}$$

由叠加结果看出，CO的分解反应又转化为间接还原反应。不难发现，$C_{炭黑}$也只是参与反应，实际消耗的还原剂仍然是CO，由于炭黑的还原速度极低，故对还原反应影响很小。但炭黑在炉衬上的不断积沉，会导致炉墙胀裂而破坏炉墙的整体结构。

4.5　直接还原与间接还原

4.5.1　直接还原与间接还原的区别

直接还原反应与间接还原反应的区别在于，还原生成的气相产物CO_2是否与焦炭中的碳发生反应。生成的CO_2不与碳发生气化反应的是间接还原反应；生成的CO_2与碳发生气化反应的是直接还原反应。

4.5.2 直接还原与间接还原的主要特点和差别

直接还原与间接还原的主要特点与差别如下：

（1）直接还原的还原剂为固定碳（气体产物为 CO），而间接还原的还原剂为 CO 和 H_2（气体产物为 CO_2 和 H_2O）。

（2）直接还原为强吸热反应，而间接还原为放热反应或弱吸热反应。

（3）直接还原发生在高温区，而间接还原发生在中、低温区。

（4）直接还原时，一个碳原子可以夺取氧化物中一个氧原子；而间接还原时，却需要过量的 CO 和 H_2。

4.5.3 直接还原与间接还原在高炉中的分布

直接还原和间接还原在高炉内的分布，取决于高炉内炉温的分布和焦炭的反应性。前已述及，碳的气化反应在 800℃ 左右开始进行，而在 1100℃ 左右激烈进行，这时平衡气相中 CO_2 和 H_2O 的含量极少；直接还原进行的温度范围与碳的气化反应发生的温度范围是一致的。因此，高炉内直接还原和间接还原的分布情况，可以大致地用图 4-8 表示。在温度低于 800℃ 的区域 I 内，几乎全部为间接还原，称为间接还原区；在温度为 800～1100℃ 的区域 II 内，间接还原和直接还原并存，称为混合还原区；在温度高于 1100℃ 的区域 III 内，几乎全部是直接还原，称为直接还原区。

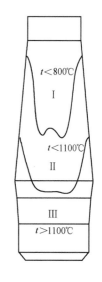

图 4-8　高炉内铁的
还原区分布示意图

不难理解，铁矿石在炉内进行间接还原的程度取决于铁矿石在间接还原区域内停留的时间和间接还原的速度。显然，在间接还原区域内停留的时间越长和间接还原的速度越快，则铁矿石间接还原的程度就越高，直接还原的程度就越低；反之，则相反。而铁矿石在间接还原区域停留的时间取决于炉料下降速度和间接还原区域的大小（即高度），间接还原的速度取决于铁矿石本身的性质和煤气的性质。

铁氧化物由 Fe_2O_3 还原到 FeO 是比较容易的，正常情况下在高炉上部就可完成，即全部为间接还原。但从 FeO 还原为 Fe，在高炉上部不能全部完成。因为矿石的还原是由表层向内部逐步进行的，所以在间接还原区，矿石外层被还原了，但其内部还原就不容易。这不仅是因为煤气不容易到达矿石内部，还在于矿石内部的温度不足。矿石内部未被还原的氧化铁随炉料下降，进入下部的直接还原区，所以矿石中的氧化铁总有一部分是直接还原的。此外，由于成渣过程的进行，总有一部分 FeO 进入渣中；液体炉渣下降较快，也必然会有一部分 FeO 进入高温区发生直接还原反应。

由于间接还原生成的气体产物 CO_2 进入煤气，因此，在石灰石用量不变的情况下，可根据煤气中 CO_2 的含量来判断煤气化学能的利用和间接还原发展的程度。

在高炉中进行间接还原和直接还原的区域并非是固定不变的。由于不同的高炉操作者操作方法的不同，会引起上述两个区域的上下波动。因此，高炉操作人员的中心任务就在于力求控制高温区不使其上移，以减少直接还原的发生，而发展间接还原。高炉炉温下降无非是由于供热不足或者耗热增多，不管哪种原因引起高炉下部直接还原增多，都必然导致 CO 利用不好，增加热量支出和固定碳的消耗，最终结果是使炉温下降或焦比升高。在目前生产条件下，发展间接还原仍然是降低焦比的有力措施之一。

4.5.4 直接还原度和间接还原度的概念及其计算

高炉中大多数间接还原反应都是可逆的,并且气相成分中要保持一定量的 CO,也就是说,需要过量的还原剂才能保证反应的进行,但间接还原反应是放热反应,消耗热量较少。直接还原反应是不可逆的,不需要过量的还原剂,但直接还原反应是吸热反应,消耗热量较多。那么,两种反应中到底哪种反应消耗的炭素较少呢?在高炉内应该发展哪一种反应更好呢?为便于讨论,我们首先引进新的概念——直接还原度和间接还原度。

高炉内除了一部分铁氧化物是通过直接还原方式还原出来的以外,还有 Si、Mn、S、P 等元素也是以直接还原的方式还原出来的;另外,高炉内一部分碳酸盐分解产生的 CO_2 和炉料带入的部分结晶水也同时被碳还原出来,应该说这些反应也是直接还原。这里就产生了两个不同的直接还原度的概念,即高炉内的直接还原度和铁的直接还原度。前者包括 Fe、Mn、Si、P 等元素的直接还原,而后者仅指铁的直接还原。

假定将铁的高价氧化物(Fe_2O_3、Fe_3O_4)还原到低价氧化物(FeO)全部是间接还原,则 FeO 中以直接还原方式还原出来的铁量 $w(Fe)_直$ 与铁氧化物中还原出来的总铁量 $w(Fe)_还$ 之比,称为铁的直接还原度,用下式表示:

$$r_d = w(Fe)_直/w(Fe)_还 = w(Fe)_直/(w(Fe)_生铁 - w(Fe)_炉料) \qquad (4\text{-}49)$$

式中　　r_d——铁的直接还原度;

$w(Fe)_直$——从 FeO 中直接还原的铁量,也就是冶炼 1kg 生铁时高炉内用碳直接还原的铁量, kg/kg;

$w(Fe)_还$——高炉内还原的总铁量,也就是冶炼 1kg 生铁时直接还原和间接还原的铁量之和, kg/kg;

$w(Fe)_生铁$——1kg 生铁中的铁量,kg/kg;

$w(Fe)_炉料$——冶炼 1kg 生铁时炉料带入的金属铁量,kg/kg。

相应的铁的间接还原度 r_i 为:

$$r_i = 1 - r_d \qquad (4\text{-}50)$$

铁的直接还原度也可以通过下面方法计算:

因为　　　　$$w(Fe)_还 = w(Fe)_直 + w(Fe)_{CO} + w(Fe)_{H_2} \qquad (4\text{-}51)$$

所以　　$$r_d = 1 - r_{CO} - r_{H_2} = 1 - w(Fe)_{CO}/w(Fe)_还 - w(Fe)_{H_2}/w(Fe)_还 \qquad (4\text{-}52)$$

式中　　r_{CO}——表示用 CO 还原铁的间接还原度;

r_{H_2}——表示用 H_2 还原铁的间接还原度;

$w(Fe)_{CO}$——冶炼 1kg 生铁时用 CO 间接还原的铁量, kg/kg;

$w(Fe)_{H_2}$——冶炼 1kg 生铁时用 H_2 间接还原的铁量, kg/kg。

4.5.4.1 r_{CO} 的计算

$$r_{CO} = (A - B)/(w(Fe)_生铁 - w(Fe)_炉料) \qquad (4\text{-}53)$$

式中,$A = 56/12\,(w(C)_焦 + w(C)_煤 + w(C)_熔 + w(C)_挥 - w(C)_铁 - w(C)_尘 \cdot w(CO_2)/(w(CO_2) + w(CO) + w(CH_4))$;$B = 56/12\,[\,(12w(CO_2)_熔挥/44) + (12w(Fe_2O_3)/160) + (12w(MnO_2)/87)\,]$;$A - B$ 为冶炼 1t 生铁时从 FeO 中用 CO 间接还原的铁量, kg/t; $w(Fe)_生铁 - w(Fe)_炉料$ 为冶炼 1t 生铁时还原的总铁量, kg/t; $w(C)_焦,w(C)_煤,w(C)_熔,w(C)_挥,w(C)_铁,w(C)_尘$ 分别为冶炼 1t 生铁的焦炭、煤粉、熔剂、挥发物、生铁、炉尘等带入(+)或带出(-)的碳量, kg/t; $w(CO_2),w(CO),w(CH_4)$ 分别为高炉炉顶煤气中相应成分的质量分数,%; $w(CO_2)_熔挥$ 为冶炼 1t 生铁所用熔剂和焦炭挥发分中 CO_2 的质量, kg/t; $w(Fe_2O_3)$ 为冶炼 1t 生

铁时炉料带入的 Fe_2O_3 的质量，kg/t（要扣除被 H_2 还原成 FeO 的部分）；$w(MnO_2)$ 为冶炼 1t 生铁时炉料带入的 MnO_2 的质量，kg/t。

4.5.4.2 r_{H_2} 的计算

A 计算公式之一

$$r_{H_2} = w(Fe)_{H_2}/w(Fe)_{还} = 56/2w(H_2)_{还}/(w(Fe)_{生铁} - w(Fe)_{炉料}) \tag{4-54}$$

$$w(H_2)_{还} = w(H_2)_{总} - w(H_2)_{煤}$$

$$w(H_2)_{总} = w(H_2)_{风} + w(H_2)_{油} + w(H_2)_{煤粉} + w(H_2)_{焦}$$

式中，$w(Fe)_{H_2}$ 为冶炼 1t 生铁时高炉内被 H_2 还原的铁量，kg/t；$w(H_2)_{还}$ 为冶炼 1t 生铁时参加还原反应的全部 H_2 量，kg/t；$w(H_2)_{总}$，$w(H_2)_{煤}$ 分别为冶炼 1t 生铁时入炉 H_2 的总量和高炉煤气中的 H_2 量，kg/t；$w(H_2)_{风}$，$w(H_2)_{油}$，$w(H_2)_{煤粉}$，$w(H_2)_{焦}$ 分别为冶炼 1t 生铁时鼓风、喷油、喷煤、焦炭带入的氢量，kg/t。

B 计算公式之二

当炉顶煤气成分等未知时，r_{H_2} 可通过下式计算：

$$r_{H_2} = \{56/2[w(H_2)_{燃} + 2/18(w(H_2O)_{风} + w(H_2O)_{喷})]/ \\ (w(Fe)_{生铁} - w(Fe)_{炉料})\} \times \eta_{H_2} \tag{4-55}$$

式中 $w(H_2)_{燃}$——冶炼 1t 生铁时各种燃料带入的 H_2 量，kg/t；

$w(H_2O)_{风}$，$w(H_2O)_{喷}$——分别为冶炼 1t 生铁时鼓风和喷吹物中的含水量，kg/t；

η_{H_2}——氢在高炉内的利用率，一般约为 0.3 ~ 0.5。

C r_d 的计算

$$r_d = 1 - r_{CO} - r_{H_2} \tag{4-56}$$

式中，$r_{CO} = (A - B)/(w(Fe)_{生铁} - w(Fe)_{炉料})$；$r_{H_2} = 56/2w(H_2)_{还}/w(Fe)_{还} = 56/2w(H_2)_{还}/(w(Fe)_{生铁} - w(Fe)_{炉料})$。

计算直接还原度（r_d）可用于配料计算、求理论焦比等，对设计高炉、分析高炉生产情况，特别是对降低燃料消耗都是很重要的。根据计算，我国部分高炉的铁的直接还原度（r_d）大约在 0.4 ~ 0.5 之间。

4.5.5 直接还原和间接还原的碳消耗（直接还原与间接还原对碳消耗的影响）

在高炉冶炼过程中，燃料的燃烧不仅为高炉的冶炼过程提供了热能，同时，燃烧生成的 CO 又是冶炼过程的还原剂。因此，如何控制各类还原反应来改善燃料燃烧后的热能和化学能的利用，就成了降低碳消耗的关键。

直接还原和间接还原的热能和化学能的消耗是不一样的。CO 间接还原多数是放热反应，因而热量消耗少。有人认为高炉内应全部发展间接还原，此时，焦比可达到最低。直接还原是吸热反应，要消耗大量的热，但还原同量的铁，作为还原剂所消耗的碳比间接还原少，由此又有人主张高炉内应该全部发展直接还原。这两种观点都是比较片面的，理论和实践证明，高炉内的最低碳消耗不是全部直接还原，也不是全部间接还原，而是在两者合适比例的情况下获得的。

以上论述可通过直接还原、间接还原对碳消耗的计算得到进一步的证实。

4.5.5.1 直接还原和间接还原消耗的碳还原剂的量（以 1t 生铁为单位进行计算）

（1）直接还原铁所消耗的碳还原剂的量。直接还原反应为：

$$FeO + C \Longrightarrow Fe + CO$$

从该反应式可以看出，直接还原铁所消耗的碳还原剂的量为：

$$C_d = 12/56r_d w[Fe] \tag{4-57}$$

式中   56 ——铁的相对原子质量；

12——碳的相对原子质量;

C_d——直接还原1t生铁所消耗的碳量,kg/t;

r_d——铁的直接还原度;

$w[Fe]$——1t生铁中的铁量,kg/t。

(2) 间接还原铁所消耗的碳还原剂的量。前面已经讲过 $3Fe_2O_3 + CO \Longrightarrow 2Fe_3O_4 + CO_2$ 可以认为是不可逆反应,在高炉条件下均能满足,所以不予讨论。而对于 Fe_3O_4 和 FeO,在用 CO 还原时,必须保持较高的 CO 含量,以维持平衡时 $w(CO_2)/w(CO)$ 的比值。于是,在风口区燃烧产生的煤气,在上升过程中应该按顺序完成下列两个可逆反应,即:

$$FeO + nCO \Longrightarrow Fe + CO_2 + (n-1)CO \tag{4-58}$$

生成的 CO_2 和 CO 在上升过程中,必须保证把 Fe_3O_4 还原成 FeO,即:

$$\frac{1}{3}Fe_3O_4 + CO_2 + (n-1)CO \Longrightarrow FeO + \frac{4}{3}CO_2 + \left(n - \frac{4}{3}\right)CO \tag{4-59}$$

其中,n 为 CO 的过剩系数。煤气在同时保证两个可逆反应时,应有的 n 值可由反应平衡常数来计算求得。具体方法如下:

在平衡条件下:

因为

$$K_p = \frac{\varphi(CO_2)}{\varphi(CO)} = \frac{1}{n-1} \tag{4-60}$$

所以

$$n = 1 + 1/K_p = 1 + \varphi(CO)/\varphi(CO_2)$$
$$= (\varphi(CO_2) + \varphi(CO))/\varphi(CO_2) = 1/\varphi(CO_2) \tag{4-61}$$

如在600℃时,由 $\varphi(CO_2) = 47.2\%$,得 $n = 2.12$。

由对应温度下反应平衡时 CO_2 的质量分数求出的 n 值,列于表4-1中。

表4-1 不同温度下 CO 的过剩系数

温度/℃ n值	600	700	800	900	1000	1100	1200
FeO→Fe	2.12	2.5	2.88	3.17	3.52	3.82	4.12
$\frac{1}{3}$Fe$_3$O$_4$→FeO	2.42	2.06	1.85	1.72	1.62	1.55	1.50

对于下列反应,同样也可以求出平衡气相成分与 n 值之间的关系,也列于表4-1中。

$$\frac{1}{3}Fe_3O_4 + CO_2 + (n-1)CO \Longrightarrow FeO + \frac{4}{3}CO_2 + \left(n - \frac{4}{3}\right)CO \tag{4-62}$$

比较两个反应可知:FeO 的还原反应由于是放热,所以 n 值随温度的升高而上升;而 Fe_3O_4 的还原反应由于是吸热,所以 n 值随温度的升高反而降低。在两个反应都同时保证的条件下,n 值取二者反应的最大值。若两个反应的 n 值相等时,还原剂的消耗量最小,此时的温度是630℃,$n \approx 2.33$。也就是说,630℃应该认为是铁氧化物全部还原的最低温度。过剩系数确定后,就可以计算出全部用 CO 还原所需的最低还原剂碳消耗量了。

$$C_i = 2.33 \times 12/56(1 - r_d)w[Fe] = 0.4986(1 - r_d)w[Fe] \tag{4-63}$$

式中 C_i——间接还原1t生铁消耗的碳量,kg/t。

所以从还原剂消耗角度看,还原1t生铁时,全部直接还原所消耗的碳量比全部间接还原所消耗的碳量要少。

4.5.5.2 直接还原的耗热量与间接还原的供热量对比

从反应式(4-9)和式(4-21)可以看出,每还原1kg铁,以直接还原的形式进行时,消耗的热量为 152161/56 = 2718kJ；而以间接还原形式进行时，放出的热量为 13604/56 = 243kJ，二者的绝对值相差 10 倍以上。所以从热量消耗来看，间接还原是有利的。

4.5.5.3　适宜直接还原度 r_d' 和最低碳消耗

上面只是对直接还原和间接还原作为还原剂的碳消耗和热量消耗做了定量的比较，其综合效率如何呢？

为了进一步说明问题，用上面的全部直接还原和全部间接还原消耗的碳（作为还原剂）量的计算式，求出了不同直接还原度的焦炭消耗量，绘出了碳消耗量与直接还原度的关系图（见图 4-9）。

图 4-9 中，横坐标表示直接还原度 r_d 和间接还原度 r_i，而 CO 的间接还原度 $r_{co} = 1 - r_d$。在考虑有氢还原度时，要扣除 r_{H_2}，横坐标上表示的应该是直接还原和间接还原之和而不是 1%。图中纵坐标表示碳消耗量。MOK、AD、$M'O'K'$ 表示热量消耗线；$AOBF$ 表示间接还原铁的碳量消耗线；$EGBC$ 表示直接还原铁的碳量消耗线。从图 4-9 可以看出，直接还原度对碳消耗的影响。

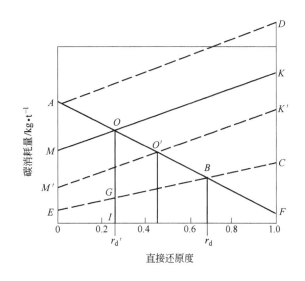

图 4-9　碳消耗量与还原度的关系

A　作为还原剂碳量消耗最低时的直接还原度

图 4-9 中 $AOBF$ 线是间接还原时消耗的还原剂碳量，$CBGE$ 线为直接还原时消耗的还原剂碳量，两者相交于 B 点。直接还原和间接还原这两种还原的发展，其碳的消耗不是两者之和，而是取两者中的最大值。在 B 点右侧，还原剂碳消耗应该是 BC 线，当氧化铁直接还原时，放出的 CO 可以满足间接还原需要的碳量。在 B 点左侧，还原剂碳消耗应该是 AOB 线。例如，间接还原消耗碳为线段 OI，直接还原消耗碳为线段 GI。实际上间接还原所消耗的 CO 已由 GI 直接还原产生的 CO 供给了一部分，若再补充 OG 部分的碳即可满足全部间接还原需要的碳量。因此，O 点还原剂的碳量不是 OI 与 GI 之和，而是 OI。总的还原剂碳的消耗应该是 $AOBC$ 线，很明显，B 点为还原剂碳量消耗最低时的直接还原度，B 点处 r_d 约为 70%。根据计算，这一点碳的消耗比还原 Fe_2O_3 的最低碳耗还低。这在高炉条件下是难以做到的，只有在电炉熔炼中才能实现。

高炉在一定的冶炼条件下，$AOBC$ 线基本是稳定的，当熔剂量变动以及喷吹碳氢比（$w(C)/w(H_2)$）高的燃料时，此线略有变动。

B　适宜直接还原度和最低碳消耗

高炉内碳的消耗既要满足还原，又要保证热量的需要。但总的碳消耗不是还原剂、发热剂两者碳消耗的总和，而是其中的大者。正如前文指出的，碳燃烧时，既放出热量又供给还原剂。因此，高炉冶炼单位生铁时，碳的总消耗将沿图 4-9 中 AOK 线变化，低于此线将炼不出铁，在 O 点的右侧，OK 线以下，热量供应不足；在 O 点的左侧，低于 AO 线，作为还原剂的碳就缺少了。表征作为还原剂和发热剂碳量消耗的两条线的交点 O，应该是理论最低焦比（或燃料比）。与此点相对应的直接还原度称为适宜的直接还原度（r'_d），达到此点是我们所要努力的方向。

C　适宜的直接还原度随热量消耗的增减而变动

热量消耗线 MOK 是随单位生铁消耗热量的多少而变动的。高炉热量消耗大，MOK 线就向上移动，此时碳的消耗也高，r'_d 随之向左移动；当热量消耗增加，MOK 线移动到 A 点成 AD 线时，$r'_d = 0$，达到 100% 间接还原的所谓"理想行程"，这时的碳的消耗是该条件下最低的，但仍然是很大的。反之，如 MOK 线移动到 $M'O'K'$ 线，则说明高炉热量消耗减少，r'_d 也随之增加，但碳的消耗却随之而下降。

D　直接还原度有待降低

从图 4-9 看出，在当前高炉冶炼条件下，适宜的直接还原度 r'_d 在 0.2~0.3 范围内，而我国高炉实际的直接还原度 $r_{d,实}$ 一般都在 0.4~0.5 左右，有的大高炉大于 0.5。而一些喷吹燃料的高炉，$r_{d,实}$ 为 0.35~0.4。小高炉较矮，直接还原区相对要发展一些，因此 $r_{d,实}$ 较高，可达到 0.55~0.6。由上述可以看出，当前实际直接还原度 $r_{d,实}$ 与适宜的直接还原度 r'_d 还相差很远。

4.5.6　降低焦比的基本途径

高炉生产要想降低焦比，可从降低高炉热量消耗、降低高炉直接还原度、高炉增加非焦炭的热量和碳量以代替焦炭所提供的热量和碳量等几个方面着手。下面来分析一下降低焦比的基本途径，大致可分为 3 条。

4.5.6.1　降低高炉热量消耗

高炉内的热量消耗主要有下列几项：

（1）直接还原（包括 Fe、Mn、Si、P 等）吸热；

（2）碳酸盐分解吸热；

（3）水分蒸发、化合水分解、H_2O 在高温区与 C 发生反应吸热；

（4）脱硫吸热；

（5）炉渣、生铁、煤气带出炉外的热量；

（6）冷却水带走热量和高炉炉体散热。

从上述各项可以看出：降低（1）项的热量消耗是降低直接还原度的问题。（3）项中主要是化合水分解吸热，可通过炉外焙烧消除。（5）项的铁水带出炉外的热量是必需的，煤气量少和热交换好时，炉顶温度低，煤气带出炉外的热量就少；反之，炉顶温度高，煤气带出炉外的热量就多，所以，要降低煤气带出炉外的热量，就要降低煤气量和改善炉内的热交换。（6）项冷却水带走热量和炉体散热是一项损失，一般来说，它的数值是一定的。因此，当产量提高时，单位生铁的热损失就降低；反之则升高，所以它只与产量有关。其他影响各项消耗热量多少的关键是原料性能，例如，降低焦炭的灰分含量和含硫量、提高矿石品位、采用高碱度烧结矿、少加或不加熔剂、降低渣量，均能降低碳酸盐分解吸热和炉渣带出炉外的热量。

4.5.6.2　降低高炉直接还原度

降低高炉直接还原度包括改善 CO 的间接还原和 H_2 的还原，主要措施有：改善矿石的还原性；控制高炉内煤气流的合理分布，改善煤气能量利用；高炉综合喷吹（喷吹燃料配合富氧鼓风等）以及喷吹高温还原性气体等。

4.5.6.3　高炉增加非焦炭的热量和碳量

高炉增加非焦炭的热量和碳量的措施，主要有提高风温和喷吹燃料等。目前，国内外为了降低焦比而采取的精料、高风温、富氧鼓风、喷吹燃料等技术措施，都是基于上述几条基本途径。

4.6 复杂化合物中铁氧化物的还原

高炉炉料中的铁氧化物常与其他铁氧化物结合成复杂的化合物，例如，烧结矿中的硅酸铁（Fe_2SiO_4）、熔剂性烧结矿中的铁硅酸盐（$CaO \cdot Fe_2O_3$）、钒钛磁铁矿中的钛铁矿（$FeTiO_3$）等。这些复杂氧化物的还原，首先必须分解成自由的铁氧化物，而后再被还原剂所还原，因此还原就比较困难，常常会消耗更多的燃料。

4.6.1 硅酸铁的还原

高炉原料中常含有一部分硅酸铁（Fe_2SiO_4），这种硅酸铁中铁氧化物的还原，首先需要分解成自由的铁氧化物，而后再被还原剂所还原。但是由于硅酸铁的结构比较致密，还原性差，用 CO 或 H_2 还原时，要达到 900℃ 左右时才能开始，而且还原速度很慢，基本上都是直接还原，其反应式为：

当用 CO 还原时
$$Fe_2SiO_4 = 2FeO + SiO_2 \qquad -47520kJ \qquad (4-64)$$
$$+)\quad 2FeO + 2CO = 2Fe + 2CO_2 \qquad +27214kJ \qquad (4-65)$$
$$\overline{Fe_2SiO_4 + 2CO = 2Fe + SiO_2 + 2CO_2 \qquad -20306kJ} \qquad (4-66)$$

当有固定碳存在时
$$Fe_2SiO_4 = 2FeO + SiO_2 \qquad -47520kJ$$
$$2FeO + 2CO = 2Fe + 2CO_2 \qquad +27214kJ$$
$$+)\quad 2CO_2 + 2C = 4CO \qquad -331595kJ \qquad (4-67)$$
$$\overline{Fe_2SiO_4 + 2C = 2Fe + SiO_2 + 2CO \qquad -351900kJ} \qquad (4-68)$$

比较反应式（4-9）和反应式（4-68）的热效应可知，从硅酸铁中还原 FeO 比还原自由的 FeO 要多消耗热量 419kJ/kg。

硅酸盐的熔点低、流动性好，如果未被充分预热和还原就被熔化，则流入炉缸后就进入炉渣。由于炉渣中 CaO 的存在，而且 CaO 与 SiO_2 的结合力比 FeO 与 SiO_2 的结合力大，能将其置换出来，于是还原反应式变为：

$$Fe_2SiO_4 + 2CaO = 2FeO + Ca_2SiO_2 \qquad +91858kJ \qquad (4-69)$$
$$2FeO + 2CO = 2Fe + 2CO_2 \qquad +27214kJ \qquad (4-70)$$
$$+)\quad 2CO_2 + 2C = 4CO \qquad -331595kJ$$
$$\overline{Fe_2SiO_4 + 2CaO + 2C = 2Fe + Ca_2SiO_4 + 2CO \qquad -212522kJ} \qquad (4-71)$$

可见，有 CaO 存在时，还原 Fe_2SiO_4 的热量消耗有所降低。但由于这种还原是在炉缸中进行的，要消耗炉缸中的热量，会使炉缸温度降低，所以，高炉冶炼不希望使用含 Fe_2SiO_4 高的原料。特别是一些中、小型高炉，由于风温不高，炉缸热储备少，炉渣中过多的 Fe_2SiO_4 还会造成"凉炉"、炉况不顺以及生铁含硫升高等现象。使用较高碱度的烧结矿、球团矿或者采用高风温和碱性渣操作等，都有利于 Fe_2SiO_4 的还原。

4.6.2 钛磁铁矿中铁的还原

我国钛磁铁矿蕴藏丰富，它的复合氧化物一般以钛铁矿（$FeTiO_3$）、钛铁晶石（$2FeO \cdot TiO_2$）、钛磁铁矿（$Fe_3O_4 \cdot TiO_2$）的形态居多。

由实验室研究得出，温度在 400℃ 时，用 CO、H_2 还原钛磁铁矿粉末，有少量的铁被还原出来；在 900℃ 时，用纯 CO 可以还原出 95% 以上的铁，如果单用 H_2 还原，则可以还原出更多的铁。

钛磁铁矿中铁的还原一般都在900℃以上的区域内进行。它通过固定碳直接还原，其反应式为：

$$FeTiO_3 == FeO + TiO_2 \qquad -33494kJ \qquad (4-72)$$
$$FeO + CO == Fe + CO_2 \qquad +13607kJ \qquad (4-73)$$
$$+)\quad CO_2 + C == 2CO \qquad -165797kJ \qquad (4-74)$$
$$\overline{FeTiO_3 + C == Fe + TiO_2 + CO \qquad -185684kJ} \qquad (4-75)$$

或者
$$FeTiO_3 == FeO + TiO_2 \qquad -33494kJ$$
$$FeO + H_2 == Fe + H_2O \qquad +27717kJ \qquad (4-76)$$
$$+)\quad H_2O + C == H_2 + CO \qquad -179907kJ \qquad (4-77)$$
$$\overline{FeTiO_3 + C == Fe + TiO_2 + CO \qquad -185684kJ}$$

考虑到钛磁铁矿难还原以及高炉冶炼的特点和要求，当前我国一些工厂在冶炼钛磁铁矿时，都是通过选矿、烧结后使用，以改进钛磁铁矿的冶炼性能，而不是直接入炉进行冶炼。

4.7　非铁元素的还原

高炉内除铁元素外，还有硅、锰、磷等其他元素的还原。根据各氧化物分解压的大小可知，铜、砷、钴、镍等最易还原，在高炉内几乎全部被还原；锰、钒、硅、钛等较难还原，只有部分被还原进入生铁。

4.7.1　硅的还原

硅在自然界中以 SiO_2 的形态存在，高炉中的硅主要来自矿石和焦炭。SiO_2 是较稳定的化合物，它的生成热很大。

$$Si + O_2 == SiO_2 \qquad +116580kJ \qquad (4-78)$$

此反应中 SiO_2 的分解压很小，比 MnO 还小，故 SiO_2 很难还原。根据热力学的计算，SiO_2 用 CO 还原需要1800℃以上的高温才能进行，显然，高炉条件下用 CO 和 H_2 还原 SiO_2 是不可能的。在液体状态下用固定碳还原也需要1700℃以上的高温，并且吸收大量的热，其反应为：

$$SiO_2 + 2C == Si + 2CO \qquad -628277kJ \qquad (4-79)$$

从 SiO_2 中还原1kg硅需要的热量是从 FeO 中还原1kg铁的8倍，是从 MnO 中还原1kg锰的4倍，所以，硅的还原耗热量较大。硅的还原过程是按 $SiO_2 \to SiO \to Si$ 的顺序逐级进行的，而还原的中间产物 SiO 的蒸气压比 Si 和 SiO_2 的蒸气压大，在1890℃时达到 $9.8 \times 10^4 Pa$，所以它在还原过程中极易挥发成为气体。气体 SiO 在上升过程中和焦炭接触并与其发生反应，使硅还原过程分为如下两步进行，这就促进了硅的还原。

$$SiO_2 + C == SiO + CO \qquad (4-80)$$
$$SiO + C == Si + CO \qquad (4-81)$$

而已被还原出来的硅又促进了还原反应的进行：

$$SiO_2 + Si == 2SiO \qquad (4-82)$$
$$+)\quad 2SiO + 2C == 2Si + 2CO \qquad (4-83)$$
$$\overline{SiO_2 + 2C == Si + 2CO} \qquad (4-84)$$

未还原的 SiO 在高炉上部重新氧化，凝结成白色的 SiO_2 微粒，一部分随煤气逸出，另一部分随炉料下降。实践和研究证明，冶炼硅铁时其挥发量可达到 10% ~ 25%。在高炉中，由于炉渣中的 SiO_2 常与 CaO、MgO 等结合成为复杂化合物，而使 SiO_2 的还原变得更加困难。但是高炉冶炼条件下仍然有大量的硅还原进入生铁，这主要是因为在高炉冶炼的条件下存在着有利于硅还原的条件。

首先，在风口燃烧带，焦炭燃烧产生灰分，灰分中的 SiO_2 在高温条件下还原产生 SiO：

$$SiO_2 + C \longrightarrow SiO + CO \qquad (4-85)$$

而 SiO 的蒸气压力很大，在 1890℃ 时达到 $9.8 \times 10^4 Pa$，很容易挥发。由于气态的 SiO 与焦炭接触良好，因而促进了硅的还原：

$$SiO + C \longrightarrow Si + CO \qquad (4-86)$$

另外，风口前气化产生的 SiO 在上升过程中与下降的铁水接触，被铁水中的碳所还原，还原产生的硅很容易进入生铁：

$$SiO + [C] \longrightarrow [Si] + CO \qquad (4-87)$$

其次，由于铁的存在，还原产生的硅溶解于生铁中，形成稳定的 Fe – Si 化合物 FeSi、Fe_3Si、$FeSi_2$ 等，同时放出热量，抵消了部分热量消耗，有利于硅的还原。例如，形成稳定的化合物 FeSi：

$$SiO_2 + 2C + Fe \longrightarrow FeSi + 2CO \qquad (4-88)$$

总的来说，气态的 SiO 在上升过程中与碳反应发生的还原是硅还原的主要途径。

通常用生铁中的含硅量来表示炉温。这是因为硅无论从液态中还原还是从气态中还原，都需要很高的温度，炉缸温度越高，还原进入生铁的硅越多；反之，生铁中的含硅量就越少。生产统计结果表明，炉缸温度（渣铁温度）与生铁含硅量呈直线关系，因此，通常用生铁含硅量来表示炉温，生铁含硅量成为炉温的标志。

4.7.2 锰的还原

锰是高炉冶炼经常遇到的金属，又是贵重元素。高炉中的锰主要由锰矿带入，有的铁矿石中也含有少量的锰。

高炉内锰氧化物的还原也是从高价向低价逐级进行的，顺序为：$MnO_2 \rightarrow Mn_2O_3 \rightarrow Mn_3O_4 \rightarrow MnO \rightarrow Mn$，失氧量（质量分数）分别为：25.0%、33.3%、50.0%、100.0%。用气体还原剂（CO、H_2）很容易把高价锰的氧化物还原成氧化锰（MnO），反应式如下：

$$2MnO_2 + CO \longrightarrow Mn_2O_3 + CO_2 \qquad +226797 kJ \qquad (4-89)$$

$$3Mn_2O_3 + CO \longrightarrow 2Mn_3O_4 + CO_2 \qquad +170203 kJ \qquad (4-90)$$

$$Mn_3O_4 + CO \longrightarrow 3MnO + CO_2 \qquad +51906 kJ \qquad (4-91)$$

$$MnO + CO \longrightarrow Mn + CO_2 \qquad -121585 kJ \qquad (4-92)$$

上述反应式（4-90）和式（4-91）几乎是不可逆的，很容易进行，而反应式（4-92）是可逆的。MnO 是相当稳定的化合物，它的分解压力比 FeO 小得多。在 1400℃ 的条件下，用 H_2 还原，平衡气相中只有 0.16%（体积分数）的 H_2O；用 CO 还原，则只有 0.03%（体积分数）的 CO_2。由此可见，高炉内的 MnO 不可能由间接还原获得，只能靠直接还原取得。

MnO 的直接还原也是通过气相进行的：

$$MnO + CO \longrightarrow Mn + CO_2 \qquad -121585 kJ$$

$$+) \quad CO_2 + C_{焦} \longrightarrow 2CO \qquad -165965 kJ \qquad (4-93)$$

$$\overline{MnO + C_{焦} \longrightarrow Mn + CO \qquad -287550 kJ} \qquad (4-94)$$

当温度在 1100～1200℃ 之间时，锰的高价氧化物已还原到 MnO，而 MnO 未开始还原就与脉石中的 SiO_2 组成硅酸盐，进入熔融的炉渣。含 MnO 的炉渣熔点很低，1150～1200℃ 时即可熔化，因此，绝大部分锰是从液态初渣中以直接还原的形式还原出来的。

由于 MnO 在炉渣中大部分以硅酸锰的形态存在，因此更难还原。要求还原温度高于 1500℃。所以，高温是还原锰的首要条件。从 MnO 中还原 1kg 锰所需要的热量为 287550/55 = 5228kJ，它比从 FeO 中还原 1kg 铁所需要的热量多一倍。

高炉内也存在有利于锰还原的条件，这首先就是锰能溶于铁水中，这有助于 MnO 还原的顺利进行，实验证明，当有铁存在时，MnO 在 1030℃ 就开始还原。其次，高炉中有大量碳存在，同时，Mn_3C 中的碳能强烈地从 MnO 中还原出锰。最后，高炉渣中含有大量的 CaO，也能促进 MnO 的还原，反应式如下：

$$MnSiO_3 + CaO =\!=\!= CaSiO_3 + MnO \qquad\qquad +59023kJ \qquad\qquad (4\text{-}95)$$

$$+)\quad MnO + C_{焦} =\!=\!= Mn + CO \qquad\qquad -287550kJ \qquad\qquad (4\text{-}96)$$

$$MnSiO_3 + CaO + C_{焦} =\!=\!= Mn + CaSiO_3 + CO \qquad -228527kJ \qquad (4\text{-}97)$$

这是因为 CaO 与 SiO_2 的亲和力较 MnO 与 SiO_2 的亲和力强，CaO 把 MnO 从硅酸盐中转换出来，从而增加了 MnO 的浓度，促进其还原；同时，还原反应的吸热量减少，所以高碱度炉渣也是锰还原的重要条件。

锰在高炉内有部分挥发，它到上部又被氧化成 Mn_3O_4。在冶炼普通生铁时，有 40%～60% 的锰进入生铁，有 5%～10% 的锰挥发进入煤气，其余的进入炉渣。

高炉在冶炼炼钢生铁时，一般不考虑锰还原量的多少，而在冶炼锰铁时则应考虑。就高炉冶炼锰铁时应注意的几点问题，简述如下：

(1) 锰矿中含锰量要高，含铁量要低，P、S、SiO_2 等的含量越低越好，这样才能炼出高品位($w(Mn) > 70\%$)的锰铁。

(2) 高风温和富氧鼓风。由于锰还原耗热多，其焦比比冶炼普通生铁高 1.5～2.0 倍，甚至更高。提高风温和富氧鼓风可以提高炉温，同时还可降低焦比，而且使高炉下部热量充足，有利于锰的还原。所以，提高炉缸温度是改善锰还原条件的最有力措施。

(3) 选择合理的造渣制度。炼锰铁时，炉渣中含 MnO 8%～13%，有时高达 20%。为提高回收率，可适当加些萤石或把 MgO 含量提高到 10% 左右，均能收到较好的效果。

(4) 减少锰的挥发。即炉温控制适当，$w[Si] = 0.7\%～1.0\%$，若太低，则炉温不足，不利于锰的还原；太高，锰则挥发太多，回收率也低，且增加了煤气的清洗难度。煤气分布以中心气流发展形式较好，既保护炉墙、改善煤气利用，又活跃炉缸中心。

(5) 保持适量的铁水。当有铁水存在时，还原出的锰立即溶于铁水中，使反应 MnO + C =\!=\!= Mn + CO 的还原产物锰的浓度降低，促使反应向右进行，增加了锰的还原数量。但冶炼锰铁时，要求合金中锰含量要高，若铁水量过多，会使合金含锰量降低，所以只能保持适量的铁水。

4.7.3　磷的还原

冶炼制钢生铁时，生铁中的磷可作为炼钢过程中的发热剂；冶炼铸造生铁时，生铁中的磷能改善铸造铁的流动性，有利于提高浇注质量。但生铁含 P 过高时，会使钢、生铁发生冷脆，此外，还会延长炼钢时间，降低炉龄和产量，所以，生铁中的含 P 量应控制在国家规定的标准范围内。磷在炉料中主要以磷灰石（$3CaO \cdot P_2O_5$）和蓝铁矿（$3FeO \cdot P_2O_5 \cdot 8H_2O$）的形态存在。磷灰石在 1200～1500℃ 时被碳还原，其反应式为：

$$3CaO \cdot P_2O_5 + 5C = 3CaO + 2P + 5CO \qquad (4-98)$$

在有 SiO_2 存在时，可加速磷酸钙的还原：

$$2(3CaO \cdot P_2O_5) + 3SiO_2 = 3(2CaO \cdot SiO_2) + 2P_2O_5 \qquad (4-99)$$

$$+) \qquad 2P_2O_5 + 10C = 4P + 10CO \qquad (4-100)$$

$$\overline{2(3CaO \cdot P_2O_5) + 3SiO_2 + 10C = 3(2CaO \cdot SiO_2) + 4P + 10CO} \qquad (4-101)$$

还原出来的 P 与 Fe 结合生成 Fe_3P 和 Fe_2P 等化合物并放出热量。因此，有铁存在时也有利于磷的还原。

蓝铁矿脱水后比较容易还原，在 900℃ 时用 CO 作还原剂（用 H_2 时，则为 700℃），磷就可以还原出来；到 1100～1300℃ 时，还原进行得很完全。

高炉冶炼普通生铁时，炉料中的磷几乎全部还原进入生铁中。磷在铁中是有害元素，高炉要冶炼低磷生铁，最好采用含磷低的原料或熟料进行。

4.7.4 硫的还原

高炉内的硫主要来自矿石、石灰石、焦炭等炉料，矿石和石灰石中的硫主要以黄铁矿（FeS_2）和硫酸盐（$CaSO_4$）等形式存在，酸性烧结矿、球团矿中主要为 FeS，自熔性烧结矿和球团矿中还有 CaS。焦炭中的硫包括有机硫、硫化物和硫酸盐，后两种存在于灰分中。焦炭中的硫是高炉内硫的主要来源。

炉料在下降过程中，焦炭含硫逐渐减少，到达风口时约有 1/4 硫已气化，其余的在风口前燃烧生成 SO_2 并进入煤气。煤气中的硫大部分为 H_2S，小部分以其他形式存在。

煤气上升途中经过滴落带、软熔带和块状带，所含的硫大部分又被渣、铁和炉料所吸收，在炉内形成硫的循环；小部分硫随煤气逸出炉外。进入铁中的硫以 FeS 的形式存在，进入渣中的硫以 CaS 的形式存在。高炉中的脱硫问题详见第 5 章。

4.7.5 铅、锌、砷的还原

铅在炉料中常以 $PbSO_4$、PbS 等形式存在。铅是易还原的金属，在高炉内可以被全部还原：

$$PbSO_4 + Fe + 4C = FeS + 4CO + Pb \qquad (4-102)$$

PbS 也可借助 CaO 置换出来，生成 PbO，再被 CO 还原：

$$PbO + CO = Pb + CO_2$$

还原出来的铅不溶于生铁，而且密度大于铁，熔点也低，下沉炉底，渗入砖缝，破坏炉底。铅的熔点为 327℃，到 1550℃ 时可以沸腾，在高炉的条件下，部分铅挥发上升，而后又被氧化并随炉料下降，再次被还原，在炉内形成循环富集。

锌在矿石中以 ZnS 状态存在，有时也以碳酸盐或硅酸盐状态存在。

ZnS 能借助铁的作用而得到还原，ZnS 也可被 CO、H_2、C 所还原。还原的锌很易挥发，挥发的锌到高炉上部被 CO_2 或 H_2O 重新氧化成为 ZnO，一部分 ZnO 被煤气带出炉外；另一部分随炉料下降，再被还原，在炉内循环富集。部分锌蒸气渗入炉衬，在炉衬中冷凝并被氧化成 ZnO，体积膨胀，破坏炉墙。凝结在炉墙内壁上的 ZnO 若长久地聚集，则易形成炉瘤。

砷（As）是有害元素，它能降低生铁和钢的性能，使钢冷脆，特别能降低钢材的焊接性能。砷易还原，进入生铁。

当高炉使用含铅、锌、砷的炉料时，一般都先在炉外进行氯化焙烧，把 Zn、Pb、As 等回收后，再进行高炉冶炼。

4.7.6 碱金属在还原过程中的行为

参见第 3 章碱金属化合物的挥发。

4.8 渗碳和生铁的形成

矿石中已还原出来的金属铁随着温度的升高和渗碳反应的进行，逐渐由固体状态变成液体状态，在下降过程中吸收已还原出来的其他元素，最后进入炉缸，形成高炉冶炼的最终产物生铁。由此可见，生铁的形成过程主要是渗碳和其他元素进入的过程。

铁矿石在炉身部位就有部分被还原成固态的铁，这种铁称为海绵铁。海绵铁是 CO 分解反应的催化剂。根据取样分析，炉身上部出现的海绵铁中已经开始了渗碳过程。不过低温下出现的固体海绵铁是以 $\alpha - Fe$ 的形态存在，这种海绵铁溶解的碳很少，碳含量最多只能达到 0.022%。随着温度的不断升高，当温度超过 723℃ 时，$\alpha - Fe$ 转变为 $\gamma - Fe$，溶解碳的能力大大提高。

固体海绵铁的渗碳反应是按下式进行的：

$$
\begin{aligned}
2CO &== CO_2 + C_{炭黑} \\
+\;)\quad 3Fe_{固} + C_{炭黑} &== Fe_3C_{固} \\
\hline
3Fe_{固} + 2CO &== Fe_3C_{固} + CO_2
\end{aligned}
\tag{4-103}
$$

CO 分解产生的炭黑（粒度极小的固体颗粒）非常活泼，它也参加铁氧化物的还原反应，同时与已还原生成的固体铁发生渗碳反应。CO 的分解在 450~600℃ 范围内最有利，因此，炉身上部就可能按上述反应进行渗碳过程。不过，由于固体状态下的接触条件不好和海绵铁本身溶解碳的能力较弱，所以固体金属铁中的含碳量是很低的。炉身取样分析表明，海绵铁中的碳量最多只有 1%。大量的渗碳过程是在下部的高温区液体状态下进行的：

$$3Fe_{液} + C == Fe_3C_{液} \tag{4-104}$$

根据高炉解剖资料分析，矿石在高炉内随温度的升高，由固相区块状带经过半熔融状态的软熔带而进入液相滴落带。矿石进入软熔带后，矿石还原度可达 0.7，出现了致密的金属铁和炉渣成分的溶解聚合。再提高温度达到 1300~1400℃ 时，含有大量 FeO 的初渣从矿石机体中分离出去，焦炭空隙中形成金属铁的"冰柱"，此时的金属铁以 $\gamma - Fe$ 的形态存在，碳含量达到 0.3%~1.0%，仍属于固态的铁。温度继续升高到 1400℃ 以上，"冰柱"经炽热的焦炭固相渗碳，熔点得以降低，才熔化为金属铁滴，穿过焦炭的空隙流入炉缸。由于液体状态的铁与焦炭的接触条件改善，加快了渗碳的过程，生铁中的碳含量立即增加到 2% 以上，到炉腹处的金属铁含碳已在 4% 左右了，与最终生铁中的碳含量已相差无几。总之，生铁的渗碳过程从炉身上部的海绵铁开始，大部分的渗碳是在炉腰和炉腹部分进行的，在炉缸部分只进行少量的渗碳。

高炉内铁水的最终碳含量是不能随意控制的，它与冶炼的品种有关。凡是铁水中能与碳形成化合物的元素（如 Mn、Cr、V、Ti 等）都能促使生铁碳含量的增加；反之，凡能使碳化物分解的元素（如 Si、P、S 等）都能促使铁水中碳含量的相应降低。锰铁的碳含量可达 6%~7%，而硅铁的碳含量只有 2% 左右。

4.9 铁矿石还原的动力学

4.9.1 铁矿石的还原机理

所谓铁矿石的还原机理，就是对铁矿石的还原过程进行的微观解释，即关于铁矿石在还原过程中铁氧化物的氧是怎样被还原剂夺走和这种还原过程的快慢受哪些因素限制等问题的理论说明，它是解决反应速度问题的主要理论依据。

4.9.1.1 吸附自动催化理论

吸附自动催化理论认为：还原反应是在固体氧化物表面上进行的，首先还原剂吸附在固体氧化物的表面，然后经过界面反应，从氧化物晶格中夺取氧，最后反应的产物从固体表面脱附。进行界面反应的动力是还原剂对氧的亲和力，这一过程可以用下式表示：

CO 吸附在固体氧化物的表面 $\qquad$ $FeO_{固} + CO_{气} \Longrightarrow FeO_{固} \cdot CO_{吸附}$ $\qquad$ (4-105)

在界面上进行反应 $\qquad$ $FeO_{固} \cdot CO_{吸附} \Longrightarrow Fe_{固} \cdot CO_{2吸附}$ $\qquad$ (4-106)

反应的产物从固体表面脱附 $\qquad$ $Fe_{固} \cdot CO_{2吸附} \Longrightarrow Fe_{固} + CO_{2气}$ $\qquad$ (4-107)

总的结果是：

$$FeO + CO_{气} \Longrightarrow Fe + CO_{2气} \qquad (4-108)$$

整个反应由吸附扩散、界面反应和脱附扩散等步骤组成，其中最慢的一步就是反应的限制环节。界面反应过程中，有反应速度由缓慢到加快的自动催化现象。

这一理论较圆满地解释了还原反应的吸附特性，但还没有全面解释整个反应过程。

4.9.1.2 固相扩散理论

固相扩散理论的要点是：铁氧化物在还原过程中，反应层内有 FeO、Fe 等原子或离子的固相扩散，从而使固体内部没有被还原的部分裸露出来，促使反应不断进行。它实际上是吸附自动催化理论的补充和发展。

4.9.1.3 未反应核模型理论

未反应核模型理论较全面地解释了铁氧化物的整个还原过程，是目前得到公认的理论。这种理论的要点是：由于铁氧化物有从高价到低价逐级还原的特点，当一个铁矿石颗粒还原到一定程度后，外部就形成了多孔的还原产物层——铁的壳层，而内部还有一个未反应的核心，随着反应的推进，这个未反应核心逐渐缩小，直到完全消失。整个反应过程按以下顺序进行：气体还原剂的外扩散→气体还原剂的内扩散→气体还原剂的吸附→界面化学反应→反应产物氧化性气体脱附→反应产物氧化性气体内扩散→反应产物氧化性气体外扩散（如图 4-10 所示）。气体在固体还原产物层内扩散时，Fe、FeO 等原子和离子的固相扩散可能同时存在；而界面反应时，具有吸附自动催化特性。还原过程的各个阶段中，最慢的一步将是还原反应的限制性环节。

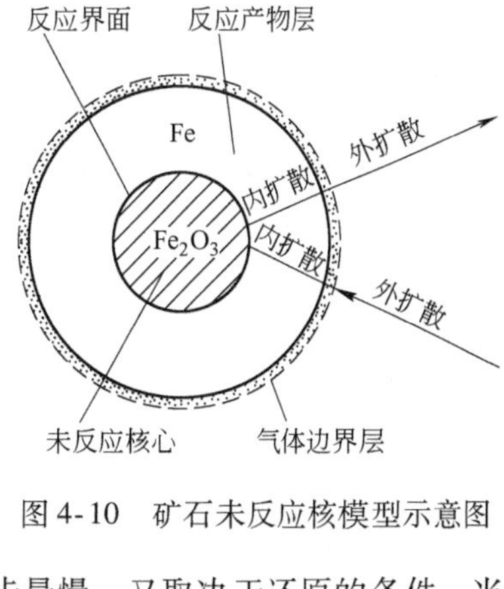

图 4-10　矿石未反应核模型示意图

4.9.2　铁氧化物的还原速度

由还原机理可以看出，铁氧化物的还原速度取决于扩散和化学反应两个环节中最慢的一步，至于哪一步最慢，又取决于还原的条件。当扩散过程是还原过程中最慢的环节时，还原反应速度就取决于扩散速度，这称为处于"扩散速度范围"；当化学反应过程是最慢的环节时，还原速度就取决于化学反应速度，这称为处于"化学反应速度范围"。此外，当扩散速度与化学反应速度相近时，则还原速度既取决于扩散速度，又取决于化学反应速度，就称为处于"中间速度范围（或过渡速度范围）"。

在扩散速度范围内，只有当气体还原剂分子与被还原铁氧化物固体接触时，反应才有可能发生，还原反应速度取决于内扩散速度和外扩散速度，包括还原剂气体分子穿过在矿石表面的气体薄膜层和已还原的固体产物层的速度、气体产物离开反应面的内扩散速度和外扩散速度。

　　在化学反应速度范围内，反应速度也是变化的，如图 4-11 所示。当还原开始时，新相核生成有困难，反应速度很慢，称为诱导期（Ⅰ），这段时间的长短主要与矿物的性质、表面晶格缺陷的多少有关；在一定数量的新相金属铁生成后，由于新相晶格与旧相晶格不一致，引起晶格歪扭，新、旧相界面不断扩大，继续反应生成的产物就在原相的基础上长大，不需要新相核，这样反应变得容易多了，反应明显加快，速度也越来越快，并达到最大值，此期间称为加速期（Ⅱ），也称为自动催化期，而催化剂是还原出来的金属铁；各晶核发展出来的反应界面达到最大值后，导致了向缩小的方向发展，使反应速度逐渐下降，把反应速度最大值以后的这段称为前沿汇合期（Ⅲ）。从图 4-11 的分析看出，铁氧化物的还原速度主要取决于新相核形成的难易程度和新相生成的自动催化作

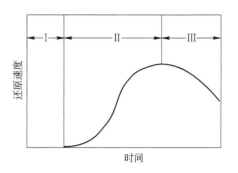

图 4-11　氧化铁还原速度变化特性
Ⅰ—诱导期；Ⅱ—加速期；Ⅲ—前沿汇合期

用。还原速度最大值出现的快慢与温度有关，随着温度的升高，反应速度加快，达到最大值的时间缩短。

　　理论研究和实践表明，在高温下，还原反应容易处于扩散速度范围内，而在低温下容易处于化学反应速度范围内。随着温度的升高，还原反应的化学反应速度和扩散速度均增加，但前者比后者增加更快。因此，在高温下，扩散速度通常是控制环节。

　　总的看来，高炉内大部分区域温度较高，而矿石粒度一般都较大，因此，铁矿石被气体还原剂还原的过程主要处于扩散速度范围内；同时，由于高炉内煤气流速很快，致使气体边界层非常薄，因而还原速度主要的限制环节为内扩散。所以，任何能改善矿石内扩散条件的措施，如使用具有高孔隙率的烧结矿、球团矿和适当减小矿石粒度等，都能有效地提高还原速度。

4.9.3　影响铁矿石还原反应速度的因素

　　高炉内铁矿石还原过程的快慢，主要取决于煤气流和矿石的特性。煤气流的特性主要是指煤气的温度、压力、流速和成分等，而矿石的特性主要是指矿石的粒度、孔隙率和矿物的组成等。

4.9.3.1　煤气的特性对铁矿石还原反应速度的影响

　　A　煤气中 CO 和 H_2 浓度的影响

　　提高煤气中 CO 和 H_2 的浓度，既可以提高还原过程中的内、外扩散速度，又可提高其化学反应速度，从而可以加快铁矿石的还原。实验结果表明：铁矿石的还原速度随着煤气中 CO 和 H_2 浓度的增加而增加，随 CO_2 和 H_2O 浓度的增加而减慢。这是因为煤气中 CO 和 H_2 浓度的增加必然要增加它们与固体氧化物接触的机会，从而加快内、外扩散的速度和表面反应的速度，加快铁矿石的还原；相反，CO_2 和 H_2O 浓度的增加不仅冲淡了煤气中的还原剂浓度，而且必然要促进逆反应的进行，阻碍还原过程，从而减慢还原速度。从热力学条件来说，煤气中 CO 和 H_2 的浓度必须高于还原温度下的平衡浓度，还原才能进行，而 CO 和 H_2 的浓度越高，煤气的还原能力越强，还原速度也越快。

　　B　煤气温度的影响

　　随着温度的升高，界面化学反应速度和扩散速度随温度的升高而加快。因此，高温对加速

铁矿石的还原有利,尤其是扩大 800~1000℃ 的间接还原区,对加速高炉内的还原过程是关键。从分子运动理论的观点来看,这是因为高温下分子运动激烈,增加了氧化物分子与还原剂碰撞的机会;同时,高温下活化分子数目增加,促进还原反应进行。

C　煤气流速的影响

当反应处于外部扩散速度范围时,提高煤气的流速对加快还原速度是非常有利的。这是因为提高煤气流速,有利于冲散固体氧化物周围阻碍还原剂扩散的气体薄膜层,使还原剂直接到达氧化物的表面。但是,当气流速度提高到一定程度后(即超过临界速度),气体薄膜层完全冲走,随即反应速度受内扩散速度或界面反应速度的控制,此时进一步提高煤气流速就不再起加快还原速度的作用,而高炉内部的煤气流速远超过临界速度,所以煤气速度对炉内矿石还原过程没有影响。相反,由于煤气流速过快而煤气利用率变坏,对高炉冶炼不利。因此,煤气流速必须控制在适当的水平上。

D　煤气压力的影响

提高煤气压力阻碍碳的熔损反应,使其平衡逆向移动,提高气相中 CO_2 消失的温度,这就相当于扩大了间接还原区,对加快还原过程是有利的。同时,从分子运动理论的观点看来,提高煤气压力使气体密度增大,增加了单位时间内与矿石表面碰撞的还原剂分子数,从而加快了还原反应。但是,随着压力的提高,还原速度并不呈比例增加。这是因为提高压力以后,还原产物 CO_2 和 H_2O 的吸附能力也随之增加,阻碍还原剂的扩散。同时,由于碳的熔损反应的平衡逆向移动,气相中的 CO_2 浓度增加,更接近 CO 间接还原的平衡组成,这些对铁氧化物的还原是不利的。因此,提高压力对加快还原的作用是不明显的,提高压力的主要意义在于降低压差,改善高炉顺行,为强化高炉冶炼提供可能性。

4.9.3.2　矿石的特性对铁矿石还原反应速度的影响

A　矿石粒度的影响

同一重量的矿石,粒度越小,与煤气的接触面积越大,煤气利用率越高。而对每一个矿粒来说,在表面被还原的金属铁层厚度相同的情况下,粒度越小,相对还原度越大。因此,缩小粒度能提高单位时间内的相对还原度,从而加快矿石的还原速度。同时,缩小矿石粒度,缩短了扩散行程和减少了扩散阻力,从而加快了还原反应的进行。

但是,粒度缩小到一定程度以后,固体内部的扩散阻力越来越小,最后由扩散速度范围转入到化学反应速度范围,此时,进一步缩小矿石粒度也就不再起加快还原的作用,这一粒度称为临界粒度。高炉条件下的临界粒度约为 3~5mm。另外,粒度过小会恶化炉内料柱的透气性,不利于还原反应。

对大中型高炉来说,比较合适的矿石粒度范围应是 10~25mm,对难还原的磁铁矿和小高炉来说则更小一些。

B　矿石孔隙率的影响

矿石的孔隙率是影响其还原性的主要因素之一。孔隙率大且分布均匀的矿石还原性好,因为孔隙率大,矿石与煤气接触的面积大,同时,也减少了矿石内部气体的扩散阻力。

各种矿石的还原性由高到低的顺序是:球团矿→褐铁矿→烧结矿→菱铁矿→赤铁矿→磁铁矿。

磁铁矿的结构最致密,还原性最差;赤铁矿的氧化度高,组织比较疏松,还原成 Fe_3O_4 时有显微气孔出现,因此比磁铁矿有较好的还原性;褐铁矿和菱铁矿的还原性都较好,是因为加热时放出 CO_2 和 H_2O,使矿石出现了许多气孔,有利于还原剂与还原产物的扩散;烧结矿由于烧结条件的不同,其还原性也不一样,它的还原性取决于孔隙率的大小、氧化度的高低和硅酸铁的多少,熔剂性烧结矿一般比赤铁矿好,但有时也有比磁铁矿差的情况。

    C   矿石矿物组成的影响

    组成矿石的矿物中,硅酸铁是影响还原性的主要因素,铁以硅酸铁的形态存在时就难还原。烧结矿中含 FeO 高,含硅酸铁也高,因此较难还原。球团矿一般都在氧化气氛中焙烧,所以 FeO 比较少,还原性好。熔剂性烧结矿之所以还原性好,是因为 CaO 对 SiO_2 的亲和力比 FeO 对 SiO_2 的亲和力大,它能分离硅酸铁,减少烧结矿中硅酸铁的含量。

复习思考题

4-1   简述氧化物还原反应的基本原理,并写出还原反应的通式。

4-2   写出铁氧化物还原反应的顺序,并说明铁氧化物转变为金属铁的过程。

4-3   写出金属氧化物还原反应的顺序,并指出哪些氧化物易还原,哪些难还原,哪些不能还原。

4-4   写出用 CO 还原铁氧化物的化学反应式,并简述其反应的特点。

4-5   写出用固定碳还原铁氧化物的化学反应式,并简述其反应的特点。

4-6   写出 H_2 还原铁氧化物的化学反应式,并简述其反应的特点。

4-7   图 4-3 中,铁及其氧化物稳定存在的区域怎样划分?在温度为 900℃ 时,若煤气成分为 $\varphi(CO) = 55\%$($\varphi(CO) + \varphi(CO_2) = 100\%$),试问在此条件下 FeO 能否稳定存在?

4-8   碳的气化反应对铁的氧化物还原有何影响,若压力改变将带来什么变化?

4-9   碳的气化反应指的是什么?写出其反应式,并指出碳的气化反应对高炉冶炼有何影响。

4-10   CO 与 H_2 作还原剂有何差异,它们的利用率如何表示?

4-11   在 900℃ 的条件下,由 Fe_3O_4 还原成铁,气相中 CO 的浓度至少应达到多少?并在图 4-3 中标出该点的位置。

4-12   何谓直接还原、间接还原,二者对高炉冶炼的影响有何不同?

4-13   高炉条件下,铁的还原反应限制性环节是什么?就此分析降低焦比的途径。

4-14   简述非铁元素在高炉内的还原。

4-15   写出硅酸铁还原的反应式,并说明减少硅酸铁的措施。

4-16   影响焦比的因素有哪些,降低焦比的措施有哪些?

4-17   说明高炉中硅、锰的还原。

4-18   说明高炉中硫、磷的还原及其对生铁质量的影响。

4-19   说明高炉中铅、锌、砷的还原及其对高炉冶炼的影响。

4-20   概述生铁的形成过程,从中分析怎样调控生铁的成分。

4-21   简述影响铁氧化物还原速度的因素。

5 造渣和脱硫

5.1 高炉造渣过程

5.1.1 炉渣的作用

高炉冶炼不仅要求还原出金属铁，而且还要求未被还原的 Si、Ca、Mg、Al、Ti 等元素的氧化物以及金属硫化物形成炉渣，使铁与炉渣熔化。由于炉渣具有熔点低、密度小和不溶于生铁的特点，所以，高炉冶炼过程中渣、铁得以分离并从而获得纯净的生铁，这就是高炉造渣过程的基本作用。另外，炉渣对高炉冶炼还有以下几方面的作用：

（1）渣、铁之间进行合金元素的还原及脱硫反应，起着控制生铁成分和质量的作用。例如，高碱度渣能促进脱硫反应，有利于锰的还原，从而提高生铁质量；SiO_2 含量高的炉渣促进硅的还原，从而控制生铁含硅量等。

（2）初渣的形成造成了高炉内的软熔带和滴落带，对炉内煤气流分布及炉料的下降都有很大的影响。因此，炉渣的性质和数量对高炉操作直接产生作用。

（3）炉渣附着在炉墙上形成"渣皮"，起保护炉衬的作用。但是另一种情况下又可能侵蚀炉衬，起破坏性作用。因此，炉渣成分和性质直接影响高炉寿命。

总之，造渣过程是高炉内主要的物理化学变化过程之一，而且极为复杂。造渣过程与高炉冶炼的技术经济指标有着密切的关系。所以，在控制和调整炉渣成分和性质时，必须兼顾上述几方面的作用。

5.1.2 炉渣的主要成分及分类

5.1.2.1 炉渣的主要成分

炉渣的主要成分是 SiO_2、Al_2O_3、CaO、MgO，它们主要来自以下几个方面：（1）矿石中的脉石；（2）燃料（焦炭）灰分；（3）熔剂氧化物；（4）侵蚀的炉衬；（5）初渣中含有大量矿石中的氧化物（如 FeO、MnO 等）。对炉渣性质起决定性作用的是前 3 项。

脉石和灰分的主要成分是酸性氧化物 SiO_2 和 Al_2O_3，而碱性氧化物 CaO 和 MgO 的含量很少。为了保证形成良好的炉渣，就需要加入一定量的含 CaO、MgO 高的碱性熔剂（石灰石、白云石）。当这些氧化物单独存在时熔点都很高，高炉条件下不能熔化。例如，SiO_2、Al_2O_3、CaO、MgO 的熔点分别是 1713℃、2050℃、2570℃、2800℃。只有它们之间相互作用形成低熔点化合物，才能熔化成具有良好流动性的熔渣。原料中加入熔剂的目的就是为了中和脉石和灰分中的酸性氧化物，形成高炉条件下能熔化并自由流动的低熔点化合物。炉渣的主要成分就是上述 4 种氧化物。

用特殊矿石冶炼时，根据不同的矿石种类，炉渣中还会有 CaF_2、TiO_2、BaO、MnO 等氧化物。另外，高炉渣中总是含有少量的 FeO 和硫化物（CaS）。

5.1.2.2　炉渣的碱度

炉渣的碱度就是用来表示炉渣酸碱性的指标。尽管炉渣的氧化物种类很多，但对炉渣影响较大和炉渣中含量最多的是 CaO、MgO、SiO$_2$、Al$_2$O$_3$ 这 4 种氧化物，因此，通常用其中的碱性氧化物 CaO、MgO 和酸性氧化物 SiO$_2$、Al$_2$O$_3$ 的质量分数之比来表示炉渣碱度，常用的有以下几种：

（1）二元碱度 $R = w(\text{CaO})/w(\text{SiO}_2)$

（2）三元碱度 $R = (w(\text{CaO}) + w(\text{MgO}))/w(\text{SiO}_2)$

（3）四元碱度 $R = (w(\text{CaO}) + w(\text{MgO}))/(w(\text{SiO}_2) + w(\text{Al}_2\text{O}_3))$

高炉生产中可根据各自炉渣成分的特点，选择一种最简单又具有代表性的表示方法。渣的碱度在一定程度上决定了其熔化温度、黏度及黏度随温度变化的特征、脱硫和排碱能力等。因此，碱度是非常重要的代表炉渣成分的实用性很强的参数。现场常用二元碱度（$R = w(\text{CaO})/w(\text{SiO}_2)$）作为炉渣参数。

5.1.2.3　碱性渣和酸性渣

炉渣按成分不同，可分为碱性氧化物和酸性氧化物两大类。现代炉渣理论认为，熔融炉渣是由离子组成的。熔融炉渣中能提供氧离子的氧化物，称为碱性氧化物；反之，能吸收氧离子的氧化物，称为酸性氧化物；有些既能提供氧离子又能吸收氧离子的氧化物，则称为中性氧化物或两性氧化物。组成炉渣的各种氧化物按其碱性的强弱排列如下：

K$_2$O > Na$_2$O > BaO > PbO > CaO > MnO > FeO > ZnO > MgO > CaF$_2$ > Fe$_2$O$_3$ > Al$_2$O$_3$ > TiO$_2$ > SiO$_2$ > P$_2$O$_5$

其中，CaF$_2$ 以前可视为碱性氧化物，Fe$_2$O$_3$、Al$_2$O$_3$ 可视为中性氧化物，而 TiO$_2$、SiO$_2$、P$_2$O$_5$ 为酸性氧化物。碱性氧化物可与酸性氧化物结合形成盐类，如 CaO·SiO$_2$、2FeO·SiO$_2$ 等，并且酸碱性相距越大，结合力就越强。以碱性氧化物为主的炉渣称为碱性炉渣，以酸性氧化物为主的炉渣称为酸性炉渣。生产中常把二元碱度 $w(\text{CaO})/w(\text{SiO}_2) > 1.0$ 的渣称为碱性渣，把 $w(\text{CaO})/w(\text{SiO}_2) < 1.0$ 的渣称为酸性渣，把 $w(\text{CaO})/w(\text{SiO}_2) = 1.0$ 的渣称为中性渣。

5.1.2.4　长渣和短渣

（1）长渣。在黏度 – 温度曲线上无明显转折点的炉渣称为长渣，即图 5-1 所示的炉渣 B。一般，酸性渣属于长渣，其特点是在取渣样时，渣液能拉成长丝，冷却后渣样断面呈玻璃状。

（2）短渣。与长渣相反，在黏度 – 温度曲线上有明显转折点的炉渣称为短渣，即图 5-1 所示的炉渣 A。一般，碱性渣属于短渣，其特点是在取渣样时，渣液不能拉成长丝，冷却后渣样断面呈石头状。

5.1.3　炉渣的形成过程

高炉造渣过程是伴随着炉料的加热和还原而产生的重要过程，即物态变化和物理化学变化过程。

各种炉料在炉内下降过程中的变化是不一样的。其中，焦炭一直保持固体状态，除少部分炭素参加还原和生铁渗碳外，其余绝大部分

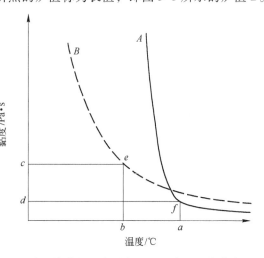

图 5-1　炉渣熔化性温度示意图（黏度 – 温度曲线图）

到达风口时才燃烧而气化。因此,除作还原剂和发热剂外,焦炭在炉内还起料柱骨架作用,对料柱的透气性影响很大。石灰石在下降过程中,从530℃开始分解,在900~925℃时大量分解,1000℃以上石灰石完全分解,分解生成的 CaO 直至初渣以大量滴状流过其表面时才被溶解,参加造渣,这个过程直到风口时才大部分完成。矿石在炉内下降过程中经历的几个阶段的变化见图5-2。

5.1.3.1 高炉内不同区域的物理化学变化和物态变化

铁矿石在下降过程中,受上升煤气的加热,温度不断升高。随着温度的升高,矿石发生一系列物理化学变化,其物态也不断改变,使高炉内形成不同的区域:块状带、软熔带、滴落带、渣铁盛聚带和燃烧带(见图5-2)。

A 块状带

块状带发生游离水蒸发、菱铁矿和结晶水分解、矿石的间接还原(还原度可达0.3~0.4)等变化。但是矿石仍保持固体状态,脉石中的氧化物与还原出来的低价铁和锰氧化物发生固相反应,形成部分低熔点化合物,为矿石的软化和熔融创造了条件。

B 软熔带

固相反应生成的低熔化点化合物在温度升高和上面料柱的重力作用下开始软化和相互黏结,随着温度的继续升高和还原的进行,液相数量增加,最终完全熔融,并以液滴或冰川状向下滴落。这个从软化到熔

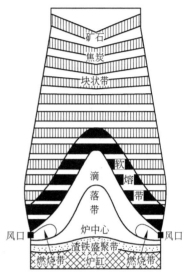

图 5-2 高炉断面各带分布图

融的矿石软熔层与焦炭层间隔地形成了软熔带。一般软熔带的上边界温度在1100℃左右,而下边界温度在1400℃左右。所以,在软熔带内完成的是矿石由固体转变为液体的变化过程以及金属铁与初渣的分离过程,即还原出的金属经部分渗碳而熔点降低,熔化成为液态铁滴,脉石则以低价铁氧化物和锰氧化物等形态形成液态初渣。

C 滴落带

滴落带在软熔带之下,是填满焦炭的区域。在软熔带内熔化成铁滴和汇集成渣滴或冰川流的初渣滴落至此带,穿过焦柱而进入炉缸。穿过此带的炉渣称为中间渣。在此带中,铁滴继续完成渗碳和溶入直接还原成元素的 Si、Mn、P、S 等,而炉渣成分则发生较大变化,由中间渣转化成终渣。

D 渣铁盛聚带

这是从滴落带来的铁和渣聚集的地区,在这里,铁滴穿过渣层时在渣层与铁层的交界面上进行着渣铁反应,最突出的是硅的氧化和脱硫。

E 燃烧带

风口前焦炭在鼓风动能作用下做回旋运动燃烧的区域,称为燃烧带。这个区域中心呈半空状态。该区域内焦炭燃烧,是高炉内热量和气体还原剂的主要产生地,也是高炉内唯一存在的氧化性区域(见第6章图6-4)。

5.1.3.2 炉渣的形成

块状带内,固相反应形成低熔点化合物是造渣过程的开始;在软熔带内,低熔点化合物首先呈现少量液相,开始软化黏结,随着温度的进一步升高,液相数量增多,产生流动并进行渣

铁分离，在软熔带内形成初渣。初渣的特点是：FeO 和 MnO 含量高，碱度偏低（相当于天然矿和酸性氧化球团矿自身的碱度），成分不均匀；初渣从软熔带滴下后成为中间渣，在穿越滴落带时中间渣的成分变化很大，FeO 和 MnO 被还原而降低，熔剂中或高碱度烧结矿中的 CaO 进入使中间渣碱度升高，甚至超过终渣的碱度，直到接近风口中心线吸收随煤气上升的焦炭灰分后，碱度才逐步降低。中间渣穿过焦柱后进入炉缸聚集，在下炉缸渣铁盛聚带内完成渣铁反应，吸收脱硫产生的 CaS 和硅氧化生成的 SiO_2 等，从而转化为终渣。

5.1.4　造渣过程对高炉冶炼的影响

造渣过程对高炉冶炼影响较大的两个因素是软熔带的厚度和高度，其次是渣量和造渣过程的稳定性。

5.1.4.1　软熔带的厚度和高度

造渣过程中，炉渣在软熔带形成（故也把此带称为成渣带），软熔带对高炉料柱透气性影响最大。

A　软熔带的厚度

软熔带是上升气流的最大阻力区，它也同时决定着煤气流的分布状况。高炉解体研究表明，炉料在下降过程中始终保持着层状分布，只是层的厚度逐渐减小。因此，炉缸煤气在经过滴落带液相区之后，必须经过两个矿石软熔层之间的横向焦炭夹层，然后进入块状带固相区。焦炭夹层横向通道的长短取决于软熔带的厚度，它是影响煤气流压力降的主要因素。软熔带越厚，横向通道越长，造成的压力损失越大，对下降炉料的阻力越大，这样不利于高炉顺行。

软熔带的厚度取决于矿石的软化特性。矿石软化区间越宽，软熔带越厚，对煤气流的阻力越大，对高炉顺行不利。一般含铁品位低、酸性脉石含量多和脉石成分分布不均匀的矿石，其软化区间宽，软熔带较厚。高品位的自熔性烧结矿，脉石量少、脉石分布均匀及还原性好，故软化温度高，而且软化区间窄，软熔带位置低而薄，这对减少煤气阻力是有利的。

B　软熔带的高度

软熔带的高度对炉缸温度有很大的影响。通常成渣位置在炉腰附近，软熔带过高、过低都不利于顺行。软熔带过高的炉渣，由于加热不充分，流入炉缸时带入的热量少；且由于还原不充分，渣中的 FeO 含量高，这样，下降过程中参加直接还原将吸收很多热量，导致炉缸热量不足。初渣中 FeO 含量高，对高炉冶炼是很不利的。采用天然矿的高炉，很容易生产出 FeO 含量高的初渣。这些 FeO 在下降过程中被还原，不仅吸收热量，而且由于渣中 FeO 含量降低时 CaO 含量的上升，从而使炉渣熔化温度和黏度提高。因此，如果温度的提高跟不上熔化性能的变化，就可能导致已熔化的炉渣重新凝结，即出现现场常说的炉渣"返干"现象，其结果是使高炉难行，产生悬料、结瘤等事故，这也是天然矿冶炼容易结瘤的一个原因。用还原性好的烧结矿，由于初渣中 FeO 含量小、成分均匀稳定，软熔带高度也比较低，所以高炉运行状况会大大得到改善。但是，软熔带过低也不利于高炉冶炼，如果直到炉腹才开始熔化成渣，则因炉腹形状是上大下小的圆锥，与炉料受热膨胀不相适应，会引起炉料在炉腹处干卡塞，造成难行。因此在操作时，希望保持适当低的软熔带。

软熔带的高度决定了矿石软化开始温度、炉内温度分布及矿石的还原性。矿石软化温度越低，初渣出现得越早，软熔带位置越高；反之，矿石软化温度越高，初渣出现越晚，软熔带位置越低。酸性脉石含量较多的矿石，其软化开始温度较低，位置较高。炉内沿高炉高度方向上的温度分布，取决于焦比、风温、炉内煤气流的分布等因素。

所以，一般希望矿石软化温度要高些，软化区间要窄些。这样，软熔带位置较低，初渣温度较高，软熔带较窄，对煤气阻力较小。一般矿石软化温度波动在900~1200℃之间。

5.1.4.2 渣量对高炉运行的影响

渣量大，软熔带厚，煤气阻力将增加；同时，渣量大，则在滴落带焦炭块之间的空隙中，炉渣所占的体积增加，而液相密度较小，且煤气通过的截面积也缩小。这样，煤气阻力增大，容易导致液泛现象，造成高炉悬料。

5.1.4.3 造渣过程稳定性对高炉运行的影响

造渣过程的波动将导致软熔带高度和厚度的变化，从而影响高炉顺行。因此，在高炉操作中都希望造渣过程尽量稳定。引起波动的主要原因是，原燃料成分和质量的波动、操作上的错误以及设备故障等。

为了达到良好的冶炼要求，高炉力求造渣过程和初渣性质稳定；高炉截面上造渣均匀；尽量减薄软熔带的厚度，这主要取决于矿石的种类和品位。一般说，矿石品位越高，渣量越少，矿石软化温度越高，软化区间越小，软熔带越薄。自熔性烧结矿和球团矿就具有这些性质，因此，在高炉冶炼中就比一般矿石好。

5.2 炉渣的性质及对高炉冶炼过程的影响

5.2.1 炉渣的熔化性

炉渣的熔化性能表示炉渣熔化的难易程度。若炉渣需要在较高温度下才能熔化，称为难熔炉渣；相反，则称为易熔炉渣。炉渣的熔化性通常用其熔化温度和熔化性温度来表示。

5.2.1.1 炉渣的熔化温度

炉渣的熔化温度是过热的液体炉渣冷却过程中开始结晶时的温度，或固体炉渣加热时晶体完全消失的温度，也就是状态图上的液相线温度。高炉渣的成分主要是四种氧化物：CaO、SiO_2、Al_2O_3和MgO，其等熔化温度曲线表示在图5-3~图5-5上。由于四元相图表示方法复杂，所以图5-3~图5-5采用组分Al_2O_3质量分数分别固定为5%、10%、20%的三元相图，坐标轴刻度加上Al_2O_3的量正好为100%。

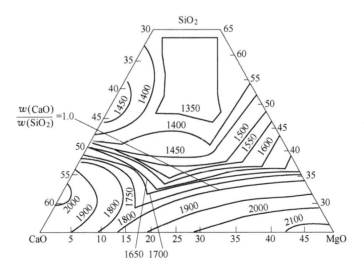

图5-3 四元系等熔化温度图（$w(Al_2O_3) = 5\%$）

　　图5-3～图5-5是范围经过缩小的相图，但仍包括了所有高炉渣成分的 CaO – SiO$_2$ – Al$_2$O$_3$ – MgO 四元系渣成分的等熔化温度图（图中等温线旁数字为温度，单位为℃；坐标的组元成分含量为质量分数）。从图中可看出：在 5% ≤ w(Al$_2$O$_3$) ≤ 20%，w(MgO) ≤ 20%，R ≈ 1.0 的区域里，其熔渣的熔化温度比较低。当 w(Al$_2$O$_3$) 低时，随着碱度增加，熔渣的熔化温度增加较快；当 w(Al$_2$O$_3$) > 10% 以后，碱度增加、熔化温度增加较慢，低熔化温度区域扩大了，炉渣稳定性有所增加，这是由于有较多的酸性成分 Al$_2$O$_3$ 存在，削弱了碱度作用的缘故。

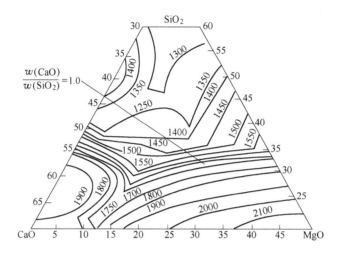

图 5-4　四元系等熔化温度图（w(Al$_2$O$_3$) = 10%）

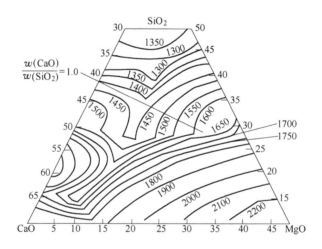

图 5-5　四元系等熔化温度图（w(Al$_2$O$_3$) = 20%）

　　实际高炉渣除四元之外还有其他成分，其处理方法有两种：一是只取 CaO、SiO$_2$、Al$_2$O$_3$ 和 MgO 四元数值，舍弃其他成分，并把四元折算成 100% 后再查图；二是把性质相似的成分进行合并，如 MnO、FeO 并入 CaO 中，最后合并成 CaO、SiO$_2$、Al$_2$O$_3$、MgO 四元再查图。查出的熔化温度值比实际炉渣成分完全熔化的液相温度要低 100～200℃，但与实际炉渣出炉时的温度基本相似。

熔化温度只表明炉渣加热时晶体完全消失、变成均匀液相时的温度。但有的炉渣（特别是酸性渣）在均一液相下也不能自由流动，仍然十分黏稠，不能满足高炉正常生产的要求。所以，熔化温度并不等于炉渣自由流动的温度，由此提出一个新的概念——熔化性温度。

5.2.1.2　炉渣的熔化性温度

炉渣熔化之后能自由流动的温度称为熔化性温度。有的炉渣虽然熔化温度不高，但熔化之后却不能自由流动，仍然十分黏稠，只有把温度进一步提高到一定程度之后，才能达到自由流动的状态。因此，为了保证高炉的正常生产，只了解炉渣的熔化温度还不够，还必须了解炉渣自由流动的温度，即熔化性温度。熔化性温度把熔化和流动联系起来考虑，能较确切地表明炉渣由自由流动变为不能自由流动时的温度值，这就克服了熔化温度的局限性。

熔化性温度是通过绘制炉渣黏度－温度曲线的方法来确定的，如图 5-1 所示。对于成分为 A 的炉渣，曲线 A 有明显的转折点 f，通常我们就把 f 点所对应的温度作为该炉渣的熔化性温度；对于成分为 B 的炉渣，曲线 B 没有明显的转折点，通常我们就把其黏度值为 $2.0 \sim 2.5$ Pa·s 的点 e 所对应的温度作为该炉渣的熔化性温度，因为炉渣自由流动的最大黏度为 $2.0 \sim 2.5$ Pa·s。有时，我们也用横坐标作黏度－温度曲线的"45°切线"来确定熔化性温度，把 45°斜线与黏度－温度曲线的相切点作为熔化性温度。

5.2.2　炉渣的稳定性

炉渣的稳定性是指炉渣成分和温度发生变化时，其熔化性温度和黏度是否保持稳定。稳定性好的炉渣，遇到高炉原料成分波动或炉内温度变化时，仍能保持良好的流动性，从而维持高炉正常生产。稳定性差的炉渣，则经不起炉内温度和炉渣成分的波动，黏度发生剧烈的变化而引起炉况不顺。高炉生产要求炉渣具有较高的稳定性。

炉渣的稳定性分为热稳定性和化学稳定性。热稳定性可以通过炉渣黏度－温度曲线转折点温度（即熔化性温度）的高低和转折的缓急程度（即长渣、短渣）来判断，而化学稳定性则可以通过等黏度曲线和等熔化温度曲线随成分变化的梯度来判断。

炉渣稳定性影响炉况稳定性。使用稳定性差的炉渣容易引起炉况波动，给高炉操作带来困难。

5.2.3　炉渣的黏度

5.2.3.1　炉渣黏度对冶炼的影响

炉渣黏度直接关系到炉渣流动性的好坏，也直接影响着高炉顺行、生铁质量、炉墙侵蚀程度、炉前放渣操作等，所以，炉渣黏度是高炉工作者十分关心的一个指标。

炉渣黏度是与流动性相反的概念，它是指流动速度不同的两个液层间的内摩擦系数。黏度越低，流动性越好。高炉上用 Pa·s（帕秒）来表示炉渣黏度，一般希望高炉渣的黏度为 $0.2 \sim 0.6$ Pa·s。

黏度大的炉渣，会增加炉料下降的阻力，降低煤气从下向上的通过能力，使炉料透气性变坏；另外，黏度过大的炉渣流动慢，加热时间长，有利于提高炉温，但不利于高炉顺行。而黏度过小的炉渣，流动性很好，有利于顺行，但不利于提高炉缸温度。因此在实际操作中，二者要综合考虑，炉渣黏度要适宜。

5.2.3.2　影响炉渣黏度的因素

影响炉渣黏度的因素主要是温度和炉渣成分。

A　温度

炉渣黏度随温度升高都是降低的，流动性变好。但对长渣与短渣而言则有所不同，一般短渣在高于熔化性温度后，黏度较低，变化不大；而长渣在高于熔化性温度后，黏度仍随温度的升高而降低，但一般其黏度值高于短渣，这可以用炉渣的离子结构理论加以解释。

  B 炉渣成分

  （1）碱度的影响。CaO 与 SiO_2 是决定炉渣性能的主要成分，二者之和常高达 70% 以上。原料条件不变时，碱度在一定程度上决定了炉渣的熔化性、黏度和脱硫能力。从实际情况和实验得知：炉渣 $w(CaO)/w(SiO_2)$ 的值在 0.8~1.2 之间时黏度最低，之后继续增加碱度，黏度急剧升高；当 $w(CaO)/w(SiO_2) < 0.8$ 时，随碱度的降低，黏度也升高。

  （2）MgO 的影响。在一定范围内，随着炉渣中 MgO 的增加其黏度下降。当 MgO 含量不超过 10% 时，能降低黏度。由于炉渣中 MgO 的含量提高后，炉渣黏度受碱度提高的影响将明显减少，所以，从改善炉渣流动性、提高稳定性的观点看，炉渣中含 6%~8% 的 MgO 是非常必要的。这种渣在炉温和渣中其他成分变化时，仍然能保持良好的流动性，有利于高炉顺行，并能充分发挥炉渣的去硫作用。

  （3）Al_2O_3 的影响。Al_2O_3 有助熔作用，加入到碱度高的渣中能降低黏度。当 $w(Al_2O_3) > 15\%$ 时，随着 Al_2O_3 含量的增加，炉温的熔化性温度和黏度升高。但对于小高炉，易引起炉缸堆积。

  （4）FeO 和 MnO 的影响（二者对渣黏度和熔化性的影响相类似，但 FeO 对酸性渣黏度的影响较强烈，而 MnO 对碱性渣黏度的影响较大）。FeO 能显著降低炉渣黏度。一般终渣含 FeO 很少，约 0.5%，影响不大。FeO 的影响主要表现在初渣及其在下降过程中，初渣中过高的 FeO 会使渣的熔化温度和黏度上升，影响高炉顺行。冶炼炼钢生铁时，对锰含量不做要求。对难熔炉渣，MnO 具有较强的稀释作用，正因如此，有时高炉在操作中加锰矿，以去除黏结在炉墙上和堆积在炉缸内的难熔炉渣。

  （5）CaF_2 的影响。CaF_2 能显著降低渣的熔化温度和黏度，即能促进 CaO 的熔化，同时还能与 CaO 形成低熔点（1386℃）的共熔体，消除渣中难熔的组分。因此，含氟的炉渣熔化性温度低，流动性好，在炉渣碱度很高时（$R = 1.5~3.0$），仍能保持良好的流动性。高炉生产常用萤石作洗炉剂，但要避免经常使用大量萤石洗炉，以减少对炉衬的侵蚀。

  （6）CaS 的影响。渣中 $w(CaS) < 7\%$ 时，能降低黏度，原因可能是 CaO 与 S 生成了 CaS，降低了炉渣的实际碱度，从而降低了熔化温度和黏度；对酸性渣，增加 CaS 反而会使黏度升高。

  （7）TiO_2 的影响。当碱度为 0.8~1.4、TiO_2 含量在 10%~20% 的范围内时，钛渣的熔化性温度在 1300~1400℃ 之间，1500℃ 温度下其黏度在 5Pa·s 以下。碱度相同时，炉渣熔化性温度随 TiO_2 含量的增加而升高，但黏度随 TiO_2 含量的增加而降低。由此看来，钛渣在高炉内有自动变稠的特性，这是由于 TiN 和 TiC 不能熔化的缘故，它们常呈弥散状悬浮于炉渣中，致使炉渣变稠而失去流动性，影响脱硫和正常的出铁、出渣。因此，冶炼钒钛矿时必须防止 TiO_2 的还原。目前采取的方法是，向炉缸渣层中喷射空气或矿粉，造成氧化气氛，以阻止或减少 TiO_2 的还原，消除炉渣稠化，保证高炉的正常生产。

5.3 炉渣结构理论

  很多研究表明，炉渣是由很多矿物组成的。迄今为止，关于熔融炉渣的研究有两种理论：分子结构理论和离子结构理论。

5.3.1 炉渣的分子结构理论

分子结构理论，是以凝固炉渣的岩相分析和化学分析等为依据而提出来的。它认为液态炉渣和固态炉渣一样是由各种矿物分子构成的，其理论要点是：

（1）熔融炉渣是由各种不带电的自由氧化物分子和由这些氧化物所形成的复杂化合物分子所组成。自由氧化物分子有 SiO_2、Al_2O_3、P_2O_5、CaO、MgO、FeO、MnO、CaS、MgS 等，复杂化合物有 $CaO \cdot SiO_2$、$2FeO \cdot SiO_2$、$3CaO \cdot Fe_2O_3$、$2MnO \cdot SiO_2$、$3CaO \cdot P_2O_5$、$4CaO \cdot P_2O_5$ 等。

（2）酸性氧化物和碱性氧化物相互作用形成复杂化合物，且处于化学动平衡状态。温度越高，复杂化合物的离解程度越高，熔渣中的自由氧化物浓度越高；温度降低，自由氧化物浓度降低。

（3）只有炉渣中的自由氧化物才能参加反应。例如，只有炉渣中的自由 CaO 才能参加渣铁间的脱硫反应：

$$[FeS] + (CaO) =\!=\!= (CaS) + (FeO) \tag{5-1}$$

当炉渣中的 SiO_2 增加时，由于与 CaO 作用形成复杂化合物，减少了自由 CaO 的数量，从而降低了炉渣的脱硫能力。因此，要提高脱硫能力，必须提高碱度。

（4）熔渣是理想溶液，可以用理想溶液的各种定律来进行定量计算。

这种理论由于无法解释后来发现的炉渣的电化学特性和炉渣黏度随碱度发生巨大变化等现象，逐渐被淘汰。不过，在判断反应进行的条件、难易程度、方向及进行热力学计算等方面，至今仍然沿用。

5.3.2 炉渣的离子结构理论

炉渣的离子结构理论，是根据对固体炉渣的 X 射线结构分析和对熔融炉渣的电化学试验结果提出来的。对碱性和中性固体炉渣的 X 射线分析表明，它们都是由正、负离子相互配位所构成的空间点阵结构。酸性氧化物虽然不是由离子构成的，但是 SiO_2 所生成的硅酸盐却是由金属正离子和硅酸根负离子组成的。硅酸根离子（SiO_4^{4-}）中，Si 和 O 之间是共价键，而硅酸根与金属之间是离子键。对熔渣进行电化学试验的结果表明，熔体能导电，有确定的电导值，与典型的离子化合物的电导值差不多，且随着温度的升高导电性增强，这正是离子导电的特性。熔渣可以电解，在阴极上析出金属。以上这些现象用熔渣的分子结构理论是无法解释的，于是提出了熔渣的离子结构理论。

离子结构理论认为：

（1）液态炉渣是由各种不同的正、负离子所组成的离子溶液。

（2）构成熔渣的碱性氧化物形成正离子和氧离子，如 Ca^{2+}、Mg^{2+}、Mn^{2+}、Fe^{2+} 和 O^{2-}；而酸性氧化物则吸收氧离子形成复合阴离子，如 SiO_4^{4-}、PO_4^{3-}、AlO_2^- 等。

（3）正、负离子间的结合是由离子之间的静电力决定的。凡正离子半径越小，电荷数越多，则对负离子的静电力就越大，越易形成稳定的复合离子，如 Si^{4+}；相反，正离子半径越大，电荷数越少，对负离子的静电力就越小，则单独以正离子的形态存在。

炉渣中常见离子的半径和静电力，如表 5-1 所示。

例如，半径最小、电荷最多的 Si^{4+} 与 O^{2-} 结合力最大，它们结合形成硅氧复合负离子 SiO_4^{4-}；Al^{3+} 半径也较小、电荷较多，因此有时也与 O^{2-} 结合形成负离子 AlO_4^{5-} 或 AlO_2^-。而其他半径较大、电荷较少的离子则不能形成复合离子，只能单独以正离子的形态存在。

表 5-1　离子的半径和静电力

离子	P^{5+}	Si^{4+}	Al^{3+}	Mg^{2+}	Fe^{2+}	O^{2-}	Mn^{2+}	Ca^{2+}	S^{2-}
半径/nm	0.034	0.039	0.057	0.078	0.083	0.132	0.091	0.106	0.174
静电力/N	3.31×10^{-5}	2.74×10^{-5}	1.68×10^{-5}	0.39×10^{-5}	0.87×10^{-5}	—	0.83×10^{-5}	0.70×10^{-5}	—

（4）O 与 Si 的原子数之比不同时，一个 Si 原子的剩余电荷数也不同，可以形成不同复杂程度的硅氧复合阴离子。

硅氧复合负离子（SiO_4^{4-}），一般称为正硅酸离子，它是四面体结构，按其结构特点又称为硅氧复合四面体，如图 5-6 所示。四面体的四个顶点是氧离子，四面体中心位置上是 Si^{4+} 离子，Si^{4+} 的 4 个正化合价与 4 个氧离子的 4 个负化合价结合；而四个氧离子的其余 4 个负化合价或与周围其他正离子 Fe^{2+}、Mn^{2+}、Mg^{2+}、Ca^{2+} 等结合，或与其他硅氧四面体的 Si^{4+} 结合，形成共用顶点。构成熔渣的离子中，硅氧复合离子体积最大，四面体中 Si—O 之间的距离为 $0.132 + 0.039 = 0.171nm$，O—O 之间的距离为 $0.132 + 0.132 = 0.264nm$。同时，复合离子的结构最复杂，其周围结合的金属离子最多，因此，它是构成炉渣的基本单元，炉渣的许多性质取决于复合离子的形态。

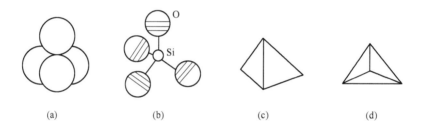

图 5-6　硅氧复合四面体的结构示意图
（a）氧离子的紧密堆积；（b）四面体示意图；（c）四面体侧面；（d）四面体平面投影

只有当 O 与 Si 原子数之比等于 4 时，1 个 Si^{4+} 与 4 个 O^{2-} 结合形成 4 个负化合价的复合负离子（络合离子），与周围的金属正离子结合形成 1 个单独单元，四面体才可以单独存在。而当 O 与 Si 原子数之比的比值减小时，四面体不能单独存在，此时是两个以上的四面体共用顶点 O^{2-}，形成数量不等的由四面体结合而成的群体负离子（络合离子），如图 5-7 所示。具有群体负离子的熔渣，其物理性质与四面体单独存在的熔渣完全不同，即熔渣的物理性质取决于复合负离子的结构形态。

以上就是熔渣离子结构理论。这种结构理论能够比较圆满地解释炉渣成分对其物理化学性质的影响，是目前得到公认的理论。

5.3.3　炉渣离子结构理论对炉渣现象的解释

应用炉渣离子结构理论，可以解释炉渣的一些重要现象，例如，解释炉渣碱度与黏度之间的关系。炉渣离子结构理论认为，炉渣黏度取决于构成炉渣的硅氧复合四面体是单独存在，还是以两个以上的、数量不等的四面体结合而成的群体负离子形式存在。比如，增加碱度，碱性氧化物 MeO 增加，MeO 离解成 Me^{2+} 和 O^{2-}，O^{2-} 进入硅氧复合离子，使 O 与 Si 原子数之比增大。当 O 与 Si 原子数之比等于 3.5 时，两个四面体结合在一起，形成 $Si_2O_7^{6-}$；当 O 与 Si 原子数之比等于 3 时，3 个四面体结合在一起形成 $Si_3O_9^{6-}$，或者 4 个四面体结合在一起形成 $Si_4O_{12}^{8-}$，

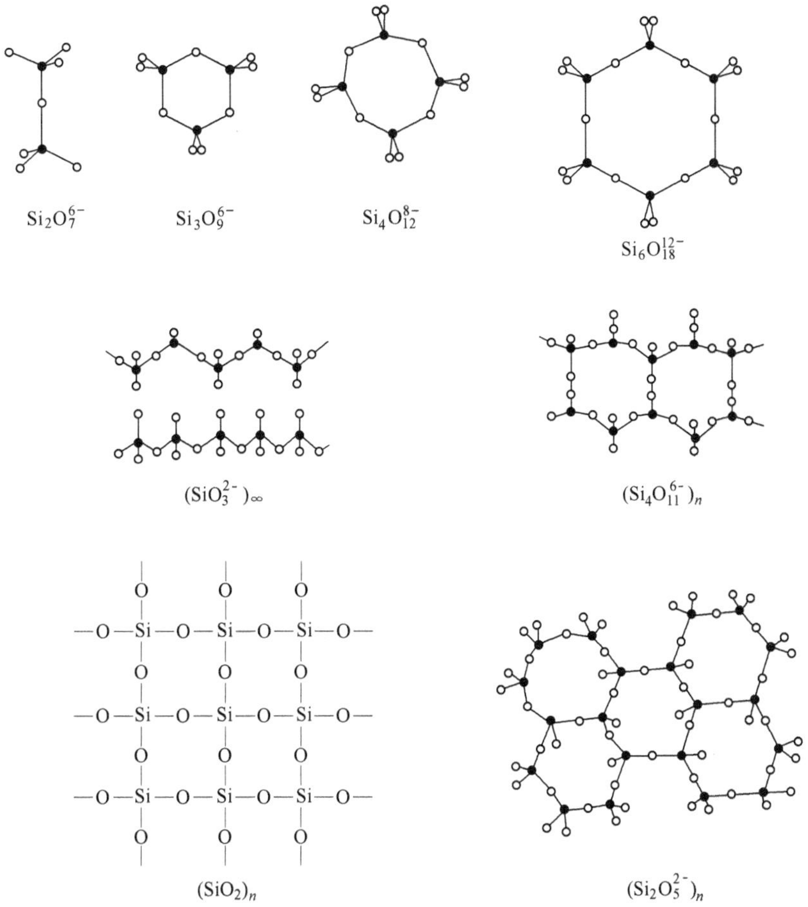

图 5-7 硅氧离子的结构示意图

或者 6 个四面体结合在一起形成 $Si_6O_{18}^{12-}$ 等。连接形成的络合离子越庞大、越复杂，炉渣黏度也越大。如果继续降低碱度，从而使 O 与 Si 原子数之比进一步降低时，就进一步出现了由众多四面体聚合而成的巨大的群体负离子，它们的结构又各不相同，有链状的 $(SiO_3)_n^{2n-}$、环带形的 $(Si_4O_{11})_n^{6-}$、层状的 $(Si_2O_5)_n^{2-}$、骨架状的 $(SiO_2)_\infty$ 等。最后一个由纯 SiO_2 组成的无限多个四面体连接形成的骨架状群体负络合离子 $(SiO_2)_\infty$，实际上已经是不能流动的了。

相反，炉渣中增加碱性氧化物 CaO、MgO、FeO、MnO 等，增加氧离子浓度，从而提高 O 与 Si 原子数之比，则复杂结构开始裂解，结构越来越简单，直到成为完全能自由流动的单独的硅氧四面体为止，此时熔渣黏度降到最小值。不过碱度过高时黏度又上升，这是由形成熔化温度很高的渣相，熔渣中开始出现不能熔化的固相悬浮物所致。

在一定温度下，炉渣碱度升高而超过某一值后，黏度反而增加，这是由熔渣成分的变化所致。熔化温度升高后，若当时的炉渣温度条件处于熔化温度之下，即液相中含有固体结晶颗粒，则破坏了熔融炉渣的均一性质，虽然高碱渣的硅氧离子结构很简单，但仍具有很高的黏度。

用离子结构理论还能解释炉渣中加入 CaF_2 会降低炉渣黏度的原因。当碱度小时，CaF_2 的影响可解释为：F^- 的作用类似于 O^{2-} 的作用，它可使硅氧离子分解，变为简单的四面体，颗粒变小，黏度降低。

对碱度高的炉渣，虽然此时硅氧复合离子已很简单，但由于 F^- 为一价，所以用 F^- 截断 Ca^{2+} 与硅氧四面体的离子键，而使颗粒变小，黏度降低。当然，加入 CaF_2 还有降低熔化温度的作用。

5.4　高炉渣成分和渣量的选择

5.4.1　高炉冶炼对炉渣性能和成渣过程的要求

高炉冶炼对炉渣性能和成渣过程有以下几点要求：

（1）炉渣应具有适宜的熔化性、流动性和良好的稳定性。对炼钢生铁而言，炉渣的熔化性温度应为 1300 ~ 1350℃；铸造生铁为 1400 ~ 1450℃。通常，要求炉渣在 1500℃时的黏度为 2 ~ 6Pa·s，不超过 20Pa·s。至于稳定性，要求炉渣处于稳定性良好的成分范围内，这样才能保证炉渣在高炉内充分熔化，顺利与铁水分离和排出炉外，并且不过分侵蚀和冲刷炉衬，不恶化炉内料柱的透气性，从而使高炉冶炼过程能正常稳定地进行。

（2）具有足够的脱硫能力，使冶炼的生铁含硫量合格。

（3）促使生铁中有益元素的还原，阻碍有害元素的还原。

（4）软熔带（成渣带）在炉内的位置要适当低，厚度要薄，这样才能改善高炉料柱的透气性，有利于炉况顺行。

（5）成渣过程要稳定。成渣过程稳定不仅有利于炉况顺行，而且有利于炉渣生铁脱硫。

（6）通常情况下要求渣量要少。渣量大不仅使燃料消耗大，而且将恶化炉料透气性，不利于炉况顺行。

5.4.2　高炉渣成分和渣量的选择

5.4.2.1　炉渣成分的选择

在实际高炉生产中，要选择适合于具体冶炼条件和冶炼铁种所需要的炉渣成分，使炉渣具有流动性良好、脱硫能力强、热稳定性好等性能。在实际生产的配料计算中，应根据上述要求，结合具体的原料条件、冶炼的生铁品种和经济效益，选择炉渣成分。

A　炉渣的碱度

炉渣碱度是确定炉渣成分的主要指标，在选择炉渣成分时，总是首先选择炉渣的碱度（$w(CaO)/w(SiO_2)$）。硫负荷较低时，高炉常常采用较低碱度的炉渣；硫负荷较高时，高炉则采用较高碱度的炉渣。大、中型高炉碱度一般控制在 $w(CaO)/w(SiO_2) = 1.0 ~ 1.15$ 的范围内。随着科技水平和冶炼技术的提高，硫负荷越来越低，炉渣碱度有降低的趋势。我国一些炼铁厂冶炼各种生铁时的适宜炉渣性能，见表 5-2。

表 5-2　我国一些炼铁厂冶炼各种生铁时的适宜炉渣性能

高炉产品	$w(CaO)/w(SiO_2)$	$(w(CaO) + w(MgO))/w(SiO_2)$	熔化性温度/℃	熔化温度/℃
炼钢生铁	1.0 ~ 1.12	1.2 ~ 1.4	1200 ~ 1350	1300 ~ 1600
铸造生铁	0.95 ~ 1.1	1.15 ~ 1.3	1200 ~ 1450	1300 ~ 1600
锰　铁	1.3 ~ 1.7			
硅　铁	1 ~ 1.05			

冶炼普通炼钢生铁时，炉渣碱度主要取决于脱硫任务。在能保证生铁硫含量的前提下，通

常总是选择尽可能低的炉渣碱度。这是因为炉渣的碱度高，则熔剂的消耗量（包括生产烧结矿和球团矿时消耗的熔剂量）大，因而渣量大；同时，碱度高的炉渣稳定性差；再则，碱度高不利于排除对高炉冶炼有害的碱金属。

冶炼铸造生铁时，由于焦比高因而高炉的硫负荷大，同时为了促使硅的还原，要求炉渣的熔化性高。因此，20 世纪四五十年代采用的炉渣碱度较高；以后随着原料条件的改善、高炉硫负荷的降低和高风温、富氧鼓风的运用，就逐渐采用低碱度、高 Al_2O_3 的炉渣冶炼铸造生铁。

冶炼含锰高的生铁（如锰铁）和含钒生铁时，碱度高不仅有利于生铁脱硫，而且有利于锰和钒的还原，因此，要采用碱度较高的炉渣。

B MgO 的含量

为了提高炉渣的稳定性和流动性，渣中含 6% ～ 8% 的 MgO 是必要的，对于难熔炉渣尤其必要。但 MgO 过高也会使炉渣流动性变差，可保持 $w(MgO)/w(Al_2O_3)$ 在 0.7% ～ 1.5% 之间，渣中的 Al_2O_3 含量一般不超过 18%，否则炉渣变得难熔而且黏度增大。

C Al_2O_3 的含量

在实际生产中，通常对炉渣中的 Al_2O_3 含量不进行调节。在冶炼含硅高的生铁时，由于硅的还原要求炉渣有较高的温度，同时酸性渣有利于硅的还原，因此，采用高 Al_2O_3 的酸性渣是有利的。但这只在冶炼条件许可的情况下才能实现，同时还应考虑到经济效益。

一般情况下，要求炉渣中 $w(Al_2O_3) < 20\%$。在开炉时，由于焦比特别高，以致炉渣的 Al_2O_3 含量超过 20%。为了降低炉渣的熔化性温度和改善流动性，可以在开炉渣中加入含 Al_2O_3 低的普通高炉渣等来降低开炉渣中 Al_2O_3 的含量。

冶炼铸造生铁时，炉渣中 $w(SiO_2)/w(Al_2O_3)$ 的比值最好为 1.2 ～ 2.0；冶炼炼钢生铁时，最好为 3 或更大。我国高炉渣中，Al_2O_3 含量一般为 7% ～ 15%。

最后根据所选的炉渣主要成分 CaO、SiO_2、Al_2O_3、MgO 的含量，按照前面引用的有关图表来检查炉渣性能是否符合要求。

5.4.2.2 炉渣渣量的选择

一般情况下，高炉总是希望渣量越少越好。只有在冶炼含硅高的生铁时稍有不同，为了促使硅的还原，减小因硅还原造成的炉渣成分的波动，因而要求有一合适的渣量。例如，冶炼铸造生铁时，渣铁比最好在 0.5 ～ 0.6 范围内。

渣量的多少主要取决于原料等冶炼条件和操作情况，高炉操作者无力任意调整。目前，国内外先进高炉的渣铁比为 0.3 ～ 0.4，甚至更低。

5.5 生铁去硫

硫是影响生铁质量的主要有害元素。如何提高冶炼过程中的脱硫效率，获得优质生铁是高炉冶炼的主要任务之一。在一定原燃料条件下，充分发挥炉渣的脱硫能力是冶金工作者努力的方向。

5.5.1 硫的来源、存在形态、循环富集和危害

高炉中的硫全部是由炉料带入的，炉内的硫大约有 70% ～ 80% 来自燃料（它包括焦炭和煤粉），其余由矿石、熔剂等带入。

炼铁炉料中，天然矿以 Fe_2S、$CaSO_4$、$BaSO_4$ 的方式，高碱度烧结矿以 CaS 和少量硫酸盐

的方式，焦炭以有机硫 C_nS_m、灰分以及 FeS 等的方式将硫带入炉内。每吨生铁炉料带入炉内的总硫量称为硫负荷，在我国其值为 4～6kg/t，其中 65%～80% 是由焦炭带入的。

随着炉料在炉内下降受热，炉料中的硫逐步释放出来。焦炭的部分硫在炉身下部和炉腹以 CS 和 COS 的形式挥发。矿石中的部分硫则分解和还原，以硫蒸气或 SO_2 形式进入煤气，但主要还是在风口发生燃烧反应时，以气体化合物的形式进入煤气（燃烧和分解生成的 SO_2 经还原生成硫蒸气等）。所以，在炉缸煤气中有 CS、S、CS_2、COS、H_2S，它们随煤气上升而与下降的炉料和滴落的渣铁相遇而被吸收。最终，煤气在 1000℃ 及其以下区域中仅保留 COS 和 H_2S。当炉料中自由碱性氧化物多，炉渣量大、碱度高和流动性好时，吸收的硫就多。结果是软熔带处的总硫量大于炉料带入炉内的流量，这样在高温区和低温区之间形成了硫的循环富集。被炉料和渣铁吸收的硫，小部分进入燃烧带再次氧化参加循环运动；大部分在渣铁反应时转入炉渣后排出炉外；也有极少部分硫随煤气逸出炉外，在冶炼炼钢生铁时大约有 5%（质量分数），而在冶炼铸造生铁时可达 10%～15%（质量分数）。

硫是影响钢铁质量的重要因素。因为钢中含有超过规定限量的硫会使钢产生热脆，在轧钢或锻造过程中，钢材易出现裂纹。铸造生铁中含有过量的硫，则易使铸件产生热脆，同时还降低了铁水铸造时的填充性能。因此，国家规定制钢生铁含硫不大于 0.07%，铸造生铁含硫不大于 0.06%，超过此含量的生铁均为等外铁（即废品）。所以，尽量降低生铁中的含硫量是冶炼优质生铁的关键，也是冶金工作者努力的目标。

5.5.2　硫在煤气、渣、铁中的分配及影响生铁含硫量的因素

炉料带入的硫在冶炼过程中一部分进入炉渣，一部分随煤气逸出，少量进入生铁。根据物质不灭定律，进入高炉中的硫应该与排出炉外的硫相等，即硫在各种物质中的分配存在下列平衡：

$$w(S)_{料} = w(S)_{挥} + w(S) + w[S] \tag{5-2}$$

若以 1kg 生铁为计算单位，则上式可写成：

$$w(S)_{料} = w(S)_{挥} + nw(S) + w[S] \tag{5-3}$$

式中　$w(S)_{料}$——冶炼 1kg 生铁时炉料带入的总硫量，kg/kg；

　　　$w(S)_{挥}$——冶炼 1kg 生铁时随煤气挥发的硫量，kg/kg；

　　　　　n——冶炼 1kg 生铁时的相对渣量，kg/kg；

　　　$w(S)$——炉渣中硫的质量分数，%；

　　　$w[S]$——生铁中硫的质量分数，%。

因为硫的分配系数为：

$$L_S = w(S)/w[S] \tag{5-4}$$

将式（5-4）带入式（5-3）中可得：

$$w(S)_{料} = w(S)_{挥} + nL_S w[S] + w[S] \tag{5-5}$$

$$w[S] = (w(S)_{料} - w(S)_{挥})/(1 + nL_S) \tag{5-6}$$

从上式中可以看出，生铁含硫量取决于下列因素：

（1）冶炼单位生铁时炉料带入的总硫量；

（2）冶炼单位生铁时挥发进入煤气中的硫量；

（3）冶炼单位生铁时生成的渣量；

（4）硫在渣、铁间的分配系数。

为研究减少生铁含硫量的途径，下面对上述 4 个方面进行讨论。

5.5.2.1　冶炼单位生铁时炉料带入的总硫量（硫负荷）

冶炼单位（1t）生铁炉料带入的总硫量对生铁的质量有直接的影响，通常炉料带入的硫量越少，生铁的质量越有保证。

在生产中以每批料（焦炭＋烧结矿＋生矿＋球团矿＋熔剂）入炉硫的总量与每批料所生产的铁量（kg/t）之比来计算。其表达式为：

硫负荷 = 每批料入炉的总硫量 / 每批料产出的出铁量

举一计算实例如下，见表5-3。由表中计算的数据可得：

每批料产出的生铁量 = 3849.4/0.94 = 4095.11kg

硫负荷 = 20.608/4095.11 = 0.005032kg/kg = 5.03kg/t

表5-3　硫负荷计算

炉料名称	料批组成/kg	成分/%		每一批料带入的铁量/kg	每一批料带入的硫量/kg
		Fe	S		
烧结矿	7000	50.8	0.028	7000×0.508 = 3556	7000×0.00028 = 1.96
海南矿	500	54.5	0.148	500×0.545 = 273	500×0.00148 = 0.74
锰　矿	170	12.0		170×0.12 = 20.4	
干　焦	2420		0.74		2420×0.0074 = 17.908
总　计	10090			3849.4	20.608

硫负荷取决于所用炉料的含硫量及矿石品位的高低。为降低硫负荷，有条件时应选用低硫焦炭和矿石；但在用料紧张时，高炉在来什么料用什么料的情况下，操作人员对来料中硫量的变化应做到胸中有数。这一点对经常变料的中、小型高炉尤为重要。

5.5.2.2　随煤气挥发的硫及影响硫挥发的因素

焦炭中有机硫约有 1/3～1/2 在达到风口前就以 S、SO_2、H_2S 等形态挥发进入煤气，其余部分在风口前燃烧生成 SO_2，它在炉缸高温区的还原气氛中，立即会被固定碳还原生成硫蒸气，反应如下：

$$SO_2 + 2C === 2CO + S \uparrow \qquad (5-7)$$

矿石中的 FeS_2 在下降过程中，至565℃以上时开始分解：

$$FeS_2 === FeS + S \uparrow \qquad (5-8)$$

分解生成的 FeS 大部分进入生铁，小部分在高炉上部被 Fe_2O_3 或 H_2O 氧化：

$$FeS + 10Fe_2O_3 === 7Fe_3O_4 + SO_2 \uparrow - Q \qquad (5-9)$$

$$3FeS + 4H_2O === Fe_3O_4 + 3H_2S \uparrow + H_2 - Q \qquad (5-10)$$

炉料中的硫酸盐在与 SiO_2、Al_2O_3、Fe_2O_3 接触中，也会进行热分解：

$$CaSO_4 === CaO + SO_3 \uparrow \qquad (5-11)$$

上述生成的气体 S、SO_2、H_2S 等，在随煤气上升过程中，有一部分又会被石灰石和已还原的金属铁等吸收而转入炉料中，挥发逸出高炉的硫实际上只占气体中的一部分。影响硫挥发的因素主要有：

（1）焦比和炉温。焦比增高，炉温也随之升高，生成的煤气量也增多，煤气流速加快，煤气在炉内的停留时间缩短，减少了被吸收的硫量，增加了随煤气挥发的硫量。

（2）碱度和渣量。因为石灰石吸硫能力很强，所以提高碱度，增加了炉料的吸硫量。当碱度不变而渣量增加时，也增加了吸收的硫量而减少了挥发硫量。根据生产统计，冶炼不同品种的生铁时，挥发的硫量比例如表5-4所示。

表5-4　冶炼不同品种的生铁时挥发的硫量比例

生铁品种	炼钢生铁	铸造生铁	硅铁和锰铁
挥发硫/%	<10	15~20	40~60

由此看出，影响硫挥发的因素主要是焦比和炉温，碱度和渣量是次要的。这是因为冶炼锰铁时，焦比高（1.5t/t左右）、碱度高（$R=1.5$）、渣量大（1t/t）；对冶炼同一铁品种来说，硫的挥发量变动不大，所以说，虽然高炉生产中应尽量设法使挥发的硫量增多，但毕竟有一定的限度，因而高炉主要是依靠炉渣进行脱硫。

（3）渣量对去硫的影响。增大渣量有利于去硫，但一般不采用这个措施来脱硫。因为增大渣量必然引起焦比升高，使炉料带入的总硫量增加。它削弱了增加渣量去硫的效果，同时也使得焦比与熔剂的消耗量增加，增加了炼铁的成本；而且增加渣量还会恶化料柱透气性，造成炉况难行与减产。因此，这个办法在实际生产中很少采用。

5.5.3　炉渣脱硫

在一定的原燃料条件下，生铁去硫主要依靠提高炉渣脱硫能力，即通过提高硫在渣铁间的分配系数 L_S 来实现。硫在炉渣中的质量分数 $w(S)$ 与在铁水中的质量分数 $w[S]$ 之比，称为硫分配系数，用 $L_S = w(S)/w[S]$ 表示。它说明炉渣脱硫后，硫在渣与铁间达到的分配比例。它分为理论分配系数 L_S° 和实际分配系数 L_S'。炉缸内渣铁间脱硫反应达到平衡状态时的分配系数称为理论分配系数，研究计算结果是 L_S° 可高达200以上；而高炉内的实际脱硫反应因动力学条件差而达不到平衡状态，所以 L_S' 远比 L_S° 小得多，一般低者只有20~25，而高者也不会超过80。

硫在铁水和炉渣中以元素 S、FeS、MnS、MgS、CaS 等形态存在，其稳定程度依次是后者大于前者，其中，MgS 和 CaS 只能溶于渣中；MnS 少量溶于铁中，大量溶于渣中；FeS 既溶于铁中，也溶于渣中。炉渣的脱硫作用，就是渣中的 MgO、CaO 等碱性氧化物与生铁中的硫反应生成只溶于渣中的稳定化合物 MgS、CaS 等，从而减少生铁中的硫。

按分子结构理论的观点，渣铁间的脱硫反应是以如下形式进行的：

$$[FeS] \rightleftharpoons (FeS) \tag{5-12}$$
$$(FeS) + (CaO) = (CaS) + (FeO) \tag{5-13}$$
$$(FeO) + C = [Fe] + CO \tag{5-14}$$

即渣铁界面上生铁中的 FeS 向渣面扩散并融入渣中，然后与渣中的 CaO 作用生成 CaS、FeO，由于 CaS 只溶于渣而不溶于铁，FeO 则被碳还原，生成的 CO 而离开反应界面，生成的铁进入生铁中，从而脱硫反应可以不断进行。总的脱硫反应是：

$$[FeS] + (CaO) + C = [Fe] + (CaS) + CO \quad -149140kJ \tag{5-15}$$

现代炉渣离子结构理论认为，熔融炉渣不是由分子构成而是由离子构成的，因此，脱硫反应实际上是离子反应而不是分子反应。渣铁之间的脱硫反应是通过渣铁界面上离子扩散的形式进行的，即渣中的 O^{2-} 离子向铁水面扩散，把自己所带的两个电子传给硫，使铁水中的硫原子成为 S^{2-} 离子进入渣中，而由于失去电子变成中性原子的氧与碳作用形成 CO 进入煤气中，进入渣中的 S^{2-} 离子则与渣中的 Ca^{2+}、Mg^{2+} 等正离子保持平衡。因此，脱硫反应实际上是渣铁界面上氧和硫的离子交换，可用如下离子反应式表示：

$$[S] + 2e = S^{2-}$$
$$+)\quad O^{2-} - 2e = [O]$$
$$[S] + O^{2-} = S^{2-} + [O] \tag{5-16}$$

渣中碱性氧化物不断供给的氧离子和进入生铁中的氧原子与固定碳作用形成 CO, 不断离开反应面, 使上述脱硫反应继续进行。

生铁去硫主要是使 FeS 变成 CaS。由于炉渣和铁水互不相溶, 所以去硫作用只能在渣铁界面上进行。含 FeS 的铁水滴穿过炉缸渣层, 增加了渣铁间的相间接触面, 改善了硫的扩散条件而有利于去硫。铁水积存炉缸中, 与其上面渣层的相对接触面积虽小, 但接触时间长, 对脱硫也是有利的。生成的 CO 气体在上升过程中产生搅动作用, 将聚集在渣铁界面上的生成物 CaO 带到上面的渣层内, 加速 CaO 在渣内的扩散, 从而加速了炉渣脱硫反应的进行。

从上述脱硫反应式可以看出, 要使脱硫反应易于进行, 提高 L_S, 必须满足以下条件:

(1) 要有足够数量的自由 CaO, 要求炉渣有适当高的碱度;

(2) 因脱硫反应吸热, 所以要有足够的热量, 促进反应进行;

(3) 生成的 CaS 能很快脱离反应的接触面, 这要求炉渣黏度低, 以利于扩散;

(4) 稳定炉内操作, 保证炉缸中碱度稳定、热量稳定、炉渣黏度稳定, 使反应能稳定地向右进行。

5.5.4 影响炉渣脱硫能力的因素

5.5.4.1 炉渣化学成分

A 炉渣碱度

碱度高, 自由 CaO 多, 从离子结构理论看, O^{2-} 增加, 有利于去硫。但实践经验指出, 在一定炉温下有一个最佳的碱度值, 超过此最佳值, 脱硫效率反而降低了。这是由于随炉渣碱度增高, 炉渣的熔化温度也增高, 在液相中将出现 $2CaO \cdot SiO_2$ 固体颗粒, 使渣黏度升高, 不利于 CaS 向渣铁界面的扩散。图 5-8 说明高碱度炉渣只有在保证具有良好流动性的前提下, 才能发挥较强的脱硫能力。

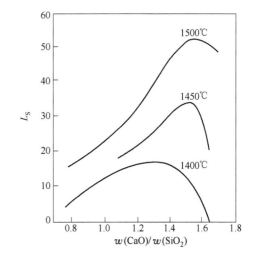

图 5-8 不同温度下碱度对 L_S 的影响

B FeO

FeO 对脱硫极为不利, 因为会发生如下反应:

$$(Fe^{2+}) + (O^{2-}) = [Fe] + [O] \tag{5-17}$$

从而使铁中氧的浓度增加, 对脱硫反应不利。生产实践也证明, 当炉冷时, 渣中 FeO 含量升高, 生铁含硫量也随之升高, 因此, 渣中 FeO 要尽量少。只有在还原气氛下才能最大限度地降低渣中的 FeO 含量, 这就是高炉炼铁脱硫条件优于炼钢的原因之一。

C MgO、MnO 等碱性氧化物

MgO、MnO 等碱性氧化物的去硫能力都比 CaO 弱, 但在渣中加入少量的这些物质, 能降低炉渣熔化温度, 降低黏度, 有利于去硫。但加入量过多时, 又会冲淡 CaO 的浓度, 使脱硫能力降低。

D　Al_2O_3

Al_2O_3 不利于脱硫，因为它与 O^{2-} 离子结合形成铝氧复合负离子 $Al_xO_y^{z-}$，降低了渣中氧离子的浓度。因此，当渣碱度一定、增加渣中 Al_2O_3 含量时，炉渣的脱硫能力降低；但用 Al_2O_3 代替 SiO_2 时，渣的脱硫能力则有所提高。

5.5.4.2　温度

提高温度能提高炉渣的脱硫能力。这是因为：

（1）由于脱硫反应是吸热反应，提高温度有利于脱硫反应的进行；

（2）提高温度能降低炉渣的黏度，促进氧离子的扩散，可加快脱硫反应的进行；

（3）提高温度，能使 FeO 加速还原，降低渣中 FeO 含量，对脱硫反应是有利的。

5.5.4.3　炉渣的黏度

炉渣黏度的大小对脱硫反应影响很大，特别是当反应处于扩散速度范围时，改善炉渣黏度，改善 CaO、CaS 的扩散条件，都有利于去硫。

5.5.4.4　高炉操作

高炉操作的稳定与否影响着脱硫的效率。当高炉难行，煤气流分布失常，炉缸工作不均匀，出现堆积、结瘤时，都会导致生铁含硫量增高；热制度的波动，特别是冶炼炼钢生铁时炉温大幅度的下降，会导致高炉脱硫效率的降低，使生铁含硫量升高。因此，正确选用各种调剂措施，保证高炉顺行，是充分发挥炉渣脱硫能力、降低生铁含硫量的重要条件。

5.5.5　炉外脱硫

当炉料含硫量特别高，又无法（或不经济）预先除去时，将使高炉冶炼变得很难操作，脱硫受到限制。为了提高生铁的质量，减轻炼钢生产过程中的负担，采用炉外脱硫，往往成为一项必不可少的工艺措施。

炉外脱硫就是进入炼钢前，通过加入脱硫剂以实现降低生铁含硫的目的。

常用的脱硫剂有金属镁、电石、苏打、石灰，近期还发展了复合脱硫剂（即两种以上的脱硫剂按适当比例配成），效果较好。

炉外脱硫方法有：撒放法、摇动法、转筒回转法、机械搅拌法、气体搅拌法、喷吹法、连续脱硫法、镁脱硫法等。

我国中、小型高炉广泛使用的炉外脱硫剂是苏打粉（Na_2CO_3），其脱硫效率高。当使用量为铁水质量的 1% 时，可除去生铁中 70%～80% 的硫，但成本较高。用苏打粉进行脱硫的反应是：

$$Na_2CO_3 + FeS \Longrightarrow Na_2S + FeO + CO_2 \tag{5-18}$$

石灰是比较便宜的脱硫剂，在保证铁水与石灰充分接触的条件下，也能有较好的脱硫效率，其脱硫效率可达 80%～90%。它的反应式为：

$$CaO + FeS + C_{石墨} \Longrightarrow CaS + Fe + CO \tag{5-19}$$

总之，目前炉外脱硫的方法很多，但都在为寻找实用价廉的脱硫剂、简便有效的操作工艺和设备而努力。当然，在这一过程中还需要努力创造使脱硫剂和铁水充分接触和迅速反应的条件，并尽可能地减少温度下降。

复习思考题

5-1　炉渣的成分有哪些，炉渣的作用有哪些？

5-2　炉渣的主要来源有哪些?

5-3　什么是炉渣碱度,它有几种表示方法?

5-4　炉渣的熔化温度和熔化性温度各是怎么定义的?

5-5　炉渣有长渣、短渣之分,它们是怎么划分的?

5-6　炉渣黏度是怎么定义的?

5-7　炉渣黏度对高炉冶炼有什么影响?

5-8　炉渣的稳定性是怎么定义的,热稳定性和化学稳定性指的是什么?

5-9　影响炉渣黏度的因素有哪些,这些因素是如何影响炉渣黏度的?

5-10　简述炉渣的分子结构理论和离子结构理论的主要观点。为什么说离子结构理论更符合实际情况?

5-11　简述炉渣的形成过程。

5-12　简述造渣过程对高炉冶炼的影响。

5-13　软熔带的高低和厚度对高炉冶炼有何影响?

5-14　简述生铁中硫的来源。

5-15　写出生铁含硫的计算公式,分析降低生铁含硫的途径。

5-16　影响炉渣脱硫能力的因素有哪些?

5-17　炉渣的成分是根据什么来选择的?

5-18　什么是炉外脱硫,其方法有哪些?

6 高炉内的燃料燃烧过程和热交换

焦炭是高炉炼铁主要的燃料。随着喷吹技术的发展，煤、重油、天然气等已代替部分焦炭作为高炉燃料使用。

风口前燃料燃烧对高炉冶炼过程起着重要的作用：（1）焦炭在风口前燃烧放出的热量是高炉冶炼过程中的主要热量来源。高炉冶炼所需要的热量，包括炉料的预热、水分的蒸发和分解、碳酸盐的分解、直接还原吸热、渣铁的熔化和过热、炉体散热和煤气带走的热量等，绝大部分由风口前燃烧焦炭供给。（2）风口前燃烧反应的结果产生了还原性气体 CO、H_2 等，为炉身上部固体炉料的间接还原提供了还原剂，并在上升过程中将热量带到上部，起传热介质的作用。（3）由于风口前燃烧反应过程中，固体焦炭不断变为气体离开高炉，为炉料的下降提供了 40% 左右的自由空间，保证炉料的不断下降。（4）风口前焦炭的燃烧状态影响煤气流的初始分布，从而影响整个炉内的煤气流分布和高炉顺行。（5）风口前燃烧反应决定炉缸温度高低和分布，从而影响造渣、脱硫和生铁的最终形成过程及炉缸工作的均匀性，也就是说，风口前燃烧反应影响生铁的质量。

总之，风口前燃料燃烧在高炉冶炼过程中起着极为重要的作用，正确掌握风口前燃料燃烧反应的规律，保持良好的炉缸工作状态，是操作高炉和达到高产优质的基本条件。

6.1 燃 料 燃 烧

燃烧反应是指可燃物 C、CO 和 H_2 等与氧化合的反应，或者是 C、CO 与 CO_2、H_2O 的反应。在高炉内特定条件下所进行的燃烧反应，主要是 C 和 O_2、CO_2 和 H_2O 以及 C_nH_m 和 O_2 的反应。

6.1.1 焦炭燃烧反应

焦炭中的碳除部分参与直接还原、进入生铁和生成 CH_4 外，有 70% 以上在风口前燃烧，产生氧化性气体 CO_2，并释放出大量的热能。其化学反应式为：

$$C_{焦} + O_2 \Longrightarrow CO_2 \quad +400928 \text{kJ/mol} \tag{6-1}$$

燃烧初期的产物 CO_2 在向炉缸内部扩展时，与赤热的焦炭相遇而发生碳的气化反应，CO_2 全部转变为还原性气体 CO：

$$CO_2 + C_{焦} \Longrightarrow 2CO \quad -165797 \text{kJ/mol} \tag{6-2}$$

又因鼓风中带入氮气，风口前燃烧反应式变成为：

$$
\begin{aligned}
& C_{焦} + O_2 + \frac{79}{21}N_2 \Longrightarrow CO_2 + \frac{79}{21}N_2 \quad +400928 \text{kJ/mol} \\
+) \quad & \underline{\qquad CO_2 + C_{焦} \Longrightarrow 2CO \qquad\qquad -165797 \text{kJ/mol}} \\
& 2C_{焦} + O_2 + \frac{79}{21}N_2 \Longrightarrow 2CO + \frac{79}{21}N_2 \quad +235131 \text{kJ/mol}
\end{aligned}
\tag{6-3}
$$

由式（6-3）可计算出炉缸初始煤气成分：

$$\varphi(\mathrm{CO}) = \frac{2}{2 + \frac{79}{21}} \times 100\% = 34.7\% \qquad \varphi(\mathrm{N}_2) = \frac{\frac{79}{21}}{2 + \frac{79}{21}} \times 100\% = 65.3\%$$

当鼓风中有水分时，在高温下将发生以下反应：

$$\mathrm{H_2O + C_{焦} = H_2 + CO} \qquad -124474\mathrm{kJ/mol} \tag{6-4}$$

由此可见，在实际生产条件下，焦炭燃烧的最终产物是由 CO、H_2 和 N_2 组成的。

6.1.2　喷吹燃料燃烧反应

高炉采用喷吹技术时，煤粉、重油、天然气等作为喷吹燃料使用。

（1）煤粉的燃烧。无论是无烟煤或烟煤，它们的主要成分碳的燃烧和前述焦炭的燃烧具有类似的反应。但是由于煤粉和焦炭有不同的性状差异，所以燃烧过程不同。煤粉的燃烧要经历 3 个过程：加热蒸发和挥发物分解、挥发分燃烧和碳结焦、残焦燃烧，即在风口前首先被加热，继之所含的挥发分气化并燃烧，最后碳进行不完全燃烧的反应。

$$\mathrm{2C + O_2 = 2CO} \tag{6-5}$$

（2）重油的燃烧。重油的主要成分是碳氢化合物 $\mathrm{C}_n\mathrm{H}_m$，重油被加热后，碳氢化合物气化，再热分解和着火燃烧，燃烧生成物为 CO 和 H_2，燃烧反应如下：

$$\mathrm{C}_n\mathrm{H}_m + \frac{n}{2}\mathrm{O}_2 = n\mathrm{CO} + \frac{m}{2}\mathrm{H}_2 + Q \tag{6-6}$$

（3）天然气的燃烧。天然气的组成主要是碳氢化合物，且以 CH_4 为主，CH_4 在高温下分解：

$$\mathrm{CH_4 = C + 2H_2} \qquad -17892\mathrm{kJ/mol} \tag{6-7}$$

反应式（6-7）受温度和压力的影响，如图 6-1 所示，提高温度或降低压力都将促进 CH_4 分解。该图所示各等压线以上的区域为 CH_4 稳定存在区或形成区；其下则为 CH_4 的分解区。在炉缸区域的高温条件下，CH_4 可能全部分解为 C 和 H_2。

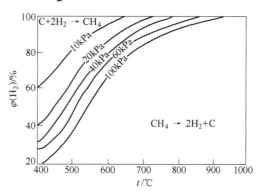

图 6-1　CH_4 分解的气相组成和温度、压力的关系

天然气中的 CH_4 和其他碳氢化合物，如 $\mathrm{C_2H_6}$、$\mathrm{C_3H_8}$、$\mathrm{C_4H_{10}}$、$\mathrm{C_5H_{12}}$ 等，以通式 $\mathrm{C}_n\mathrm{H}_{2n+2}$ 表示，在高炉喷吹条件下也将产生不完全燃烧反应，反应的通式为：

$$\mathrm{C}_n\mathrm{H}_{2n+2} + \frac{n}{2}\mathrm{O}_2 = n\mathrm{CO} + (n+1)\mathrm{H}_2 + Q \tag{6-8}$$

由此可知，天然气所含碳氢化合物无论是高温裂解，还是不完全燃烧，其最终产物应是 CO 和 H_2。但是在生产中由于受到燃烧条件的限制，如风速很大、供氧不足，则天然气中的碳氢化合物有可能未氧化而被煤气带走，或者分解出的碳未燃烧而沉积在炉渣中，这对天然气的利用和炉况的顺行是不利的。

6.1.3　焦炭燃烧与喷吹燃料燃烧的差异

尽管焦炭和喷吹燃料的燃烧都提供热源和还原剂，但它们所起的作用和影响是不尽相同的。主要表现为：

（1）喷吹燃料都有热分解反应，先吸热后燃烧。燃料中氢碳比越高，分解需热越多。其分解热可由下述经验式计算：

$$Q_{分} = 33410w(C) + 121020w(H) + 9260w(S) - Q_{低} \qquad (6-9)$$

式中　$w(C)$，$w(H)$，$w(S)$——分别为燃料中该元素的质量分数，%；

　　　　$Q_{分}$，$Q_{低}$——分别为该燃料分解热和低发热值，kJ/kg。

各种燃料的分解热为：无烟煤 837~1047kJ/kg，重油 188~1465kJ/kg，天然气 3140~3559 kJ/kg。

（2）喷吹燃料带入炉缸的物理热比焦炭低。焦炭下降到风口前已加热到 1450~1500℃，而喷吹燃料均不大于 100℃。

（3）焦炭和喷吹燃料燃烧产生的还原性气体及煤气体积不同。现以各种燃料燃烧 1kg 进行计算，结果如表6-1、表6-2所示。

表6-1　各种燃料的组成（质量分数）　（%）

燃料组成	C	灰分	H_2	H_2O	S	O	N_2
焦　炭	83.00	14.00	0.49		0.50		
煤　粉	75.30	16.82	3.66	0.83	0.32	3.56	0.83
重　油	86.00	—	11.50	0.25	0.19	1.00	0.25
天然气	CH_4	C_2H_6	C_3H_8	C_4H_{10}	H_2	H_2S	CO_2
	98.15	0.325	0.11	0.01	1.10	0.05	0.25

表6-2　燃烧后生成的还原气体和煤气体积

名称	CO 体积/m^3	H_2 体积/m^3	Σ 还原性气体体积/m^3	N_2 体积/m^3	Σ 煤气体积/m^3	$\varphi(CO) + \varphi(H_2)$/%
焦炭	1.553	0.055	1.608	2.920	4.528	35.50
煤粉	1.408	0.410	1.818	2.040	4.458	40.80
重油	1.605	1.290	2.895	3.020	5.915	48.94
天然气	1.370	2.780	4.150	2.580	6.730	62.00

各种喷吹燃料燃烧后，煤气体积均比焦炭有所增加，还原气体数量增多，其中以天然气为最高，这就改善了煤气的还原能力。

6.1.4　燃烧产物炉缸煤气成分计算

通过计算可以得出全焦冶炼、大气鼓风条件下炉缸煤气的成分。以 100m^3 鼓风量为基础进行计算，则煤气生成量和煤气成分公式如下。

煤气生成量公式：

$$V_{CO} = [(100 - f) \times 0.21 + 0.5f] \times 2 \qquad (6-10)$$
$$V_{N_2} = (100 - f) \times 0.79 \qquad (6-11)$$
$$V_{H_2} = 100f \qquad (6-12)$$

式中　V_{CO}——以 100m^3 鼓风量为基础进行计算时，焦炭燃烧产生的 CO 的体积，m^3；

　　　V_{N_2}——以 100m^3 鼓风量为基础进行计算时，焦炭燃烧产生的 N_2 的体积，m^3；

　　　V_{H_2}——以 100m^3 鼓风量为基础进行计算时，焦炭燃烧产生的 H_2 的体积，m^3；

f——鼓风湿度,%（大气的自然湿度一般为1%~3%，相当于含水8~24g/m³）。

换算成体积分数的炉缸煤气成分公式：

$$\varphi(\text{CO}) = \frac{V_{\text{CO}}}{V_{\text{CO}} + V_{\text{N}_2} + V_{\text{H}_2}} \times 100\% \tag{6-13}$$

$$\varphi(\text{N}_2) = \frac{V_{\text{N}_2}}{V_{\text{CO}} + V_{\text{N}_2} + V_{\text{H}_2}} \times 100\% \tag{6-14}$$

$$\varphi(\text{H}_2) = \frac{V_{\text{H}_2}}{V_{\text{CO}} + V_{\text{N}_2} + V_{\text{H}_2}} \times 100\% \tag{6-15}$$

用以上公式，可以计算不同鼓风湿度时的炉缸煤气成分（见表6-3）。

表6-3　不同鼓风湿度时的炉缸煤气成分

鼓风湿度 f		炉缸煤气成分/%		
%	g/m³	$\varphi(\text{CO})$	$\varphi(\text{N}_2)$	$\varphi(\text{H}_2)$
0	0	34.70	65.30	0
1	8.05	34.96	64.22	0.82
2	16.10	35.21	63.16	1.63
3	24.15	35.45	62.12	2.43
4	32.20	35.70	61.08	3.22

喷吹燃料时，由于燃料中 H_2 含量较高，因此，炉缸煤气中 H_2 含量显著升高。表6-4是某高炉喷吹重油时，炉缸煤气成分的变化。

表6-4　喷吹重油对炉缸煤气成分的影响

吨铁喷油量/kg	鼓风湿度/%	炉缸煤气成分/%		
		$\varphi(\text{CO})$	$\varphi(\text{N}_2)$	$\varphi(\text{H}_2)$
0	2.55	35.3	62.5	2.1
41	1.50	34.1	61.8	4.1
52	2.81	34.5	59.3	6.2
60	2.27	34.1	59.3	6.7
94	1.69	32.3	58.4	9.3

富氧鼓风时，由于鼓风中 O_2 浓度增加而使 N_2 减少，因而生成的炉缸煤气中 CO 浓度将升高，而 N_2 浓度将下降。表6-5所示是某高炉富氧鼓风后煤气成分的变化。

表6-5　富氧鼓风对炉缸煤气成分的影响

鼓风含氧量 $\varphi(\text{O}_2)$ /%	鼓风湿度/%	吨铁喷煤量/kg	炉缸煤气成分/%		
			$\varphi(\text{CO})$	$\varphi(\text{N}_2)$	$\varphi(\text{H}_2)$
21.0	0.75	145	33.5	62.2	4.2
22.5	0.94	219	34.8	59.6	5.6
23.3	1.19	181	35.9	58.7	5.4
24.5	1.13	265	36.7	56.0	7.3
25.5	1.95	323	37.8	54.6	7.6

　　上述煤气成分是炭素燃烧的最后结果。炉缸内燃烧过程是逐渐完成的，在风口前不同位置上的燃烧条件不同，生成的气相成分也不同。

6.2　燃烧产物煤气成分的变化

6.2.1　风口至炉缸中心煤气成分的变化

　　风口至炉缸中心初始煤气成分的变化，如图6-2所示。鼓风一进入高炉遇到炽热的焦炭就开始燃烧，自风口前端向炉缸中心，气体中 O_2 量很快下降，大约在距风口 $800 \sim 1000$ mm 处消失；而 CO_2 的含量相应上升，至氧消失时，CO_2 量达最大值。这是由于风口前氧比较充足，反应 $C + O_2 \Longrightarrow CO_2$ 充分进行的缘故。此后，由于氧浓度已很低，并有大量焦炭存在，则发生 $CO_2 + C \Longrightarrow 2CO$ 反应，CO_2 开始减少，CO 则迅速增多，在 CO_2 消失处，$\varphi(CO)$ 达到理论值34.7%。这是因为 CO_2 与 C 仍缓慢增多，到炉缸中心时，CO 含量（体积分数）一般可达 40% ~ 50%，中心煤气不足时可达80%，说明有直接还原发生。

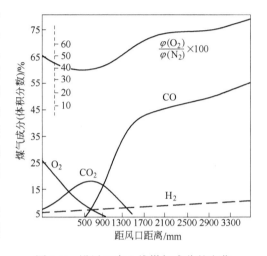

图6-2　沿风口中心线煤气成分的变化

　　煤气中 H_2 在氧气开始消失和 CO_2 量最高处开始出现，随后煤气中 H_2 含量微微上升，直到炉缸中心。

　　影响炉缸煤气成分和数量的因素有鼓风湿度、鼓风含氧量和喷吹物等。当鼓风湿度增加时，由于水分在风口前分解成 H_2 和 O_2，炉缸煤气中 H_2 和 CO 的量增加，N_2 含量相对下降。喷吹含 H_2 量较高的喷吹物时，炉缸煤气中含 H_2 量增加，CO 和 N_2 的量相对下降。富氧鼓风时，炉缸煤气中的 CO 浓度增加，N_2 浓度下降，由于 N_2 浓度下降的幅度较大，煤气中 H_2 浓度相对增加。前两种情况下炉缸煤气量增加，后一种情况下炉缸煤气量下降。

　　炉缸煤气成分对高炉冶炼的影响有：煤气中的 H_2、CO 浓度增加，可提高煤气的还原能力，增加间接还原，降低直接还原；特别是煤气中的 H_2 浓度增加，还能降低煤气的黏度，提高煤气的渗透能力，有利于还原反应的进行。因此，为了充分进行热交换，必须有足够数量的煤气。煤气量过分减少（如富氧率过高），对高炉冶炼是不利的。

6.2.2　煤气在上升过程中体积和成分的变化

　　煤气在上升过程中，由于各种反应在不同区域不断地进行，各种组成不断发生变化，煤气总体积也有所增加。无喷吹燃料时，炉顶煤气体积大致增加到风量的 1.37 倍。喷吹燃料后，煤气生成量比纯焦炭冶炼时有明显增加。炉缸煤气量约为风量的 1.25 ~ 1.30 倍，炉顶煤气量增大到风量的 1.40 ~ 1.45 倍。这种变化如图6-3所示。

　　由图6-3可知，煤气的体积总量在上升过程中是增加的。其变化量如下：

　　(1) 煤气中 CO 体积和成分的变化。CO 是先增加后减少。在高温区煤气上升过程中 CO 含量逐渐增加，这是因为 Fe、Si、Mn、P 等元素直接还原反应和脱硫反应生成一部分 CO；一

部分碳酸盐在高温区分解放出一个体积的
CO_2，又同炭素作用后生成两个体积的 CO 的
缘故。在中温区，CO 参加了间接还原，因而
体积减小，含量逐渐降低。

（2）煤气中 CO_2 体积和成分的变化。在
高温区由于碳的气化反应大量进行，炉缸煤
气最终成分 CO_2 含量为零。在中温区，由于
间接还原反应和部分碳酸盐的分解开始放出
一定量 CO_2，使得煤气中的 CO_2 逐渐增加。
图 6-3 中在表示 CO_2 的一块面积中，虚线左
边表示间接还原生成的 CO_2 量，虚线右边表
示碳酸盐分解生成的 CO_2 量。总的煤气体积
有所增加。

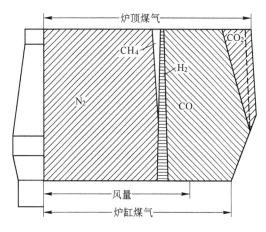

图 6-3 炉内煤气成分的变化

（3）煤气中 H_2 体积和成分的变化。H_2 在上升过程中参加了还原反应，含量逐渐减少。但
当炉料中含有较多的水分（特别是结晶水）时，将使得煤气中的 H_2 含量增加。高炉喷吹时，
炉顶煤气含 H_2 量也增加。

（4）煤气中 CH_4 体积和成分的变化。用焦炭冶炼时，炉顶煤气中 CH_4 很少（体积分数为
$0.2\% \sim 0.5\%$）。喷吹燃料后，由于煤气中含 H_2 量的增加，CH_4 含量有所增加。当炉顶煤气中
H_2 含量高时，CH_4 的体积分数可达 $0.6\% \sim 0.9\%$，甚至更高些。

（5）煤气中 N_2 体积和成分的变化。煤气中 N_2 的体积基本不变，只是煤气量增加时，N_2
的浓度相对降低。

总之，炉缸煤气的最终成分为 CO、H_2 和 N_2，炉顶煤气的成分为 CO、CO_2、H_2、CH_4 和
N_2，并且煤气的总体积有所增加。

6.3 燃烧带及其对冶炼过程的影响

6.3.1 燃烧带

风口前燃料燃烧的区域称为燃烧带，也称氧化带。通过大量研究工作，已基本查明了炉缸
风口平面煤气的分布情况。由于从风口喷出的鼓风流股的动能大小不同，焦炭在风口前的燃烧
情况大致可以分为以下两种情况，在每种情况下煤气的分布是不同的。

6.3.1.1 层状燃烧带

在冶炼强度低的小高炉上，可观察到炭块是相对静止的，类似于炉箅上炭的层状燃烧。这
种层状燃烧的燃烧带特点是：沿风口中心线 O_2 不断消失，而 CO_2 随 O_2 的减少而增多，达到一
个峰值后再下降，直至完全消失。CO 在氧接近消失时出现，在 CO_2 消失处达到或接近碳燃烧
的理论值（体积分数约 35%）。由于炉缸内进行直接还原，所以，炉缸中心处煤气中的 CO 量
超过碳燃烧的理论值，如图 6-2 所示。

6.3.1.2 回旋运动燃烧带

在现代强化高炉中，由于冶炼强度高，鼓风动能大，鼓风以很高的速度（$100 \sim 200m/s$）
喷射入炉内，由于鼓风流股的冲击夹带作用，焦炭块就在风口前产生回旋运动，同时进行燃
烧。这就是焦炭呈回旋运动燃烧，也称为焦炭的循环运动燃烧，如图 6-4 所示。实际上，现代
的高炉正常生产时，均为此种燃烧情况。

当鼓风动能足够大时，就把风口前燃烧的焦炭吹向四周，形成一个近似球形的回旋空间。煤气流夹着焦炭块作回旋运动的这个空间称为回旋区。在回旋区外围是一层厚约200～300mm的比较疏松的中间层，它不断地向回旋区补充焦炭。而在中间层的外面，则是不太活跃的新的焦炭层，该层随着燃烧反应的进行不断地向中间层移动。

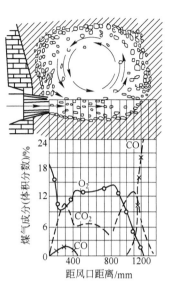

在回旋运动状态下燃烧带的特点是：O_2 不是逐渐地而是跳跃式地减少，在离风口200～300mm处 O_2 量甚至增加，之后在300～900mm范围内保持相当高的含量，到燃烧带末端又急剧下降并消失；CO_2 的变化与 O_2 的变化相对应，分别在风口附近和燃烧带末端 O_2 急剧下降的地方出现两个高峰；CO在第二个 CO_2 最高点附近开始出现，然后急剧上升。

第一个 CO_2 高峰的出现和 O_2 含量的回升，是由于煤气受到回旋运动产生的煤气流的强烈混合作用所致。因为回旋气流中 O_2 含量较高而 CO_2 较少，加之回旋区内焦炭很少，所以混合后的煤气中 CO_2 下降而 O_2 升高，没有 CO 出现。

图6-4　燃烧带煤气成分

在回旋区的前端，煤气与中间层和紧密的外层焦炭相遇，O_2 与 C 激烈反应变为 CO_2，所以 O_2 急剧下降直至消失，在 O_2 消失之前出现了 CO_2 的两个最高点。然后，CO_2 与 C 进行激烈的反应，使 CO_2 量急剧下降而消失，CO 出现并且含量急剧上升。

由图6-4和图6-5可见，CO_2 总有一个消失的地点，理论上讲，CO_2 消失的地点即为燃烧带的边缘。但是实践表明，在离风口很远的地方，煤气中还含有一定量的 CO_2。因此，通常将煤气中 CO_2 含量减少至1%～2%（体积分数）的地点定为燃烧带的边缘，以此确定燃烧带的大小。

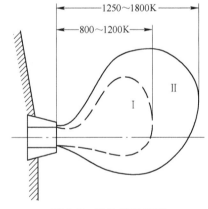

必须指出，焦炭回旋区与燃烧带是两个既有联系而又有差异的概念。回旋区是指焦炭和煤气做回旋运动的区域，而燃烧带则包括回旋区和中间层，即燃烧带大于回旋区。

由以上分析可见，燃烧带由氧化区和还原区构成，如图6-5所示。有自由氧存在的区域称为氧化区；从自由氧消失处到 CO_2 消失处的地区称为还原区，在这个区域进行着 CO_2 被 C 还原为 CO 的反应。

图6-5　燃烧带示意图
Ⅰ—氧化区；Ⅱ—还原区

总之，整个燃烧带不论是氧化区还是还原区，完全不同于高炉其他部分，由于有 O_2 和 CO_2 存在，不仅能使燃料中的碳燃烧，而且能使已进入生铁中的 Fe、Mn、Si、C 等元素氧化，所以又称为氧化带。

6.3.2　燃烧带对高炉冶炼过程的影响

燃烧带对高炉冶炼过程的影响，主要表现在以下两方面。

6.3.2.1　对炉料下降的影响

燃烧带是炉内焦炭燃烧的主要场所，而焦炭燃烧所腾出来的空间是促进炉料下降的主要因素。生产中，燃烧带上方的炉料比较松动且下降速度快。当燃烧带占整个炉缸面积的比例大时，炉缸活跃面积大，料柱比较松动，有利于高炉顺行。因此，从下料顺行的角度看，希望燃烧带水平截面的面积大些，多伸向炉缸中心，并尽量缩小风口之间的炉料呆滞区。

6.3.2.2 对煤气流初始分布的影响

燃烧带是炉缸煤气的发源地，燃烧带的大小影响煤气流的初始分布。燃烧带伸向高炉中心，则中心气流发展，炉缸中心温度升高；反之，燃烧带缩短，则边缘气流发展，炉缸中心温度降低，对各种反应的进行不利。同时，炉缸中心呆滞且热量不足，也不利于高炉顺行。但是，燃烧带过分伸向中心，将造成中心"过吹"，同时过分减弱边缘煤气流，增加炉料与炉墙之间的摩擦阻力，对高炉的顺行也不利。

由此可见，维持适宜的燃烧带尺寸，尽可能增加风口数目，对于保证炉缸工作的均匀、活跃和高炉的顺行是非常重要的。

6.3.3 影响燃烧带大小的因素

燃烧带的大小是指燃烧带所占空间的体积，它包括长度、宽度和高度。但对冶炼过程影响最大的是燃烧带的长度；此外，燃烧带的宽度对炉缸工作均匀化也有重大影响。

燃烧带的大小不是一成不变的，在冶炼强度低的高炉上，燃烧带大小主要取决于燃烧反应速度方面的因素。在现代化的高炉上，燃烧带的大小主要受鼓风动能大小所控制，其次与燃烧反应速度、炉料状况有关。

6.3.3.1 鼓风动能的影响

A 鼓风动能的计算

鼓风动能是指鼓风流股克服风口前焦炭层的阻力，向炉缸中心穿透的能力。它是造成风口前焦炭回旋运动的能量。鼓风动能可用下式计算：

$$E = \frac{1}{2}mv^2 = \frac{\gamma_0 Q}{2gn}\left(\frac{Q}{nS} \times \frac{TP_0}{T_0 P}\right)^2 \tag{6-16}$$

式中　E——鼓风动能，J/s；

$\qquad m$——鼓风质量，kg/s；

$\qquad v$——风速，m/s；

$\qquad Q$——鼓风风量，m^3/s；

$\qquad P_0$——标准状态下的鼓风压力，为 0.101MPa；

$\qquad P$——实际鼓风绝对压力，MPa；

$\qquad T_0$——标准状态下的鼓风温度，为 273K；

$\qquad T$——实际鼓风温度，K；

$\qquad S$——一个风口的截面面积，m^2；

$\qquad \gamma_0$——标准状态下的鼓风重度，N/m^3；

$\qquad n$——风口数目；

$\qquad g$——重力加速度，为 9.8m/s^2。

B 鼓风动能对燃烧带的影响

鼓风动能越大，则焦炭的回旋区越大，鼓风穿透中心的能力越强，因而燃烧带越大，如图6-6所示。

可见，回旋区的长度几乎与鼓风动能呈直线关系。随鼓风动能的增加，回旋区长度增长，燃烧带尺寸也相应增大。

前已述及，燃烧带过大或过小都对高炉冶炼不利，由此可知，高炉应有一个适宜的鼓风动能。适宜的鼓风动能应保证煤气流分布合理，减少炉料运动的呆滞区，扩大炉缸活跃面积，使整个炉缸活跃、工作均匀。在不同的条件下，适宜的鼓风动能是不同的。高炉炉缸直径越大，则要求适宜的鼓风动能越大。同一座高炉由于冶炼强度不同，适宜的鼓风动能也不一样。生产实践表明，适宜的鼓风动能与冶炼强度呈线性关系。即冶炼强度较高时，可采用较低的鼓风动能；当冶炼强度较低时，则采用较高的鼓风动能。图 6-7 为鞍钢某两座高炉鼓风动能与冶炼强度的关系图。

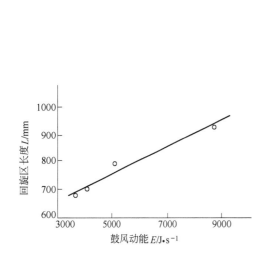

图 6-6　鼓风动能和回旋区长度的关系

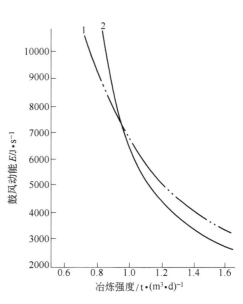

图 6-7　鼓风动能与冶炼强度的关系

C　影响鼓风动能的因素

从式 (6-16) 可知，鼓风动能取决于风量、风温、风速、风口面积和风压等参数。因此，改变这些鼓风参数就能改变鼓风动能，从而控制燃烧带的大小。

(1) 风量。鼓风动能正比于风量的三次方，因此，增加风量使鼓风动能显著增大，燃烧带也相应扩大。但是在一定的原燃料等冶炼条件下，高炉有一适宜的冶炼强度，即有一适宜的风量。为了获得良好的技术经济指标，高炉要尽可能在适宜的风量下操作。必须指出，虽然风量对燃烧带的大小有重大影响，但在高炉的实际操作中，并不把风量作为调节燃烧带大小的常用手段。这是因为风量的变化会引起鼓风动能的急骤变化，引起炉况难行。

(2) 风温。风温对于不同燃烧状态下和炉缸热状态下的燃烧带的影响不同。一方面，提高风温，鼓风体积膨胀，风速增加，动能增大，使燃烧带扩大；然而另一方面，风温升高，使燃烧反应加速，因而所需的反应空间（燃烧带）相应缩小。这两方面的因素应看谁占主导地位，一般来说，风温升高，燃烧带扩大。在高炉实际操作中，风温的高低取决于热风炉和原燃料等条件，并服从高炉热制度的需要。由于风温的提高会引起炉缸煤气体积的急骤膨胀，引起炉况难行，因此，风温一般不作为调节燃烧带的手段，而只是作为处理炉况的一种手段。

(3) 风速。风速是指热风离开风口的流速。由式 (6-16) 看出，鼓风动能与风速的二次方成正比，风速增加，鼓风动能增大，鼓风和煤气更能向中心渗透。因此，在风量不变的条件下，增加风速将使燃烧带向中心方向扩大，而燃烧带的宽度和高度将缩小。

（4）风口面积。风速是通过改变风口断面积，即改变风口直径来调节的。缩小风口直径，风速增加，鼓风动能增加，燃烧带向中心伸长；扩大风口直径，风速降低，鼓风动能减小，燃烧带缩短。在高炉操作中，改变风速是高炉操作中调节燃烧带尺寸常用的有力手段。

（5）风压。由式（6-16）看出，鼓风动能与风压的二次方成反比。在风量、风温和风口直径等不变的情况下，风压（通常以热风压力表示）越高，则鼓风体积越小，实际风速也越小，因而鼓风动能越小，燃烧带的长度就越短。也就是说，风压对燃烧带大小的影响是由实际风速的变化引起的。

风压取决于高炉大小、原料条件、风量和炉顶煤气压力（常压和高压）等因素。对于常压高炉操作，一般情况下只有通过改变风量才能调节风压；对于高压高炉操作，则可以通过改变炉顶煤气压力来调节风压。因此，必须指出的是，不仅常压操作高炉不能把风压作为调节燃烧带的手段，而且高压操作高炉也不能把风压作为调节燃烧带的手段。

6.3.3.2　风口的形状和风口伸入炉内的长度对燃烧带的影响

高炉通常采用圆形风口，因为圆形风口便于制造和安装。不难理解，当采用文杜里氏和椭圆形风口时，燃烧带长度将缩短，而宽度将扩大。

风口伸入炉内的长度越长，则燃烧带越向中心延伸。但是风口伸入炉内的长度是很有限的（一般为200~500mm），过长时风口使用寿命将缩短，而且更换安装也困难。

调节风口长度也是调整炉缸工作的一种措施。当边缘气流过分发展或中心堆积时，才应用此手段。即增加风口伸入炉内的长度，可使燃烧带伸向高炉中心，促使高炉中心活跃，消除中心堆积或减少边缘气流；反之，则促使边沿活跃。

总之，合适的鼓风动能应保证获得一个既向中心延伸，又在圆周有一定发展的燃烧带，实现炉缸工作的均匀活跃与炉内煤气流的合理分布，以此来保证高炉顺利。

需要指出的是，在高炉日常操作中，通常不改变风口形状和风口伸入炉内的长度。

6.3.3.3　焦炭性能对燃烧带的影响

焦炭的块度、孔隙率和反应性对燃烧带的大小也有影响。在层状燃烧的情况下，焦炭块度越大，则单位体积焦炭的总面积越小，反应速度越慢，因而燃烧带越大；在回旋运动燃烧的情况下，焦炭块度越大，则回旋区越小，因而燃烧带越小。

在层状燃烧情况下，焦炭的孔隙率越高和反应性越好，则反应速度越快，因而燃烧带越小；在回旋运动燃烧的情况下，焦炭的孔隙率和反应性好时，可以使 CO_2 的还原反应加快，缩小还原区，因而燃烧带将缩小。所以，当高炉从用木炭（孔隙率80%~90%）改用焦炭（孔隙率45%~55%）冶炼以及从焦炭改用无烟煤（孔隙率很低）冶炼时，燃烧带都将扩大。图6-8为焦炭孔隙率对回旋区燃烧带的影响。由此图可以看出，焦炭孔隙率增加4%，燃烧带由1800mm缩小到1300mm，缩短了500mm。

6.3.3.4　喷吹燃料对燃烧带的影响

高炉喷吹燃料后，由于部分燃料在风口中燃烧，放出热量，产生气体产物，因此鼓入高炉的不只是空气，而是空气、燃烧产物和喷吹燃料的混合气流。显然，混合气流的动能要比鼓风动能大得多，因此燃烧带必然扩大。

计算喷吹燃料时混合气流的动能，首先必须确定气体体积增加量和温度升高值，两者都取决于燃料的喷吹量及其在风口内的燃烧率。燃料在风口内燃烧率取决于喷吹燃料的种类、喷吹量、风温和雾化与混合程度等因素，需要在实际中测定。根据我国高炉喷吹燃料时测定的风口出口处气体成分推算，喷吹燃料在风口内的燃烧率约为25%~40%，气体体积增加约10%，温度上升约500~600℃。

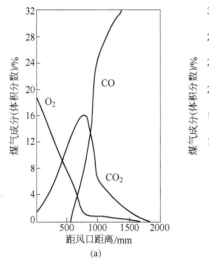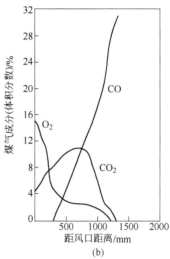

图 6-8 　焦炭孔隙率对燃烧带的影响

（a）孔隙率为 36%；（b）孔隙率为 40%

此外，喷吹燃料中的碳氢化合物在风口内和风口前端首先燃烧成 H_2O。H_2O 消失的速度比 CO_2 消失的速度慢得多，使燃烧带的实际还原区（进行 $CO_2 + C \longrightarrow 2CO$ 和 $H_2O + C \longrightarrow H_2 + CO$ 反应的区域）扩大，因此燃烧区必然扩大。图 6-9 所示为高炉喷吹天然气时炉缸煤气成分的变化。由图可见，CO_2 在距风口约 1150mm 处从气相中消失，而 H_2O 却延伸到 2250mm 处才消失。所以，高炉鼓风湿度大（加湿程度高）或喷吹燃料时，以 H_2O 消失处作为燃烧带的边界更符合实际情况。

6.3.3.5 上部炉料分布对燃烧带的影响

如果燃烧带上方的炉料分布为边缘矿石少、焦炭多的边缘发展型，则燃烧带缩小；若实行的是中心加焦技术，炉料分布为边缘矿石多而中心焦炭多的中心发展型，则燃烧带向中心延伸。如果上部炉料负荷重、堆密度大，作用于回旋区上

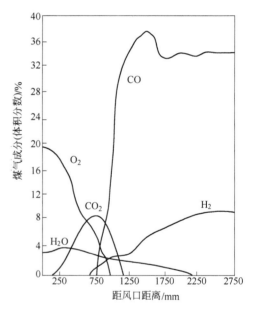

图 6-9 　高炉喷吹天然气时的炉缸煤气成分

的有效重力大，回旋区会缩小；而焦炭粒度大，落入回旋区的液态物数量多，它们受鼓风冲击而运动时消耗的鼓风动能多，鼓风动能衰减快，回旋区和燃烧带都会缩小。

6.4 　高炉内的热交换

高炉内的热交换，是指上升的煤气流与下降的炉料之间的热量传递。高炉各个区域中的化学反应能否进行和进行的程度如何，温度高低是决定性的条件。煤气流既是还原剂又是载热

体，在煤气上升过程中既还原了矿石，又将热量传给了炉料，提供加热及各种物理化学变化所需的热量。因此，煤气与炉料之间的热交换进行程度如何，对高炉冶炼起决定性的作用。

6.4.1 炉料（或煤气）的水当量

炉料的水当量（或煤气的水当量）是指单位时间内炉料（或煤气流）温度升高1℃（或降低1℃）时所吸收（或放出）的热量。炉料的水当量和煤气的水当量可分别表示如下。

（1）炉料水当量（$W_料$）：

$$W_料 = G_料 C_料 \quad\quad (6-17)$$

（2）煤气水当量（$W_气$）：

$$W_气 = V_气 C_气 \quad\quad (6-18)$$

式中　$W_料$——炉料的水当量，kJ/（h·℃）；

　　　$W_气$——煤气的水当量，kJ/（h·℃）；

　　　$G_料$——单位时间内通过高炉某一截面的炉料量，kg/h；

　　　$V_气$——单位时间内通过高炉某一截面的煤气量，m³/h；

　　　$C_料$——炉料的比热容，kJ/（kg·℃）；

　　　$C_气$——煤气的比热容，kJ/（kg·℃）。

炉料的水当量越大，则炉料升高1℃时所需要的热量就越多；煤气的水当量越大，则煤气温度下降1℃时传给外界的热量也就越多；反之亦然。

在现代高炉上，水当量沿高炉高度上的变化规律是：煤气水当量上、下部基本相同（约2000～2500kJ/（h·℃）），这是因为 $V_气$ 上部大、下部小，而 $C_气$ 相反，上部小、下部大，两者乘积基本相同；炉料水当量上部小、下部大（上部 1800～2200kJ/（h·℃），下部 5000～6000kJ/（h·℃）），这是由于上部不仅吸热反应少，而且 CO 间接还原放热，所以表观 $C_料$ 小，下部则有大量的吸热反应，还有炉渣和生铁熔化耗热，所以表观 $C_料$ 很大。

6.4.2 理论燃烧温度

6.4.2.1 理论燃烧温度的概念

由于高炉内实际的燃烧温度难以计算，所以，通常用理论燃烧温度来代表燃烧温度。所谓理论燃烧温度，是指风口前焦炭燃烧所能达到的最高温度，即是炉缸煤气参与炉料热交换之前的原始温度，用下式计算：

$$t_理 = \frac{Q_碳 + Q_风 + Q_燃 - Q_分}{m_煤 \cdot c_煤} \quad\quad (6-19)$$

式中　$t_理$——理论燃烧温度，℃；

　　　$Q_碳$——1kg 碳燃烧为 CO 时放出的热量，kJ/kg；

　　　$Q_风$——1kg 碳燃烧为 CO 时，热风带入的热量，kJ/kg；

　　　$Q_燃$——1kg 碳燃烧为 CO 时，焦炭和喷吹燃料带入的物理热，kJ/kg；

　　　$Q_分$——1kg 碳燃烧为 CO 时，鼓风和喷吹燃料中的水分以及喷吹燃料的分解热，kJ/kg；

　　　$m_煤$——1kg 碳燃烧为 CO 时，燃烧生成的煤气量，kg/kg；

　　　$c_煤$——煤气的平均比热容，kJ/（kg·℃）。

从式（6-19）知：风温越高，则带入的热量越多，因而 $t_理$ 越高；鼓风湿度越大，则水分分解耗热越多，因而 $t_理$ 越低；鼓风含氧量越高，则生成煤气量越少，因而 $t_理$ 越高；喷吹量越大，喷吹燃料分解耗热越多，并且生成煤气量增加，因而 $t_理$ 越低。

理论燃烧温度的高低对高炉冶炼有很大的影响。理论燃烧温度高，表明同样体积的煤气含有较多的热量，可以把更多的热量传给炉料，有利于炉料加热、分解、还原过程的进行。尤其是高炉喷吹燃料后，较高的 $t_{理}$ 可以加速喷吹物的燃烧，改善喷吹燃料的利用。但是过高的 $t_{理}$ 使煤气体积增大，煤气流速加快，炉料下降所受阻力增高，同时还导致 SiO_2 大量挥发，不利于炉况顺行。因此，应维持适宜的 $t_{理}$。

应当指出，$t_{理}$ 与炉缸温度有本质区别，而且也没有严格的依赖关系。$t_{理}$ 是指燃烧带燃烧焦点的温度（燃烧带中的最高温度），炉缸温度是指炉缸渣铁的温度。例如，当 $t_{理}$ 达 1800 ~ 2400℃ 时，炉缸温度一般只有 1400 ~ 1500℃ 左右。又例如，喷吹燃料后，$t_{理}$ 降低而炉缸温度却往往升高；富氧鼓风后，$t_{理}$ 升高，但由于煤气量显著减少，炉缸中心煤气量不足，炉缸温度还可能降低。因此，$t_{理}$ 不能作为衡量炉缸温度的主要依据。

6.4.2.2 影响理论燃烧温度的因素

影响理论燃烧温度的因素有：鼓风温度、鼓风富氧度、喷吹燃料、鼓风湿度。

A 鼓风温度

鼓风温度升高，则鼓风带入的物理热增加，理论燃烧温度升高。鼓风湿度为 1.5% 且无富氧、无喷吹时，鼓风温度和理论燃烧温度的数值如表 6-6 和表 6-7 所示。

<table>
<tr><td colspan="2">表 6-6 鼓风温度和理论燃烧温度的关系</td></tr>
<tr><td>风温/℃</td><td>理论燃烧温度/℃</td></tr>
<tr><td>800</td><td>1994</td></tr>
<tr><td>900</td><td>2013</td></tr>
<tr><td>1000</td><td>2154</td></tr>
<tr><td>1100</td><td>2237</td></tr>
<tr><td>1200</td><td>2319</td></tr>
</table>

<table>
<tr><td colspan="2">表 6-7 鼓风含氧量与理论燃烧温度的关系</td></tr>
<tr><td>鼓风含氧量 $\varphi(O_2)$/%</td><td>理论燃烧温度/℃</td></tr>
<tr><td>21</td><td>2237</td></tr>
<tr><td>22</td><td>2267</td></tr>
<tr><td>23</td><td>2314</td></tr>
<tr><td>24</td><td>2360</td></tr>
<tr><td>25</td><td>2404</td></tr>
</table>

B 鼓风富氧度

鼓风含氧量提高以后，N_2 含量减少，此时虽因风量减少而使 $Q_风$ 有所降低。但由于 V_{N_2}（氮气体积）降低的幅度大，理论燃烧温度显著升高。风温为 1100℃、鼓风湿度为 1.5%、无喷吹时的数值对应关系见表 6-7。

C 喷吹燃料

由于喷吹物分解吸热和 V_{H_2} 增加，理论燃烧温度降低。由于各种喷吹燃料的分解热不同，如含 $H_2$22% ~ 24%（体积分数）的天然气分解热为 3350kJ/m³，含 $H_2$11% ~ 13%（质量分数）的重油分解热为 1675kJ/kg，含 $H_2$2% ~ 4%（质量分数）的无烟煤分解热为 1047kJ/kg，所以，喷吹天然气时降低理论燃烧温度最剧烈，重油次之，无烟煤降低最少。

D 鼓风湿度

鼓风湿度的影响与喷吹燃料相同，由于水分分解吸热，理论燃烧温度降低。

6.4.3 炉内温度的变化和分布规律

6.4.3.1 风口至炉缸中心温度的分布

炉缸内的实际温度与 $t_{理}$、焦比、炉渣成分、生铁品种、炉缸内的直接还原以及冷却水带走的热量等因素有关。各高炉由于冶炼条件和操作制度的不同，炉缸实际的温度也不尽相同。

但炉缸温度沿半径方向的变化趋势是相似的，如图 6-10 所示。

　　燃料在靠近风口的燃烧带内燃烧，产生的高温煤气向上和向炉缸中心穿透，把热量传递给焦炭、炉渣和铁水，而煤气本身的温度逐渐降低。因此，炉缸内温度的分布与煤气的分布密切相关。

　　在风口附近（燃烧带），由于燃烧生成 CO_2 时放出的热量最多，温度达到最高点（即燃烧焦点）。燃烧焦点的温度取决于风温、鼓风成分、燃料性质、焦点处煤气中的 CO_2 含量以及炉缸温度水平等因素。燃烧焦点在冶炼炼钢生铁时为 1900℃ 左右，在冶炼锰铁及硅铁时可达到 2000℃ 以上。

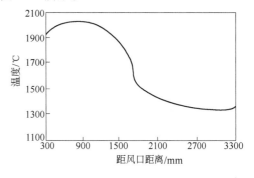

图 6-10　沿半径方向炉缸温度变化

　　从风口到炉缸中心温度降低的程度，主要取决于炉缸中直接还原反应发展的程度和到达炉缸中心的煤气量。显然，直接还原越少，到达中心的煤气越多，则温度降低越少。中心温度过低时，中心渣铁的流动性差，易形成难熔的物质，导致炉缸中心堆积。

　　由此可见，炉缸温度沿半径方向的分布是不均匀的。

6.4.3.2　沿炉身高度上的炉内温度分布

　　高炉从上往下温度是逐渐降低的。其原因是温度高达 1700～2000℃ 的炉缸煤气在上升过程中，不断地把热量传递给下降的炉料，仅几秒钟时间到达炉顶后降至 150～300℃；而常温的炉料在下降过程中不断被煤气加热、还原，到达炉缸时呈液态的渣铁定时排出炉外。

　　研究表明，高炉内的温度场虽因高炉具体情况不同，沿圆周半径方向依煤气流的分布不同而千差万别，但沿炉内高度上的温度分布却有如图 6-11 所示的共同规律。

　　在高炉上部与下部，即新的炉料刚刚进入炉内和煤气刚刚从风口燃烧带产生之处，煤气与炉料间温差较大，热交换强烈。而在炉身中、下部区域内，煤气与炉料的温差很小，大约只有 10～20℃，是热交换极其缓慢的区域，常称为热交换的空区域或热储备区。

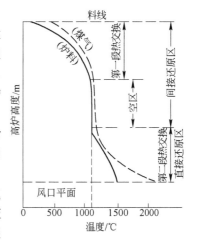

图 6-11　高炉热交换过程示意图

6.4.4　热交换规律

　　由图 6-11 可知：从热交换角度出发，可以把高炉划分为三个区，即上部热交换区、下部热交换区和空区。下面分别讨论这三个区域的热交换。

6.4.4.1　上部热交换区

　　在此区域中，主要进行炉料的加热、水分的蒸发、结晶水的分解、炉料挥发分的挥发、部分碳酸盐的分解和部分间接还原。而高价氧化物的间接还原是放热反应，炉料吸热量少，因此炉料水当量小于煤气水当量，即 $W_料 < W_气$。所以，在此区域内，炉料温度上升的速度大于煤气温度下降的速度；同时，上升煤气遇到刚入炉的冷料，煤气与炉料之间有较大的温度差，所以热交换激烈，炉料由 20～30℃ 的常温升高到中部空区 950℃，而煤气温度则从 950℃ 下降到炉顶温度 200～300℃，最上面的温度差约为 100～300℃。

6.4.4.2 下部热交换区

在此区域中，由于进行着 Fe、Mn、Si、P 等元素的直接还原、部分碳酸盐的分解、炉料的熔化以及渣铁的过热等物理化学过程，炉料消耗的热量很大，因此 $W_料 > W_气$，即炉料温度上升的速度小于煤气温度下降的速度；此外，炉料与煤气也一直保持着较大的温度差，而且越往下温度差越大，煤气从离开燃烧带时的温度 1800～2000℃下降到中部空区 950℃，而炉料从中部空区的 950℃上升到渣铁出炉温度 1500℃，最大时温差可达 400～500℃。在此区域内，热交换进行得最激烈。

6.4.4.3 空区

在高炉的中部由于进行的吸热反应（主要为部分碳酸盐分解和直接还原）和放热反应（间接还原）的热效应值接近，炉料消耗的热量少，因此 $W_料 \approx W_气$，即炉料温度上升的速度约等于煤气温度下降的速度。在此区域内，炉料与煤气的温差很小（约 10～20℃），因而热交换进行得很缓慢，甚至基本上不进行。所以，此区域被称为热交换的"空区"。空区约占整个料柱高度的 50% 左右。空区和下部热交换区的界线是碳酸盐开始大量分解和碳的气化反应（$CO_2 + C \rightleftharpoons 2CO$）明显发展的温度线，即 950～1100℃ 的区域。

6.4.5 改善煤气利用的途径

6.4.5.1 保持适宜的高炉高径比

由于高炉有热交换的空区存在，高炉的高度越高，空区也必然越长。因此，过高的高度对热交换没有什么益处。所以，适当降低高度（H_u）和炉腰直径（D）之比 H_u/D，不但不会恶化热交换过程，相反有利于强化高炉冶炼和改善煤气的利用，这已为许多生产实践所证实。

但是，不能因为高炉内有热交换的空区，就可以认为高炉的有效高度可以大大降低，从而缩短空区，而不会导致炉顶煤气温度升高。因为高炉内热交换空区的出现，不是由高炉炉型方面引起的后果，而是冶炼过程本身的必然结果，高炉毕竟不是一个简单的热交换器，在热交换的空区内进行着间接还原，因此，热交换的空区可以缩短，但不能消除。试验研究表明，即使在有效高度为 1225mm（为正常高炉的 1/20）这样小的高炉上，当进行着正常的反应过程时，同样存在着热交换空区，其高度大约为全料柱高度的 30%，由此可见，减小高炉高度并不能消除热交换的空区。

同时，高炉内除热交换外，还进行着还原等物理化学过程，高炉过矮，必将恶化这些过程。例如，首钢某高炉把炉身缩短约 6m，炉型突出矮胖，高径比（H_u/D）降到 2.61，虽然也获得了较好的冶炼指标，但与冶炼条件相似的、高度较高的高炉（高径比为 2.91）比较，焦比一般总要高出 10～30kg/t，燃料比更高，见表 6-8。

表 6-8 高炉高径比（H_u/D）对焦比的影响

高径比（H_u/D）	高炉 1 为 2.61	高炉 2 为 2.91
有效容积/m³	576	1036
有效高（H_u）/m	18.30	24.65
炉身高/m	8.50	14.10
利用系数/t·(m³·d)⁻¹	2.41	2.03
吨铁实际焦比/kg·t⁻¹	442	432
吨铁校正焦比/kg·t⁻¹	502	432
吨铁燃料比/kg·t⁻¹	624	546

高径比（H_u/D）	高炉 1 为 2.61	高炉 2 为 2.91
吨铁煤比/kg·t^{-1}	131	77
吨铁油比/kg·t^{-1}	51	37
风温/℃	1051	1039
炉顶煤气 $\varphi(CO_2)$ /%	14.20	15.10

综上所述，保持适宜的 H_u/D，对于改善热交换和还原等过程、提高煤气的利用，从而改善高炉冶炼的指标是十分重要的。

6.4.5.2 维持适宜的炉缸温度

炉缸温度直接影响到渣铁的温度及生铁的质量。因此，炉缸温度是高炉操作中十分关心的问题。根据热平衡和热交换原理，可以推导出高炉下部热交换区内炉缸温度与 $W_气/W_料$ 比值的关系：

$$W_料 t_缸 - W_料 t_空 = W_气 t_气 - W_气 t_空$$

式中 $t_缸$，$t_空$，$t_气$——分别为炉缸内炉料（渣、铁）、空区和炉缸内的煤气温度。

由于空区 $W_料 \approx W_气$，因此上式可简化成：

$$W_料 t_缸 = W_气 t_气$$

则
$$t_缸 = \frac{W_气}{W_料} t_气 \tag{6-20}$$

由上式可见，炉缸温度（炉渣和铁水的温度）取决于炉缸煤气温度和 $W_气/W_料$ 的比值。当风温提高而焦比等不变时，由于 $t_气$ 升高而 $W_气/W_料$ 又不变，因此 $t_缸$ 将升高；当焦比升高而风温等不变时，由于 $W_气/W_料$ 增大，而 $t_气$ 又不变，故 $t_缸$ 也将升高；如果在提高风温的同时降低焦比，尽管 $t_气$ 升高了，但 $W_气/W_料$ 却减小，于是 $t_缸$ 不一定变化。

采用富氧鼓风时，由于对 $t_气$ 升高比对 $W_气/W_料$ 降低的影响更大，所以 $t_缸$ 将升高。

当炉况不顺、炉料与煤气分布不合理时，铁矿石在高炉上部间接还原不充分，从而增加了高炉下部的直接还原，这样就增大了炉料水当量，于是 $W_气/W_料$ 的值降低；同时，由于炉料在上部预热不良，因而 $t_气$ 也将降低。所以，在这种情况下 $t_缸$ 将降低。同理，当铁矿石的还原性变差时，炉子下部直接还原必然增加，因而 $t_缸$ 也会降低。

综上所述，炉缸温度取决于焦比、风温、鼓风成分、炉况和炉缸直接还原等因素。根据冶炼条件和冶炼的生铁品种，合理地利用有关手段和选择有关参数，使 $W_料/W_气$ 的值升高（即 $W_气/W_料$ 的值降低）和 $t_气$ 升高相结合，就能获得一个适宜的炉缸温度水平。同时还不难看出，高风温和富氧鼓风有利于提高炉缸温度，因而有利于冶炼高温生铁。

6.4.5.3 降低炉顶温度

根据热平衡原理和热交换原理，若炉料带入炉内的热量忽略不计，则可得出：

$$W_气 t_空 = W_料 t_空 + W_气 t_空$$

则
$$t_顶 = t_空 \left(1 - \frac{W_料}{W_气}\right) \tag{6-21}$$

由式（6-21）可知，$t_顶$（炉顶煤气温度）取决于 $t_空$ 和 $W_料/W_气$。当 $t_空$ 一定时，$t_顶$ 就只与 $W_料/W_气$ 有关，$W_料/W_气$ 越大，则 $t_顶$ 越低。运用式（6-21）对影响炉顶温度的因素进行分析如下：

（1）焦比对炉顶温度的影响。焦比越低，$W_气$ 越小，则 $W_料/W_气$ 越大，因而 $t_顶$ 越低，即炉顶煤气温度随着焦比的降低而降低。

（2）风温对炉顶温度的影响。风温提高而焦比不变时，由于$W_气$不变，因而$t_顶$也不变。但在实际操作中，风温提高后，焦比必然降低，因而$W_气$减小，$t_气$减小，$t_顶$就会降低。

提高风温不但有利于降低炉顶煤气温度，而且由于$W_气/W_料$升高，使高温区和成渣带下移，因而有利于扩大间接还原区，改善还原过程并维护炉况顺行。

（3）鼓风成分对炉顶温度的影响。当采用富氧鼓风和加温鼓风时，由于单位碳量燃烧所产生的煤气量减少，因而$W_气$减少，$t_顶$降低。

由于富氧鼓风也将使高温区和成渣带下移，所以有利于改善还原过程和炉况顺行。

（4）炉料和煤气的分布对炉顶温度的影响。若炉料与煤气的分布均匀而合理，由于煤气的热量能被炉料很好地吸收，因而$t_顶$将降低；相反，当煤气分布失常，即边缘或中心煤气流过分发展（尤其是前者）或有管道煤气流形成时，由于大量煤气从边缘、中心和管道流走，煤气与炉料不能进行充分的热交换，因而$t_顶$必将升高。

（5）炉料中的水分含量对炉顶温度的影响。当炉料含水较多时，由于炉料中的水分蒸发和水化物的分解需消耗较多的热量，而使得高炉最上部的$W_料$较大，因而$t_顶$较低；当使用烧结矿和干燥的炉料时，由于炉料在最上部吸收的热量较少，因而在最上部吸收的热量少，即最上部的$W_料$更小，所以$t_顶$就更高。

综上所述，使用低焦比、高风温、富氧、加温鼓风、冷矿入炉和炉料与煤气合理分布的操作，均可以降低炉顶煤气温度。

复习思考题

6-1   风口前焦炭的燃烧在高炉冶炼中起什么作用？

6-2   说明焦炭在风口前的燃烧反应式和燃烧产物。

6-3   炉缸煤气的最终成分有哪些，为什么没有 CO_2？

6-4   简述现代化高炉风口前燃烧带的组成。

6-5   说明焦炭回旋区与燃烧带的联系与差异。

6-6   高炉内的氧化区在哪里，它能使哪些元素再氧化？

6-7   高炉冶炼为什么需要一个适宜的燃烧带？

6-8   影响燃烧带大小的因素有哪些，如何影响？

6-9   煤气在上升过程中，体积、成分、温度是如何变化的？

6-10   什么是理论燃烧温度，它对高炉冶炼有何影响？

6-11   高炉内热交换的条件是什么，热交换最激烈的区域在何处？

6-12   解释炉料水当量和煤气水当量。

6-13   为什么在上部热交换区 $W_料 < W_气$，而在下部热交换区 $W_料 > W_气$？

6-14   高炉冶炼对 $t_缸$ 和 $t_顶$ 有何要求，为什么？

6-15   高炉生产如何选择适宜的鼓风动能？

7 高炉内炉料和煤气的运动

高炉内存在着两个相向运动的物质流：自上而下的炉料流和自下而上的煤气流。高炉内许多反应都是在炉料和煤气不断地相向运动条件下进行的，炉料和煤气的运动是高炉炉况是否顺行和冶炼强化的决定性因素。因此，稳定炉料和煤气的运动并使之合理地进行，常常是生产中保证获得良好冶炼的重要途径。

7.1 炉 料 运 动

7.1.1 炉料下降的空间条件和力学分析

7.1.1.1 空间条件

高炉内不断出现的自由空间是保证炉料不断下降的基本前提。自由空间形成的原因是：

（1）焦炭在风口前的不断燃烧；

（2）炉料在下降过程中，由于小块炉料填充于大块炉料的间隙中，焦炭中的碳在到达风口前参加直接还原和渗碳过程，固体炉料变成液态渣铁和气体，从而引起体积缩小；

（3）周期性的放渣、放铁。

在上述诸因素中，焦炭的燃烧影响最大，其次是液态渣铁的排放。

7.1.1.2 力学分析

高炉内不断出现的自由空间只是为炉料的下降创造了先决条件，但炉料能否顺利下降还取决于下述的力学关系：

$$p = p_料 - p_c - p_k - p_气 = p_料 - p_摩 - p_气 \tag{7-1}$$

式中　p——使炉料下降的力，N；

$p_料$——炉料的重力，N；

p_c——炉料与炉墙之间的摩擦力，N；

p_k——炉料与炉料之间的摩擦力，N；

$p_摩$——炉料下降时受到的总的摩擦力，N；

$p_气$——煤气对炉料的阻力（浮力），N。

很显然，只有当 $p > 0$ 时炉料才能下降；p 越大，则越有利于炉料顺利下降；当 p 接近或等于零时，则炉料产生难行或悬料。

需要指出的是，要使炉料顺利下降（也称为炉料顺利），不仅要求整个料柱的 p 大于零，而且还要求各个不同高度截面上和同一截面不同位置上的 p 大于零。显然，当某处 $p = 0$ 时，则该处的炉料是悬料。因此，炉料不顺行的现象不仅可能在高炉上部或下部出现，也可能在某一截面上的某一区域出现。

为了讨论问题方便起见，引入料柱有效重力这一概念。料柱的重力克服了摩擦阻力后所剩下的重力，称为料柱的有效重力，即：

$$p_{有效} = p_料 - p_摩 \tag{7-2}$$

就整个料柱而言，料柱本身的重力由于受到摩擦阻力的反作用，并没有全部作用在风口平面或炉底上，真正起作用的只是料柱的有效重力。

置于煤气中的料柱所受到的煤气的浮力，近似地等于料柱上、下平面煤气的静压差，即近似等于煤气通过料柱时所产生的压力损失 Δp。于是，式（7-1）可改写为：

$$p = p_{有效} - \Delta p \tag{7-3}$$

式（7-1）和式（7-3）不能用于定量计算，但可以用于定性分析。通常情况下，当炉型、原料和操作制度一定时，$p_{有效}$ 变化不大，因此，p 的大小主要受 Δp 的影响。

7.1.2　影响 $p_{有效}$ 的因素

高炉炉料是一种散料体。散料体与整块固体的不同之处是它内部没有结合力，而与液体的不同之处是它具有很大的内摩擦力。由料块组成的高炉料柱重力所产生的压力，从一块传递到另一块，对四周的墙壁产生很大的侧压力和摩擦力。因此炉料下降时，料柱本身重力在克服了内摩擦力 p_k 和炉墙的摩擦力 p_c 后，作用于底部的重力 $p_{有效}$ 要比料柱的重力 $p_料$ 少得多。为了便于比较，采用有效重力系数这一概念，即有效重力系数 $a = (p_{有效} / p_料) \times 100\%$。

7.1.2.1　炉型

在其他条件不变的情况下，炉身角越小时，则炉墙对炉料的摩擦力 p_c 越小，因而 $p_{有效}$ 越大。炉腹角越大，则风口平面的 $p_{有效}$ 越大。炉墙壁平整时，$p_{有效}$ 就大；相反，当炉墙表面凹凸不平或结了炉瘤时，p_c 将增大而 $p_{有效}$ 将减小，严重时使得 $p_{有效} \leqslant \Delta p$，使炉况严重不顺，产生难行和悬料。

模型试验表明（见图 7-1），炉料运动条件下的有效重力系数大于静止条件下的有效重力系数，前者约为 39% ~ 41%，后者约为 15% ~ 16%。静止条件下，随着料柱高度的增加，风口水平面的料柱有效重力 $p_{有效}$ 也增加，但当料柱高度达到一定值后，$p_{有效}$ 就不再增加；在某些试验中发现，在炉型不合理的高炉上，当高度超过一定值后，$p_{有效}$ 反而有所降低，这是由于在上部生成料拱和炉墙的摩擦力过大的缘故。在炉料运动的条件下，$p_{有效}$ 总是随着料柱高度的增加而增加。但是，无论炉料处于静止状态还是处于运动状态，料柱的有效重力系数总是随着料柱的增高而减小。这是由摩擦力的增加幅度大于料柱重力的增加幅度所致。

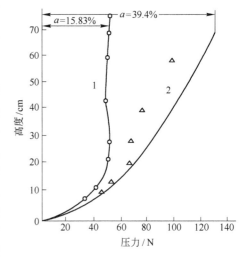

图 7-1　风口水平面上炉料的压力和料柱高度
的关系（原料为沙子）
1—炉料静止时；2—炉料运动时

现代高炉的炉型向矮胖方向发展，其原因之一是矮胖高炉有利于炉料顺行。因为煤气浮力 Δp 随着料柱高度的降低而减小，而料柱的有效重力系数 a 却随着料柱高度的降低而增大，其结果是 p（$p = p_{有效} - \Delta p$）值增大，所以，矮胖形高炉有利于炉料的顺行。

7.1.2.2　燃烧带

当相邻风口的燃烧带互相连成一片时，风口之间的"死料柱"（即料柱呆滞区）就可以消失，这样，炉墙附近的炉料都处于大致相同的下降速度状态，因而炉墙对炉料的摩擦力 p_c 减小，同时炉墙处炉料相互之间的摩擦力 p_k 也将减小，因而使 $p_{有效}$ 增大。当燃烧带的长度足够时，为使炉缸中心部分的"死料柱"消失，这样，边缘部分的炉料与中心部分的炉料之间的摩擦力 p_k 减小，因而 $p_{有效}$ 增大。

7.1.2.3　造渣制度

高炉内成渣带的位置、炉渣的物理性质和炉渣的数量，对炉料下降的摩擦阻力影响很大。因为炉渣，尤其是初成渣和中间渣是一种黏稠液体，它会增加炉墙与炉料之间及炉料相互之间的摩擦力。因此，当成渣带越厚、位置越高，炉渣物理性质越差和渣量越大时，则 $p_{摩}$ 越大，而 $p_{有效}$ 越小。

7.1.2.4　炉料堆密度

在其他条件不变的情况下，显然，炉料的堆密度越大时，料柱的 $p_{有效}$ 也越大。

7.1.3　炉料下降的规律

7.1.3.1　下降速度

高炉内不仅同一截面各部位的炉料下降速度不一样，而且由于高炉各部位直径的变化和炉料因物理形态的变化而引起的体积变化，各截面的炉料下降速度也不相同，即同一炉料在下降过程中的下降速度也是变化的。

炉料在炉喉处的平均下降速度是可以计算的，其计算公式如下：

$$v_{平} = \frac{V}{24S} \tag{7-4}$$

$$或 \qquad v_{平} = \frac{V_u \eta_V V'}{24S} \tag{7-5}$$

式中　$v_{平}$——炉料在炉喉处的平均下降速度，m/h；

　　　V——每昼夜装入高炉的炉料总体积，m^3/d；

　　　S——炉喉截面积，m^2；

　　　V_u——高炉有效容积，m^3；

　　　η_V——有效容积利用系数，$t/(m^3 \cdot d)$；

　　　V'——每吨生铁炉料的体积，m^3/t。

由上式可见，同一高炉的利用系数越高时，则炉料的下降速度越快；每吨生铁炉料的体积越大时，则炉料的下降速度越快。

图 7-2 和表 7-1 所示为两个料速测定结果。由此可见，在紧靠炉墙的地方下料最慢，这是由于炉墙处的炉料受到炉墙较大的摩擦阻力所致；在距炉墙 250～600mm 的地方下料最快，此后越向中心则料速越低，这是因为距炉墙 250～600mm 处位于燃烧带上方，同时此处矿石量较多，在下部由于大量还原和熔化成渣铁而使炉料体积缩减很大。通常小高炉和炉型不合理的瘦长高炉风口前燃烧带的大小大体相近，所以小高炉燃烧带在炉缸截面上占的面积大，燃烧带前端距炉缸中心较近；另外，小高炉炉喉直径小，炉料相对而言易于布到中心，因而其中心的矿石量比大高炉多。由于这两个因素的作用，使小高炉和炉型不合理的瘦长高炉中心下料最快，而大高炉下料最快的区间在燃烧带的上方。

放射性同位素研究的结果还表明，炉料在下降过程中的运动速度也是变化的。从炉喉到炉身下部，料速不断降低。这是因为越向下，炉子截面越大以及炉料软化使炉料体积有所缩小的缘故。当炉料继续下降时，虽然炉腹收缩使截面积减小，但料速增加不多。这是因为在炉腹处炉料已大量还原和熔化，使炉料体积收缩。

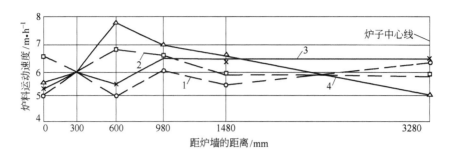

图7-2 有效容积为1386m³的高炉上部径向炉料的下降速度

1—放铁后；2—平均料速（约6h内）；3—放铁前；4—放铁时间内

表7-1 高炉上部下料速度

距炉墙距离/mm	0	300	600	980	1480	3280
炉料平均下降速度/m·h⁻¹	4.47	6.39	6.74	6.60	6.57	6.45
炉料平均下降速度/mm·min⁻¹	74.6	106.2	112.1	110.0	109.5	107.2

7.1.3.2 冶炼周期

炉料在炉内的停留时间称为冶炼周期。它是高炉冶炼的一个重要操作指标，同样可以用来说明下料速度的快慢。冶炼周期可通过下式计算：

$$t = \frac{24 V_u}{P V'(1-\xi)} \tag{7-6}$$

或

$$t = \frac{24}{\eta_V V'(1-\xi)} \tag{7-7}$$

$$\eta_V = P/V_u$$

式中 t——冶炼周期，h；

     V_u——高炉有效容积，m³；

     P——昼夜生铁产量，t/d；

     V'——每吨生铁炉料的体积，m³/t；

     ξ——炉料在炉内的平均体积压缩率；

     η_V——有效容积利用系数，t/(m³·d)。

由式（7-6）可见，冶炼周期 t 与有效容积利用系数 η_V 和每吨生铁炉料的体积 V' 成反比。由于冶炼条件的不同，冶炼周期相差甚大。目前，我国高炉的冶炼周期约为4~6h。一般大高炉的冶炼周期较长，而小高炉的冶炼周期较短。

7.1.3.3 炉料的再分布和超越现象

同位素测定炉料向下运动的轨迹表明：除了少数炉料向下做垂直运动外，多数炉料在下降过程中都将偏移垂直方向，而且各种炉料偏移垂直方向的程度也不相同。焦炭由于密度较小而偏移较多，矿石由于密度大而偏移较少。这样，在下降过程中，焦炭就容易被矿石挤向边缘。所以，通常在炉身下部边缘焦炭较多，而矿石较少。因此，炉料在下降过程中，各种炉料沿高炉截面的分布情况与炉喉处炉料的原始分布情况不完全一样，也就是说，炉料的分布情况将发生变化，这个现象称为炉料的再分布。炉料在下降过程中不仅发生组成的再分布，而且也将发生粒度的再分布。

由于炉料各组成的物理形态、密度和粒度不同，因而向下运动的速度也就不完全一样，一些炉料下降较快，另一些炉料下降较慢。于是在炉料下降过程中，将发生下降速度快的炉料"超越"下降速度慢的炉料的现象，这实际上是炉料的纵向再分布。

矿石密度大，焦炭密度小，因而矿石将超越焦炭。但在高炉上部，矿石尚处于固体状态时，矿石超越焦炭的现象不显著；在高炉下部，由于矿石还原熔化成液态渣铁后易于向下滴落，于是矿石超越焦炭的现象才较显著。

除因密度差别引起的超越现象外，块度的不同也能引起超越现象。小块炉料容易嵌入大块炉料之间的空隙中，因而容易超越大块炉料先行下降。

由于炉料在下降过程中发生超越现象，使得在同一时间内加入的炉料不会同时到达炉缸。在冶炼条件不变和炉况正常的时候，这种现象不会表现出什么影响。这是因为当沿料柱高度上某断面处的炉料组成超越其他炉料而先下降到下层料柱断面时，同样会被上层断面超越链的同种炉料组成所补充。

在改变所炼生铁品种而改变炉料时，新的生铁品种不是在新的炉料按冶炼周期到达炉缸时就能马上得到的，而是在某一段时间内先得到过渡成分的生铁。当改变原料品种或调节焦炭负荷时，同样会出现所谓的"过渡阶段"。这些都是由超越现象所引起的。

总的说来，炉料再分布和超越现象在高炉解剖后证明，块状带仍然保持装料时的矿、焦分层状态，故在正常炉况下对冶炼过程影响不大。

7.2　炉料在炉喉的分布

7.2.1　炉料在炉喉分布的重要作用

高炉炉喉的重要作用是承受合理布料，使炉料在炉喉按一定规律分布，故炉喉又称为布料带。所谓炉料在炉喉的分布，是指炉料沿炉喉横截面的分布。

高炉内煤气流分布与炉料的分布是相互影响、密切相关的。其他条件一定的情况下，煤气的分布主要取决于炉内炉料的分布，而炉内炉料的分布又主要取决于炉料在炉喉的分布。生产中，可以通过炉喉的合理布料来控制炉内煤气流的合理分布。所以，炉料在炉喉的合理分布，对于高炉冶炼有着极为重要的作用。

7.2.2　炉料在炉喉的分布对煤气分布的影响

炉料在炉喉的分布决定了炉料在炉内的分布，而炉料在炉内的分布对煤气分布有如下影响：

（1）焦炭与矿石在炉内的分布情况影响煤气分布。焦炭集中的地方，透气性好，阻力小，通过的煤气多；矿石集中的地方，透气性差，阻力大，通过的煤气少。

（2）大块与小块炉料在炉内的分布情况影响煤气分布。大块炉料集中的地方，透气性好，阻力小，通过的煤气多；小块炉料集中的地方，透气性差，阻力大，通过的煤气少。

（3）料层厚薄情况影响煤气分布。料层薄的地方，透气性好，阻力小，通过的煤气多；料层厚的地方，透气性差，阻力大，通过的煤气少。

7.2.3　炉料在炉喉的合理分布

炉料在炉喉的分布应符合合理煤气分布的要求。为了高炉的顺行，边缘和中心的大块料和焦炭应较多，而边缘与中心之间的环形区域内小块料和矿石应较多，这样，边缘和中心的透气性好，利于形成两道煤气流分布；为了提高煤气的利用率，炉料沿圆周方向分布应均匀，而且边缘炉料的负荷（矿石量/焦炭量）应适当重一些（由于边缘效应等原因，通常边缘煤气流易得到发展），以利于形成平峰式或中心开放式煤气流分布。

由上述可知，所谓炉料在炉喉的合理分布，在通常情况下即是：

（1）从炉喉径向看，边缘和中心，尤其是中心的炉料负荷应较轻，大块料应较多；而边缘和中心之间的环形区内炉料的负荷应较重，小块料应较多。

（2）从炉喉圆周方向看，炉料的分布应均匀。

此外，有时根据需要还要进行所谓的"定点布料"。例如，为了改善某区域炉料的透气性和减轻其炉料的负荷，就将焦炭布在该区域；相反，为了抑制某区域的煤气流，就将矿石布在该区域。

7.2.4 影响炉料在炉喉分布的因素

7.2.4.1 装料设备对布料的影响

A 钟式装料设备对布料的影响

钟式炉顶装料设备的结构见图7-3。采用钟式炉顶和料车上料的高炉，由于料车沿斜桥轨道单方向上料和倾卸于小料斗内，于是炉料在小料斗内分布不均匀，堆尖位于斜桥方向，见图7-4。炉料由小料斗落入大料斗和由大料斗落入炉内时，仍然保持这种不均匀分布的现象，结果导致炉料沿炉喉圆周分布的不均匀性。

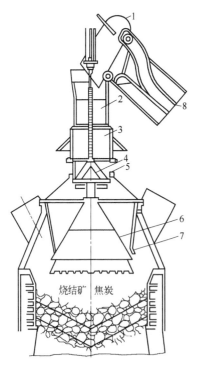

图7-3 钟式炉顶装料设备

1—料车；2—受料斗；3—小钟旋转斗；4—小钟；
5—旋转布料器；6—大钟；7—大钟料斗；8—斜桥

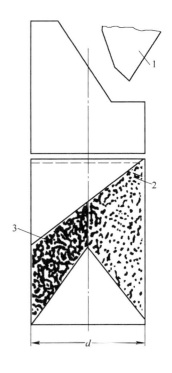

图7-4 炉料在小料斗内的分布

1—料车；2—细粒分布区；3—粗粒分布区
d—小斗直径

为了消除料车上料时炉料分布的不均匀，1907年，美国马基式旋转布料器问世，见图7-5。自此以后，这种布料器在全世界得到迅速推广和应用。马基式布料器的小钟和小料斗可以旋转，即小料斗装料后带动小钟一起旋转。一般可以旋转六个位置，旋转角度分别为0°、60°、120°、180°、240°和300°，这就是所谓的"六点布料制"。前四个角度按顺时针方向旋转，为了减少旋转角度，后两个角度采用逆时针方向旋转，见图7-6。

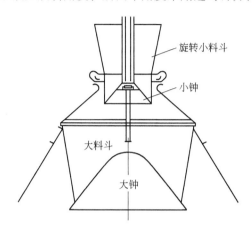

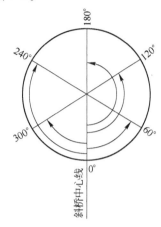

图7-5　马基式旋转布料器　　　　　图7-6　小料斗（小钟）旋转角度示意图

大钟的倾角对布料有影响。大钟开启时，炉料沿大钟表面滑下后呈抛物线下落。大钟倾角越大，则炉料落下的轨迹越陡，于是堆尖距炉墙越远；相反，倾角越小，则炉料落下的轨迹越平坦，于是堆尖距炉墙越近，一般大钟倾角为45°~55°，我国定型设计大、中型高炉的大钟倾角均为53°。

此外，大钟底部伸出大料斗外的长度对布料也有影响。当大钟没有伸出大料斗外时，大钟打开后，最先落下的炉料的落下轨迹是垂直的；后来落下的炉料由于在大钟倾斜面上滚动一段距离而具有一定的初速度，因而落下轨迹才是抛物线形状。显然，大钟伸出大料斗外的长度越长，则炉料离开大钟时的初速度越大，因而落下的抛物线轨迹越平坦，于是炉料堆尖距炉墙越近。但是，大钟伸出大料斗外的长度由于受到炉型和装料设备结构的限制，是很有限的，不可能太长。

马基式布料器使用旋转布料器后，炉料堆尖的分布比较均匀，但并未消除小块料和大块料偏析堆集现象。此外，马基式布料器的工作条件差，容易出故障，密封问题难以解决。

为了克服马基式布料器的缺点，使炉料沿圆周方向更加均匀分布，在近代出现了许多新式炉顶布料设备，它们的基本方向是：（1）保留小料斗内炉料的堆尖，但堆尖位置可以准确控制。例如，60年代末采用了偏心旋转布料器。（2）消除炉料在料斗内的堆尖，使炉料分布均匀。例如，采用快速旋转布料装置，通过不断旋转的漏嘴使炉料不停地漏到大料斗中，这样可以彻底消除堆尖。这就是下面要讲的无料钟炉顶布料器。

B　无料钟炉顶布料器对布料的影响

20世纪70年代，无料钟炉顶布料器问世，如图7-7所示。它以全新原理克服了马基式布料器的基本缺陷，一经出现就受到重视，并且自此以后，在世界上许多国家迅速得到推广运用。目前，我国首钢、酒钢、重钢和攀钢等厂的高炉已推广运用此项技术。

无料钟布料器由两个料仓和一个溜槽组成。两个料仓相当于马基式布料器的大、小钟之间的大料斗，料仓的两端有两个密封阀，上密封阀相当于小钟，下密封阀相当于大钟。两个料仓轮换装料和向炉内布料。料仓装料时，下密封阀关闭，上密封阀开启；卸料（即布料）时，溜槽以一定角度有规律地在炉内旋转，上密封阀关闭，下密封阀开启，炉料沿中心喉管（导

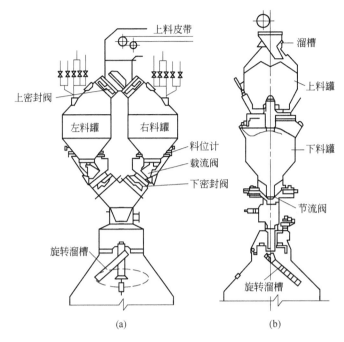

图 7-7　无料钟炉顶布料器

(a) 并罐式；(b) 串罐式

料管）流进溜槽，随着溜槽的转动将炉料分布于炉内料面上。

　　一般，一仓料可布 8~12 圈，因此，炉料沿圆周方向分布是均匀的，没有马基式布料器偏布的缺点。同时，溜槽倾角和转速可以任意变动，因此，无需借助于变径炉喉就能将炉料布到炉喉任何位置，从根本上改变了大钟布料的局限性。图 7-8 所示为无料钟布料器的布料方式。

　　无料钟布料器溜槽倾角和转速的变动及控制都很容易，因而改变布料十分灵活。上、下密封阀直径很小，又嵌有弹性良好的橡胶密封圈，密封性好，能承受高压。下密封阀上部有一个载流阀承受仓内炉料重量。上、下密封阀只起密封作用，不与炉料接触，因此阀体寿命长。此外，无料钟布料器的重量小、高度低、拆装灵活、运输方便，也是马基式布料器无法比拟的。

7.2.4.2　炉料性质对布料的影响

　　A　不同炉料对布料的影响

　　散状物料从一个高度不太高的空间落到没有阻挡的平面上，会形成一个自然的圆锥，锥面与水平面之间的夹角称为“自然堆角”。

　　在炉内，不同炉料的自然堆角不同，其分布特点也有差异。焦炭比矿石块度大且富有弹性，故在炉内的堆角焦炭小于矿石，因而焦炭容易分布在中心，而矿石容易分布在边缘。一般情况

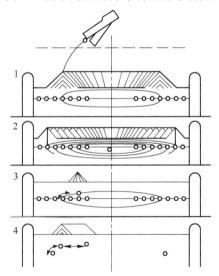

图 7-8　无料钟布料器的布料方式

1—快速旋转布料；2—螺旋布料；
3—定点布料；4—扇形布料

下，焦炭在炉内的堆角小于矿石在炉内的堆角，因而焦炭比矿石易于分布到炉子中心。但不是在任何情况下都如此，若条件变化了，各种炉料在炉内的堆角也将发生变化。可能出现焦炭和矿石在炉内的堆角相等的情况，甚至可能出现焦炭在炉内的堆角大于矿石在炉内的堆角的"反常"情况。

随着烧结矿和球团矿的大量应用，矿石和焦炭在炉内的堆角差异已变得不甚明显。在烧结矿粒度均匀时，仍可保持比焦炭稍大的实际堆角；如其粒度较小或粒度大小不匀、散矿性大，则其堆角将与焦炭接近，甚至小于焦炭。

    B   同种炉料物理性质的不同对布料的影响

同种炉料粒度不同，堆在一起时，大块容易滚向堆角，而粉末和小块易集中于堆尖。同种炉料，小块和粉料由于在炉内的堆角较大，因而容易集中在边缘炉墙附近；相反，大块炉料容易滚到炉子中心。

凡粒度大、密度小、表面光滑的炉料，其滚动性好、自然堆角小，分布时领先滚向堆角；凡粒度小、密度大、表面不规则的炉料，滚动性差、自然堆角大，分布时停滞于堆尖。因此，将不同粒度的矿石倒成一堆时，存在大块集中于堆角而小块集中于堆尖的偏析现象。炉料粒度不均时，偏析作用影响甚大；经过整粒，使粒度均匀化，可使偏析影响减小。

同种炉料粒度相同时，湿度大则堆角大，湿度小则堆角小。

7.2.4.3 装料制度对布料的影响

钟式炉顶装料设备的装料制度主要包括料线、装料顺序和炉料批重。装料制度是调节炉料在炉喉的分布，从而调节煤气流分布的常用手段，即所谓的上部调节。

    A   料线对布料的影响

大钟在开启位置时的下缘至料面的垂直距离称为料线，可用探料尺测定。炉料是分批装入高炉的，当料线达到规定值（位置）时，就打开大钟，将大料斗中的一批炉料加入炉内。

料线对炉料在炉喉分布的影响如图7-9所示。加料时，由于料线高低（即料面位置的高低）不同，则炉料在炉内的堆尖至炉墙的距离就不同。当料线选在炉料在炉墙的碰撞点（实际为碰撞带）以上时，料线越高，则堆尖距炉墙的距离越远；当料线选在碰撞点以下时，则炉料先碰撞在炉墙上，而后反跳向炉子中心，堆尖随之离开炉墙，若料线越低，则堆尖离开炉墙越远，但这时炉料的分布较乱，堆尖较矮、较宽，整个料面较平坦。

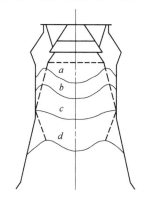

图7-9 料线对炉料堆尖分布影响的示意图

从图7-9可以看出，当料线过高时（见图7-9曲线 a），炉料堆尖将远离炉墙，这样，大块料和焦炭分布在边缘较多，结果易造成边缘煤气流过分发展；当料线选在炉料在炉墙的碰撞点附近时（见图7-9曲线 c），堆尖将在炉墙处，这样，小块炉料和粉末集中在炉墙处，而大块料滚向炉子中心，结果易造成中心煤气流过分发展；当料线过低，位于碰撞点以下时（见图7-9曲线 d），炉料堆尖虽然也离开炉墙，但由于堆尖较平坦，炉料的分布较乱，因而对煤气流分布的影响不太明显；当料线选择适宜时（见图7-9曲线 b），堆尖将适当离开炉墙，这样使得边缘和中心的煤气流都能得到适当发展。

从上述分析可知，当料线在碰撞点以上时，提高料线有利于发展边缘煤气流；当料线在碰撞点以下时，降低料线也有利于发展边缘煤气流，但效果没有那样显著。

适宜的料线取决于炉型、装料设备和炉料的性质等因素，而且还与炉料批重有关。因此，适宜的料线只能在生产实践中经过探索求得。

需要指出的是，在生产中应力求避免低料线操作。因为低料线操作不仅使炉料的分布较乱，而且由于炉料落下高度增大，炉料易碰碎；同时，炉料一落入较低部位，被煤气加热不充分，势必导致直接还原发展，煤气利用率降低，因此，实际上等于减少了高炉的有效容积。

B　炉料批重对布料的影响

前已指出，炉料是分批装入高炉的。每一批炉料由矿石、焦炭和熔剂按一定配比组成，其中，矿石重量称为矿批重，焦炭重量称为焦批重。

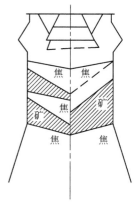

由于各种炉料在炉内的堆角不一样，因而炉料批重影响到炉料在炉喉的分布。通常，焦炭比矿石在炉内的堆角小，在这种情况下，批重对布料的影响如图7-10所示。图中右边为大料批，左边为小料批。由图可见，由于矿石比焦炭的堆角大，因此，矿石在焦炭层面上只有将边缘填到一定高度，形成自己的堆角后，才能以平行的层次向边缘和中心同时分布。于是，批重越小，边缘的矿石越多、焦炭越少，而中心却矿石越少、焦炭越多。所以，小料批有利于发展中心煤气流，而大料批有利于发展边缘煤气流。

以上是一般的情况，而且只有在焦炭比矿石的堆角小一定值（一般为 $10° \sim 15°$）时才成立。假若焦炭和矿石的堆角接近，批重对布料的影响就不明显了。假如焦炭的堆角大于矿石，那么就会导致相反的结果。

图 7-10　批重对炉料分布的影响示意图

由上述分析还不难看出，大批重时炉料的分布较均匀，因而有利于提高煤气的利用率和降低焦比，这早已被许多高炉的生产实践所证实。我国从20世纪60年代起就开始推广大料批操作，最近10年增大料批的应用更为显著和普遍。然而，料批并不是越大越好，过大的料批不易调节炉料与煤气的分布，而且一下装入较多的炉料，造成煤气压力损失的波动大，对顺行不利。同时，批重的大小还受到装料设备和上料系统作业的限制，故批重大小仅能在一定的范围内变化。

如同适宜料线的选择一样，每座高炉适宜的批重也只有在生产实践中经过认真探索才能找到。

C　装料顺序对布料的影响

装料时，每批炉料中焦炭和矿石装入大料斗继而装入炉内的先后顺序，称为装料顺序。常用的装料顺序列于表7-2。

表7-2　高炉常用的装料顺序

名　称	正同装	倒同装	正分装	倒分装	半正同装	半倒同装
每批料的车数	4	4	4	4	4	4
符　号	OOCC↓	CCOO↓	OO↓CC↓	CC↓OO↓	OCOC↓	COCO↓

注：O—矿石；C—焦炭；↓—开大钟。半正同装又称正花装，半倒同装又称倒花装。

表7-2所列的装料顺序是由4车料组成一个料批，矿石和焦炭按规定顺序一车一车地装入大料斗里。所谓正同装就是矿石先装入大料斗里，而后焦炭再装入（落在矿石上面），最后打开大钟将一批料同时落入炉内。以此类推，不难理解其他几种装料顺序了。

装料顺序不同，炉料在炉喉的分布也不同，如图7-11所示。正同装时，由于矿石在前，焦炭在后，矿石比焦炭先落在料面上，所以矿石较多地集中于边缘，而焦炭较多地滚向中心；

倒同装时，与正同装相比较，焦炭分布在边缘较多，而矿石分布在中心较多。

把装料顺序按正同装→正分装（后半批紧接着前半批加入）→倒分装（后半批紧接着前半批加入）→倒同装排列时，则从左至右：边缘负荷逐渐减轻，边缘煤气流逐渐发展；而中心负荷逐渐加重，中心煤气流逐渐减弱。

料批加入前料面形状不同，则装料顺序对布料的影响也不一样，比较典型的情况有两种：一种是加料前炉喉料面平坦；另一种是加料前炉喉料面呈倾斜的漏斗状。由于炉喉径向炉料下降速度不一样，因而炉喉料面的形状不断发生变化。通常大、中型高炉边缘（燃烧带上方）的炉料下降较快，因此随着炉料的下降，料面形状逐渐变得平坦（见图7-12曲线 b）；小高炉由于燃烧带深入中心，因而中心下料较快，于是料面形状逐渐变为深漏斗状（见图7-12曲线 c）。当加料前炉喉料面呈倾斜的漏斗状时，装料顺序对布料影响的规律性没有前一种明显。因此，在这种情况下，通过改变装料顺序来调节炉料分布的效果不像前一种情况那样显著。不过，加料前料面呈倾斜漏斗状的情况较少，一般只有在小高炉上才出现。高炉越大，沿炉喉径向炉料下降速度差越大，加料前料面越平坦，装料顺序对布料的影响也越大。

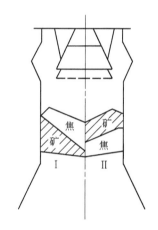

图 7-11   同装时炉料的分布情况

Ⅰ—正同装；Ⅱ—倒同装

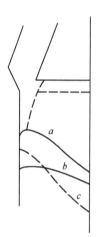

图 7-12   炉喉料面形状的变化

a—炉料刚加入后正常的料面形状；

b—加料前的料面形状；

c—小高炉加料前的料面形状

在生产中，往往不是只采用一种装料顺序，而是两种装料顺序配合使用。一座高炉最合适的装料顺序也只能在生产中逐渐探索求得。

需要强调的是，料线、批重和装料顺序对布料的影响是彼此相关的。因此，在生产实践中，这三者必须综合考虑和调节，以达到预期目的。

7.2.4.4   炉喉间隙、炉喉直径及高度对布料的影响

炉喉间隙、炉喉直径及高度等对炉料分布的影响也很大，这些因素在设计时应充分考虑，在生产中无法调节。

A   炉喉间隙（以钟式炉顶为例）对布料的影响

大钟边缘与炉喉炉墙之间的距离，称为炉喉间隙。炉喉间隙对布料的影响如图7-13所示。显然，炉喉间隙越大时，炉料堆尖离开炉墙越远。当炉喉间隙过大时（如图7-13（a）所示），炉料堆尖远离炉墙，这样，大块炉料大量滚向边缘，造成边缘煤气流过分发展；当炉喉间隙过小时（如图7-13（c）所示），炉料落在边缘炉墙附近，甚至先碰在炉墙上而后再反跳向炉子

中心，这样，炉料堆尖过分靠近炉墙，而且炉料分布较紊乱，造成边缘煤气流太弱，对炉况顺行不利；当炉喉间隙适当时（如图7-13（b）所示），炉料堆尖适当离开炉墙，这样，大块料一部分滚向边缘，一部分滚向中心，因而边缘和中心煤气流均易得到发展。

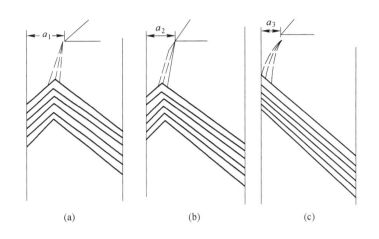

图 7-13　炉喉间隙对布料的影响

（a）炉喉间隙过大；（b）炉喉间隙适当；（c）炉喉间隙过小

$a_1 \sim a_3$—炉料堆尖与炉墙距离

实际上只有在炉喉间隙较合适的情况下，通过改变装料制度来调节炉料的分布，才可能是有效而灵敏的。合适的炉喉间隙与高炉大小和原料条件等因素有关，一般大中型高炉的炉喉间隙为 900 ~ 1000mm。日本等国有些高炉采用直径可以调节的"变径炉喉"，用来调节炉料的分布，收到了良好的效果。

B　炉喉直径及高度对布料的影响

在炉喉间隙和其他因素不变的情况下，随着炉喉直径的增加，小块料和粉末越不容易分布到中心，而大块料易于分布在中心；同时，一般由于焦炭比矿石在炉内的堆角小，因而随着炉喉的直径增加，焦炭越容易滚向中心，而矿石越容易集中于边缘。

正由于上述原因，过去有人认为炉喉增大后，炉子中心可能出现"无矿区"，造成中心煤气流过分发展。美国于 20 世纪 20 年代在扩大炉容、增加炉缸直径时，不敢相应增大炉喉直径，于是高炉成了上小下大的"瓶式"炉型，造成边缘煤气流过分发展。现代化的大型高炉的生产实践表明，生产着的高炉不会出现无矿区，因为影响炉料分布的因素很多，炉料在炉内的堆角只是其中之一，何况堆角也是变化的。

炉喉高度对布料也有影响。由于有一段垂直的炉喉，当料线高度波动时，炉料分布也发生变化，因而可通过改变料线的高低来调节炉料的分布。此外，垂直段炉喉对边缘煤气流有一定的抑制作用。

7.3　煤气运动

鼓风在风口区域燃烧焦炭而形成原始煤气流。由于鼓风机所产生的压力，原始煤气流向中心穿透和向上运动。煤气只能穿过炉料与炉料之间和炉料与炉墙之间的空隙而向上运动。由于这些空隙自下而上不断变化，并不是有规律的通道，因而煤气流向上运动的轨迹也是不断变化和无规则的。

煤气流无孔不入，在向上运动的过程中总是沿着阻力小、透气性好的地方穿透，因而透气性好的区域通过的煤气流多，煤气流的运动速度也快。由于高炉炉型和料柱透气性自下而上的变化，加之煤气本身在上升过程中数量、温度和压力的变化，因此，煤气在上升过程中的运动速度是变化的；同一截面上由于各部分透气性不同，因而各部分的煤气运动速度也不一样。

煤气向上运动的速度非常快，根据研究，煤气在高炉的停留时间只有 $1 \sim 5s$，甚至更短。为了有效地控制高炉冶炼行程，使之合理进行，就必须求得高炉各部位料层的阻力以及煤气流量、温度、压力和运动速度。但由于高炉的物理化学过程和煤气运动极其复杂，因此至今尚未获得这方面的可进行精确计算的数学方程。所有过去在实验室试验和总结实际高炉生产资料基础上提出的各种经验公式，只能用作定性分析，不能用作定量计算；但却可以从分析煤气流通过高炉料柱时的压力损失来了解炉内煤气运动的规律，从而有效地指导高炉操作。

7.3.1　煤气通过料柱时的阻力损失 Δp

7.3.1.1　Δp 的表达式

Δp 的表达式如下：

$$\Delta p = p_{炉缸} - p_{炉喉} \tag{7-8}$$

或可近似表示为：

$$\Delta p = p_{热风} - p_{炉顶} \tag{7-9}$$

前已述及，Δp 是煤气流通过高炉料柱时的压力损失，即克服摩擦阻力和局部阻力而造成的压力损失，可近似地看作上升煤气对下降炉料的浮力。因为高炉内煤气的动压头和几何压头变化不大，因此，整个高炉料柱的 Δp 可用炉缸与炉喉的静压力之差（式（7-8））表示。

炉喉压力主要取决于炉顶构造、煤气除尘系统阻力和操作制度（高压或常压操作），它在一定条件下变化不大。炉缸压力取决于料柱阻力、风量、风温和炉顶煤气压力以及炉缸有效空间等因素。在小高炉内，炉缸煤气压力为风压的 20% ~ 30%，而在大高炉上则为风压的 80% ~ 90%，个别高炉甚至达 95% 以上。在生产高炉上，炉缸压力不经常测定，高炉内的压力损失 Δp 常用热风压力与炉喉压力（或炉顶压力）之差（式（7-9））表示，但应考虑到 Δp 中包括从热风管到炉缸一段的压力损失。这一段的压力损失主要与风口设备的构造和风速有关。

7.3.1.2　煤气通过高炉各带时的压力损失

高炉的料柱在软熔带以上由固体炉料构成，软熔带由矿石熔剂软熔层和焦炭夹层所构成，滴落带由固体焦炭所构成（液态渣铁流经其空隙）。煤气通过各带时的压力损失及其影响因素不尽相同。

A　煤气通过块状带时的压力损失公式

关于煤气通过块状带时所产生的压力损失 Δp 的经验公式很多，下面为通用的公式：

$$\Delta p = 10f \left(\omega^2 \rho / 2g \right) \left(4H/d_e \right) \tag{7-10}$$

式中　Δp——气流通过块状带时的压力损失，Pa；

ω——气流在给定温度、压力下通过块状带时的实际流速，m/s；

ρ——气体的实际密度，kg/m^3；

H——料层高度，m；

g——重力加速度，取 9.81m/s^2；

f——阻力系数；

d_e——料层颗粒间通道的当量直径，m。

f 和 d_e 的计算公式为：

$$f = C / R^m e \tag{7-11}$$

$$d_e = 4\varepsilon / S \tag{7-12}$$

$$\varepsilon = 1 - (R_{堆} / R_{湿}) \tag{7-13}$$

式中，雷诺数 Re 和常数 C、m 值取决于气体流动状态：层流（$Re < 60$）时，$C = 100$，$m = 1$；过渡紊流（$Re = 60 \sim 7000$）时，$C = 3.8$，$m = 0.2$；紊流（$Re > 7000$）时，$C = 0.65$，$m = 0$；S 为单位体积料层颗粒的总表面积，即比表面积，m^2 / m^3；ε 为料层孔隙率，即单位体积料层的空隙体积；$R_{堆}$ 为散炉料块的堆密度，kg/m^3；$R_{湿}$ 为散炉料块本身的湿密度（视密度），kg/m^3。

式（7-10）是在充填塔式的散料固定床中实验得到的，没有考虑到炉料运动和物理化学变化等因素，不能用于实际高炉的定量计算，但可用来定性分析各种因素对高炉煤气压力损失 Δp 的影响，尤其适用于软熔带以上的块状带。

B 煤气通过软熔带时的压力损失公式

（1）通过实验，导出了相应的煤气通过软熔带时的压力损失公式为：

$$\Delta p = f_s H_s \left(\frac{1}{\phi D} \right) \left(\frac{1 - \varepsilon_s}{\varepsilon_s^3} \right) \left(\frac{\rho_g \omega^2}{2g} \right) \tag{7-14}$$

式中 H_s——软熔带高度（收缩后），m；

   ϕ——散炉料粒子的形状系数，当粒子为球形时 $\phi = 1$，高炉一般炉料 $\phi = 0.4 \sim 0.9$；

   D——充填塔直径，m；

   ε_s——软熔带的孔隙率；

   ρ_g——气体密度，kg/m^3；

   ω——空层（塔）流速，m/s；

   g——重力加速度，取 $9.81 m/s^2$；

   f_s——气体在软熔带炉料粒子间的阻力系数。

f_s 与软熔带的收缩率有关，其计算公式为：

$$f_s = 3.5 + 44 S_r^{1.4} \tag{7-15}$$

$$S_r = 1 - (H_s / H_0) \tag{7-16}$$

式中 H_0——收缩前软熔带的高度，m；

   S_r——软熔带的收缩率。

由此可知，软熔带的 Δp 随收缩率 S_r 的增大而增大。实验和计算结果表明，软熔带的压力损失为一般散料层的 100 倍甚至几百倍，因此，可以把软熔带当作不透气的"死层"。

（2）软熔带透气阻力指数。在高炉软熔带，是通过焦炭夹层来透煤气的。而且焦炭夹层还对煤气起再分配作用，于是该夹层就成了炉内设置的"百叶窗"，有的称为"气窗"。

软熔带透气阻力指数，即软熔带单位高度上的阻力系数，常用 $k/\Delta H$ 表示。通过模型实验，可导出 $k/\Delta H$ 与焦炭夹层各参数间的以下函数关系式：

$$k/\Delta H = f(n, L, h_c, \varepsilon) = \frac{KL^{0.183}}{n^{0.46} h_c^{0.93} \varepsilon^{3.74}} \tag{7-17}$$

式中 n——焦炭夹层的层数；

   L——软熔带宽度，m；

   h_c——焦炭夹层厚度，m；

   ε——焦炭夹层孔隙率；

    K——与温度有关的系数。

    由式（7-17）可见，软熔带的透气指数与软熔带宽度（L）的 0.183 次方成正比，与焦炭夹层层数（n）的 0.46 次方、焦炭夹层厚度（h_c）的 0.93 次方以及夹层孔隙率（ε）的 3.74 次方成反比，显然，后两者的影响大得多。

    C 煤气通过滴落带时的压力损失

    在滴落带，煤气的压力损失不仅与煤气流速和固体焦炭层的孔隙率有关，而且还与滴落的液体量等因素有关。

    总之，由前面的分析讨论可以得出结论：影响高炉煤气通过料柱时所产生的压力损失的主要因素是料柱的透气性和煤气的流速等。

7.3.2 影响 Δp 的因素

7.3.2.1 料柱的透气性

    高炉上部块状带的透气性取决于固体炉料的物理性质（炉料组成、粒度组成、机械强度和孔隙率）；高炉中部软熔带的透气性取决于矿石的软熔性、焦炭的物理性质和软熔带的结构；高炉下部滴落带的透气性取决于焦炭的物理性质和炉渣的物理性质与数量。由此可见，影响高炉各部位透气性的因素不尽相同。

    料柱的透气性可用透气当量直径 d_e（$d_e = 4\varepsilon/S$）表示。但由于 d_e 难以定量计算，因此在高炉冶炼中，用透气性指数表示料柱的透气性，即用煤气量 Q（实际应用时是用风量代替）与煤气压力损失 Δp 的比值 ξ 表示透气性，即：

$$\xi = Q/\Delta p \tag{7-18}$$

式中 ξ——料柱透气性指数，$\mathrm{m^3/(min \cdot kPa)}$；

        Q——煤气量（风量），$\mathrm{m^3/min}$；

        Δp——煤气压力损失，kPa。

    A 炉料组成

    炉料中的焦炭、熔剂、天然铁矿、烧结矿和球团等不同种类的原料，由于其孔隙率、外形和块度不一样，因而构成料柱时，其透气性也不一样。

    图 7-14 所示为各种炉料的透气性。由该图显然可见，焦炭的透气性最好，其次为不含细粒的烧结矿和球团矿，再次为细粒烧结矿，最差的是细粒天然铁矿。由该图还可看出，在压差相同的情况下，各种炉料所能通过的气体（空气）量相差很大。

    B 炉料粒度及粒度组成

    炉料的比表面积随着粒度的减小而增大，而料层的孔隙率却随着粒度的减小而降低，因而粒度对透气性有重大影响。

    料层的孔隙率之所以随着粒度的减小而降低，是因为料块的形状系数随着粒度的减小而减小。形状系数 ϕ 的定义是圆球表面积与等体积的实际料块表面积之比，即：

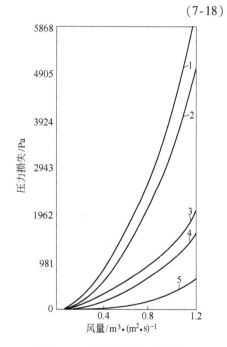

图 7-14 高炉炉料的透气性

1—细粒天然铁矿；2—细粒烧结矿；3—球团矿；
4—不含细粒的烧结矿；5—焦炭

$$\phi = \pi d_0^2 / A_s \tag{7-19}$$

式中 ϕ——料块的形状系数，$\phi \leqslant 1$；

      d_0——与料块等体积的圆球的直径，称为料块的当量直径，m；

      A_s——料块表面积，m^2。

焦炭层的空隙体积 V_k（m^3/t）与焦炭块尺寸 d_0（cm）之间的函数关系为：

$$V_k = 0.008\, d_0^2 + 0.9 \tag{7-20}$$

烧结矿块的不规则性大，因而形状系数小，所以其孔隙率随粒度增大而增大的幅度比焦炭大。对于烧结矿的空隙体积 V_a（m^3/t），其与烧结矿块尺寸 d_0（cm）之间的函数关系为：

$$V_a = 0.003\, d_0^2 + 0.066\, d_0 + 0.31 \tag{7-21}$$

式（6-18）和式（6-19）可用来定量估计高炉料柱的孔隙率。

由式（7-10）、式（7-12）可知，块状炉料的比表面积越大和孔隙率越小时，则块状带的透气当量直径越小，于是气体压力损失越大，在滴落带越容易导致液泛。图 7-15 所示为炉料粒度对压力损失的影响，由图可见，炉料粒度越小，则其气体压力损失越大，特别是当粒度小于 10mm 以后，压力损失急剧增加。因此，在高炉冶炼中筛除炉料中的粉末（小于5mm），对于炉况顺行具有很重要的意义。粉末不仅对煤气的阻力大，而且粉末将恶化料柱的透气性，进一步使 Δp 增加。

但是，必须要指出的是，粒度过大对高炉冶炼也是不利的。因为不仅当粒度大于 40mm 以后，随着粒度的增加，Δp 降低不多（见图7-15），而且炉料粒度过大对于加热、还原和造渣等过程均不利，即需要更长的时间和消耗更多的热量。因此，炉料中的大块料也应该除去。

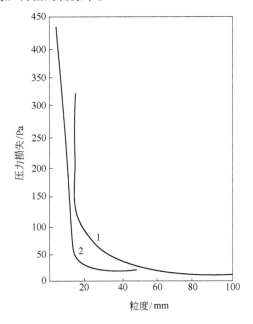

图 7-15 气体压力损失与燃料平均粒度的关系
1—木炭；2—焦炭

炉料的粒度组成不同时，其孔隙率就不同，因而料柱的透气性也不一样。图 7-16 所示为两种不同粒度的炉料混合物中空隙体积的变化。由该图可见，料层的孔隙率有一最小值（处于65%~70%大块处）。两种炉料的粒度相差越大，小块越容易填充在大块空隙内，因此料层的孔隙率越小。只有当组成为一种粒度时，其料层的孔隙率最大，约为0.40。

C 炉料的机械强度

炉料的机械强度，包括冷态强度和在高炉上部加热还原情况下的热态强度，其对料柱的透气性有重大影响。显然，冷态强度越高，则在加入炉内时因多次撞击跌落而产生的粉末越少，因而料柱的透气性越好；热态强度越高，则在高炉上部的碎裂以致粉化越少，于是料柱的透气性越好。所以，高炉应该使用具有高冷态和热态强度的焦炭、烧结矿和球团矿，这对于大、中型高炉尤为重要。

D 软熔带的位置和厚度

就整个高炉料柱来看，通常块状带的透气性最好，其次为滴落带，最差的是软熔带。因此，软熔带的位置越低，其厚度越薄，则整个高炉料柱的透气性越好。

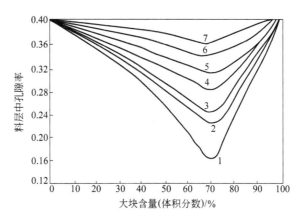

图 7-16 两种不同粒度的炉料混合物的孔隙率的变化

（小块与大块料尺寸的比值为：1—0.01；2—0.05；3—0.1；4—0.2；5—0.3；6—0.4；7—0.5）

软熔带的位置及厚度取决于铁矿石的软熔滴性以及炉料与煤气的分布。显然，矿石开始软化的温度越高，则软熔带的位置越低；矿石从开始软化到完全熔化的软化温度区间以及从开始滴落到滴落终止的滴落温度区间越小，则软熔带的厚度越薄。一般自熔性和熔剂性烧结矿比天然矿的开始软化温度更高，而软化温度区间和滴落温度区间更小，单一矿石比混合矿的软化温度区间和滴落温度区间更小。

炉料的分布影响到煤气的分布，而煤气的分布制约着温度的分布。因此，软熔带的位置及结构与炉料和煤气的分布紧密相关。

E 炉渣的物理性质及数量

炉渣（包括初渣和中间渣）的物理性质越良好和渣量（渣铁比）越小，则料柱（滴落带）的透气性越好。例如，炉渣的流动性良好时，炉渣能较快地由上部流到炉缸内，并且能很好地充填在那些对煤气运动阻力小的空隙中，从而增加了煤气通道的有效截面，改善了料柱的透气性；炉渣数量越少，则对煤气通道的阻塞越小，因而料柱的透气性越好。

7.3.2.2 煤气的流速

随着气体流速升高，气流压力损失迅速增加，式（7-10）和式（7-14）表明，压力损失 Δp 与流速 ω 成二次方的关系。但是这些关系是在散料固定床的实验中得到的，强化高炉冶炼的实践表明，Δp 并不与 ω 成二次方关系，而是大致成正比的关系；随着冶炼强度 I（即风量）的提高，Δp 开始呈直线增加，但当冶炼强度达到一定水平后，Δp 几乎不再增加。根据许多工厂高炉的实际资料统计分析结果表明，Δp 与 I 的这种关系可由图 7-17 所表示。这是因为高炉料柱与实验室的固定料柱不同，它处于不断地运动状态。随着冶炼强度的提高，燃烧带扩大，

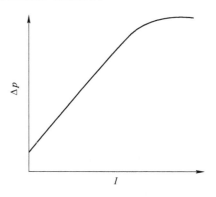

图 7-17 冶炼强度（I）与料柱
全压差（Δp）的关系

燃烧速度和下料速度加快，炉料变得更加松动，因而料柱的孔隙率 ε 必然增大。根据鞍钢高炉条件计算，I 从 1.3 提高到 1.6 时，ε 由 0.35 增大到 0.38 ~ 0.41。

但是也不能认为，冶炼强度越大，炉料越松动，炉况也越顺。因为当风量急剧增加时，将造成煤气量过大，容易破坏正常的煤气流分布，产生管道行程。在高炉操作中，骤然加风时，

由于炉料运动速度不能马上加快，料柱透气性不能适应煤气量的骤然增加，易导致难行和悬料。因此，当高炉的风量已接近正常风量时，加风的速度不能过快。实践证明，在一定的冶炼条件下，冶炼强度（风量）与压差大体上相对应。所以，既不能为了降低压力差而采用过小的冶炼强度操作，又不能不讲条件而盲目提高冶炼强度，否则适得其反。

在高炉冶炼中，在保证冶炼强度不降低甚至升高的条件下，降低煤气流速从而降低煤气压力损失的有效方法是采用富氧鼓风和高压操作。富氧鼓风时，由于鼓风带入的氮量减少，因而单位燃料产生的煤气量减少；高压操作时，由于炉内煤气压力提高，因而煤气的实际体积减小和流速降低。所以，富氧鼓风和高压操作是保证炉况顺行、强化高炉冶炼的有效措施。

7.3.2.3 其他因素

（1）煤气的密度和黏度。煤气的密度和黏度对压力损失也有影响。煤气的密度和黏度越小，则煤气的压力损失也越小。煤气的密度和黏度随着氢含量的增加而减小（见表 7-3）。所以，高炉喷吹煤粉等含氢量高的燃料时，既有使煤气体积增大、压力损失升高的一面，又有使煤气密度和黏度减小、压力损失降低的一面。

表 7-3　煤气密度、黏度与氢含量的关系（温度 1250℃，静压 4kPa）

含氢量（体积分数）/%		0	10	20
密度/kg·m^{-3}	标准状态下	1.250	1.134	1.018
	炉腹状态下	0.342	0.311	0.279
1000℃时的动力黏性系数 η/Pa·s		4.59×10^5	4.32×10^5	4.06×10^5

（2）料柱高度。显然，料柱的高度越高，则煤气的压力损失越大。高炉炉型的发展趋向于矮胖形，即高径比 H_u/D 的值下降，其原因之一就是对同容积的高炉，矮胖形比瘦长形的料柱更矮（短），因此煤气的压力损失更小，从而有利于高炉顺行。

7.4　煤气的分布

高炉内煤气的分布，是指沿高炉横截面各点通过的煤气量的多少。燃烧带产生的原始煤气流在上升过程中，其数量、成分、温度和压力不断发生变化。由于高炉结构的特点和高炉料柱透气性的影响，煤气在向上运动的过程中，分布也是变化的，而且也是不均匀的。

高炉煤气的分布实际上可以分为三个阶段：首先是在炉缸燃烧带的原始分布，这是一次分布；然后是煤气流通过软熔带焦炭夹层的再分布；最后是煤气流在高炉上部块状带内上升过程中的再分布，这是第三次分布。

7.4.1　炉喉煤气流分布状况的判断

在生产中，煤气沿高炉横截面的分布，通常是用炉喉料面下沿半径方向上煤气中 CO_2 含量的曲线表示。CO_2 含量低，表明此处流过的煤气量多，煤气利用不好，CO 的利用率 η_{CO} 低；反之亦然。因此，将炉喉料面下的煤气 CO_2 曲线称为煤气分布曲线。显然，这样的煤气 CO_2 曲线主要反映煤气在高炉最上部最后的分布情况。一般是在炉喉料面下 1~2m 平面上，沿东、南、西、北 4 个半径方向，从边缘到中心用取样管进行 5 点煤气取样，然后分析煤气样中的 CO_2 含量并绘制成 CO_2 曲线（见图 7-18）。

通常高炉煤气的分布如图 7-18 所示，即边缘和中心通过的煤气量多，而边缘与中心之间的环形区域通过的煤气量少。这主要是由于下述原因所致：现代绝大多数高炉炉顶装料设备为料钟料斗式，这种装料设备使得中心的大料块和焦炭分布较多，因而中心料柱的透气性好；炉墙内表面较平整，炉墙与炉料之间的孔隙率大于料柱内部的孔隙率，因而边缘对煤气流的阻力小，这称为"边缘效应"；原始煤气流产生于边缘的燃烧带，且炉身倾斜等高炉结构上的特点有利于边缘煤气流的发展。

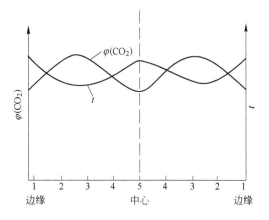

图 7-18　炉喉煤气 CO_2 曲线和温度分布示意图

　　煤气的分布制约着温度的分布。通常煤气流量多的地方，煤气带入的热量多，热量利用（被炉料吸收）率低，因而该处温度高；反之则相反（见图 7-18）。因此，也可以用温度的分布表示煤气的分布，即温度越高的地方煤气量也越多。所以温度分布曲线与 CO_2 曲线的形状刚好相反。我国本钢和宝钢高炉已装设有炉喉料面下径向测温装置，可自动测定和绘制温度分布曲线图。由于温度的测定比煤气取样更容易实现连续化、自动化，因而用温度分布曲线比用 CO_2 曲线表示煤气分布的方法更为优越，是值得推广的一项先进技术。

7.4.2　煤气的合理分布

7.4.2.1　合理煤气分布曲线的讨论

　　煤气的分布关系到炉内温度分布、软熔带结构、炉况顺行和煤气的利用，最终影响到冶炼指标。煤气分布是否合理，应该以其实际的冶炼效果作为衡量的标准。在一定的冶炼条件下，能够保证高炉顺行、煤气利用好，即能保证获得最好指标的煤气分布，就是该条件下的最合理的煤气分布。

　　高炉煤气分布的典型类型如图 7-19 所示，主要有三种。图 7-19（a）所示类型边缘的 CO_2 含量很低，而中心的 CO_2 含量很高，CO_2 曲线呈"馒头"形。这样的 CO_2 曲线表示边缘的煤气流过分发展，而中心煤气流太弱，故称为"边缘煤气流"。在此情况下，大量煤气未经充分利用即从炉喉边缘逸出料面，导致炉顶混合煤气中 CO_2 含量很低、炉顶煤气温度很高。可以推断，其相应的软熔带为"V"形（见图 7-20（a））。这样的煤气分布使中心炉料呆滞，易导致炉缸中心堆积、燃烧带过短，因而对炉料顺行不利。

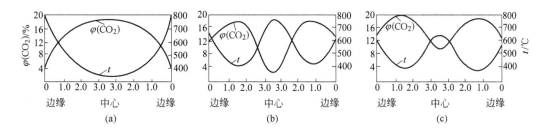

图 7-19　高炉煤气流沿横截面分布的类型

　　图 7-19（b）所示类型与图 7-19（a）所示类型刚好相反，即中心的 CO_2 含量很低，而边缘的 CO_2 含量很高，CO_2 曲线呈"漏斗"形。此种 CO_2 曲线表示中心煤气流过分发展，而边

缘煤气流不足，故称为"中心煤气流"。在此情况下，大量煤气也未经充分利用即从炉喉中心逸出料面，因此，同样导致炉顶混合煤气中 CO_2 含量低、炉顶煤气温度高。

可以推断，其相应的软熔带为狭窄的"倒 V"形（见图 7-20（b））。这样的煤气流分布使边缘炉料呆滞，燃烧带过于狭长，炉缸工作不均匀，因而对炉料顺行也不利。

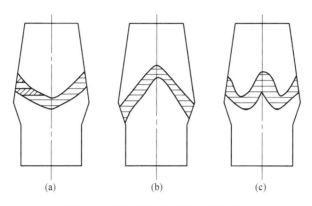

图 7-20   煤气流分布与软熔带形状和结构的关系示意图

（a）边缘煤气流时；（b）中心煤气流时；（c）边缘 – 中心煤气流时

图 7-19（c）所示类型介于前两种之间，即边缘和中心的 CO_2 含量都较低，而边缘与中心之间的环形区的 CO_2 含量较高，CO_2 曲线呈"双峰"形。此种 CO_2 曲线表示边缘和中心的煤气流都较发展，而边缘与中心之间的环形区域煤气流较弱，故称为"边缘 – 中心煤气流"，或称为"两道煤气流"。可以推断，与此相应的软熔带可能为"W"形（见图 7-20（c））。在此情况下，煤气利用较好，炉顶混合煤气中 CO_2 含量较高，炉顶煤气温度较低；同时，消降了边缘和中心的炉料呆滞区，炉缸活跃、均匀，因而炉料顺行。所以，传统的观点认为两道煤气流分布比较合理。

有一点需要指出，在其他因素不变的情况下，当 CO_2 曲线表示出中心煤气流较边缘煤气流发展时，一般煤气利用率高；相反，当边缘煤气流较中心煤气流发展时，煤气的利用率低。主要是因为，通常炉喉径向的 5 个煤气取样点的分布是等距离的，因此由 CO_2 曲线表示的中心区域的面积比边缘面积小，这样从 CO_2 曲线看，虽然中心煤气流较发展，但实际中心区域通过的煤气量并不一定比边缘多。

7.4.2.2 合理煤气分布曲线的发展

合理的煤气分布不是一成不变，而是随着冶炼条件的改变而变化的。回顾历史，我国高炉煤气 CO_2 曲线经历了一个由双峰式→平峰式→中心开放式的发展过程（见图 7-21）。

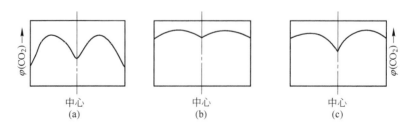

图 7-21   我国煤气分布曲线的发展过程

（a）双峰式；（b）平峰式；（c）中心开放式

在20世纪50至60年代，我国大多数高炉都推行双峰式曲线，目前不少高炉仍然如此。20世纪60年代，随着冶炼条件的改善，一些先进强化的高炉逐步提高边缘和中心的CO_2含量，使双峰曲线趋于平坦，向高水平的平峰式发展。这是由于随着冶炼强度的提高，风量逐渐增大，中心气流过分发展，在操作上必然相应采取扩大批重等措施来抑制中心煤气流，因此，不仅加重了中心的焦负荷，也相对加重了边缘的焦负荷，使中心和边缘CO_2含量均升高；与此同时，由于料速加快和煤气量增加，料柱变得更为疏松，使高炉煤气分布趋向均匀，这样不但使煤气得到了更充分地利用，同时又保证了炉况的顺行。

进入20世纪70年代后，随着高炉大型化又提出了新的问题，即炉缸直径越大，越易产生中心堆积，越需发展中心气流，吹透中心。我国几座2000m³级大型高炉的实践和国外巨型高炉的实践均证明，要获得好的冶炼效果，必须开放中心煤气流。高炉下部采用扩大燃烧带吹透炉缸中心，使中部形成"倒V"形软熔带，上部采用正装大料批来压制边缘、发展中心煤气流，这样形成中心较边缘低得多的开放式CO_2分布曲线，见图7-21（c）。有人形象地把它称为"喇叭式"曲线，有的则称"展翅式"曲线。这种中心开放式的煤气分布曲线是在平峰式曲线基础上发展起来的，即保持边缘和中间部分CO_2含量的高水平，而在适当的范围内打开中心，从而维持高炉，特别是巨型高炉中心料柱的活跃和良好的透气性，保证高炉顺行。

从高炉顺行角度看，边缘和中心煤气流要有适当的发展，即CO_2曲线应为双峰式；从煤气利用角度看，煤气分布要较均匀，即CO_2曲线应为平峰式；从强化高炉冶炼，尤其是强化大型高炉冶炼角度看，中心煤气要有足够的发展，即CO_2曲线应为中心开放式。实际生产中，不同的高炉在不同的冶炼条件下，合理的煤气流分布是不同的。总的原则是，对于原料等冶炼条件差的高炉，首先要保证高炉顺行，因而双峰式CO_2分布曲线是合理的；而对于原料等冶炼条件好的高炉，高炉顺行有了保证，应强调提高煤气的利用率和强化高炉冶炼，因此，平峰式或中心开放式CO_2分布曲线是合理的。总之，应根据具体的冶炼条件，在实践中经过反复试验和总结，才能找出最合理的煤气分布。

7.4.3 影响煤气分布的因素

影响高炉煤气分布的因素是错综复杂的，归纳起来主要有炉料分布、燃烧带的分布、炉型和原料条件。

7.4.3.1 炉料分布

炉料在炉内的分布情况影响到高炉料柱各部分的透气性。显然，焦炭多、大块料多的地方透气性好；而矿石多、小块料和粉末多的地方透气性差。透气性好的地方，煤气遇到的阻力小，因而通过的煤气量多；反之，透气性差的地方，通过的煤气量就少。

前已述及，所谓炉料在炉内的分布包括两方面，一是炉料落入炉内时炉料在炉喉处的原始分布，二是炉料在炉内下降过程中的再分布。前者是可以调节的，后者是不能人为调节的。在未特别加以说明时，通常所谈的炉料分布均指炉料在炉喉处的原始分布。

通过调节炉料在炉喉处的原始分布来调节料柱各部分的透气性，从而可以调节煤气的分布，这在生产中称为"上部调节"。

7.4.3.2 燃烧带

燃烧带是原始煤气的发源地，因而燃烧带的分布决定了高炉煤气的初始分布。不难理解，若燃烧带向中心延伸，则中心通过的煤气量将相对增加；若燃烧带向边缘收缩，则边缘通过的煤气量相对增加；若燃烧带沿炉缸周围分布不均，则煤气沿高炉圆周分布也不均。由此可见，通过控制燃烧带的大小和分布来调节煤气的初始分布，从而可以调整高炉煤气的分布，这在生产中称为"下部调节"。

7.4.3.3 炉型

高炉炉型对炉料在炉喉处、炉身边缘环形疏松区和燃烧带的分布有重大影响。因此，炉型是否合理不仅对炉况顺行有重大影响，而且对煤气的分布也产生重大影响。

一般说来，炉型矮胖、炉身角小、炉腹角大的高炉，边缘煤气流容易得到发展，因此应注意发展中心煤气流；相反，炉型瘦长、炉身角大、炉腹角小的高炉，中心煤气容易得到发展，因此应注意发展边缘煤气流。

7.4.3.4 原料条件

由于原料的粒度和粒度组成以及机械强度影响到炉料在炉内的分布和料柱的透气性，因而对煤气的分布也产生影响。

筛除原料中的粉末，采用分级入炉和提高原料的机械强度等措施，均可提高料柱的透气性，改善炉料分布的均匀性与合理性，从而有利于煤气分布的均匀性与合理性。

影响高炉煤气分布的因素很多，但是，常用的调节煤气分布的方法与手段只有上部调节（装料制度）和下部调节（送风制度）。上、下部调节的目的都在于寻求合理的煤气分布，以保证高炉顺行和获得良好冶炼指标，但两者调节的方式和部位不同，所起的作用也不完全一样。一般说来，上部调节是通过改变装料制度来调节炉料在炉喉的分布，从而主要影响上部（软熔带以上）的煤气分布，所以主要是"稳定气流"的问题；下部调节则是借助送风制度的改变来调节炉缸工作状态和煤气流的初始分布，因而主要是"活跃炉缸"的问题。由于冶炼过程是连续进行的，上、下部互相影响，所以，操作中必须保证上、下部调节很好地配合，将"上稳"和"下活"两者有机地结合起来。

7.5 炉料运动和煤气运动的失常

高炉冶炼中，由于原料质量太差、炉型结构和装料设备的缺陷以及操作不当等原因，将导致流态化、管道行程、液泛、偏料、崩料和悬料等炉料与煤气运动的失常现象。这些失常现象不是孤立产生的，往往互为因果，相继出现。

7.5.1 流态化

假如在一个立式圆筒中装设一个算形孔板，孔板上堆一层固体颗粒，从孔板下面鼓入空气，并逐渐增加流速 ω，测定气体通过料层时的压力降 Δp，则可以发现 Δp 与 ω 的关系（见图7-22）。

最初 $\Delta p = \omega^K$（K 大致为一常数），以 $\lg\Delta p$ 和 $\lg\omega$ 为坐标作图，则可得一条直线，即压降 Δp 与气流速度 ω 的一定方次成比例。当气流速度增加到 ω_f（图中 D 点）时，各个颗粒变成悬浮状态且不断运动，使整个料层变成流体状态，这称为"流态化（或流化）"，对应于 D 点的速度 ω_f 称为临界速度；进一步增加流速时，Δp 不再增加；当流速再继续增加，则会出现一个颗粒自由（即等速）沉降的气体流速 ω_t（即 E 点）；超过 ω_t，颗粒将全部吹出。

实际高炉中，炉料颗粒直径和密度等性质不可能相同，这时流态化过程将如图7-23所示。实验表明，炉料颗粒越大，密度越大（或料层孔隙度越大），则临界速度也越高。如气流是穿过由混匀的焦炭和矿石组成的料层，则随着气流速度不断增加，料层会逐渐膨松，并按密度和块度不同而先后流态化，最后当气流速度再增加时，会有较多的焦炭和小块矿石从顶部溢出。

在高炉中，由于炉料块度很大，在一般情况下距炉料全部流态化尚远。但是，炉料的粒度和密度都很不均匀，在风量很大时，料柱中产生局部或短暂流态化是可能的。高炉冶炼中经常

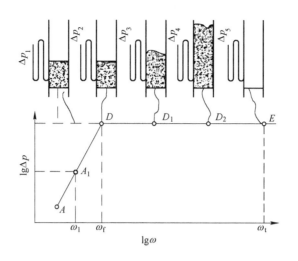

图 7-22 理想的流态化状态

$(\Delta p_1 < \Delta p_2 = \Delta p_3 = \Delta p_4 > \Delta p_5 = 0)$

遇到的流态化现象是炉尘吹出。流态化又往往能造成煤气管道行程，使正常作业受到破坏。炉料下降的煤气阻力（Δp）大约和煤气流速的二次方成正比。所以，当煤气流速增加时，炉料被吹出的最大直径（临界直径）很快增大，因此，吹出的炉尘量也随之增加。假如炉料中含有较多粉末，当煤气流速达到一定值时，除了最上层的粉末极容易吹出外，料层内的粉末或通过被吹开的连通道从炉顶溢出，或沿封闭的管道被吹到别处积聚起来，造成炉料分布不均，进而引起煤气分布紊乱。降

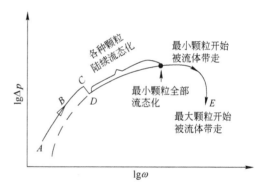

图 7-23 颗粒大小和密度不均时的流态化

低炉顶煤气温度和增加炉顶煤气压力（即高压操作）可以降低煤气流速，故有助于减少炉尘和消除管道行程。当然，减少炉尘和消除管道行程最有效的方法是，筛除炉料中的粉末和提高炉料的机械强度（包括冷态和热态强度）。

7.5.2 管道行程

所谓管道行程，是指高炉截面的某一局部地区煤气流量过大的现象。所以，广义地讲，边缘和中心煤气流过分发展，也属于一种管道行程，只是范围更加扩大而已。

管道行程是最常见的煤气分布与运动的失常现象。管道行程给高炉冶炼造成很大危害，如使炉尘增加，煤气利用变差；容易因边缘矿石过早熔化（边缘煤气流过分发展时）或边缘矿石还原不足（管道在其他部位而使边缘煤气流过少时）而产生高 FeO 含量的初渣，这种初渣和焦炭接触时由于 FeO 被大量还原，会使已熔初渣重新凝固，炉墙结厚长瘤，妨碍炉料正常下降；边缘或中心煤气过分发展时，易造成中心或边缘的炉料呆滞和炉缸堆积；易产生崩料和管道阻塞，进而导致悬料。

生产实践证明，凡能促使煤气分布不均的因素，都能促进管道行程。例如，布料不均、透

气性特别好的地方由于对煤气阻力小，因而易出现管道；各风口风量不均，进风多的燃烧带大，不但产生的煤气量多，同时其上方由于下料快、料柱较松动，在此方向上也易出现管道；大风操作时煤气流速大，当料柱局部地区煤气速度达到一定限度时，部分小块料开始流态化，有可能吹出或吹到其他地方而使这一区域透气性改善，而透气性又使通过的煤气量进一步增加，引起更多的炉料被吹走，这样恶性循环，最后形成管道；大量喷吹燃料后，由于综合鼓风动能增大，煤气量增多，更易出现管道，特别是在中心位置。

综上所述，引起煤气管道行程的根本原因有两点：一是煤气流速太快，二是原料质量差（尤其是粉末多）。因此，消除管道应该从改善原料（特别是筛除粉末）和改进操作两方面入手。生产实践表明，加大料批对抑制管道行程有明显效果。批重大、料层厚、粉末不易吹出，且煤气分布趋于均匀，这样既有利于消除管道，又能充分利用煤气能量。例如，鞍钢某高炉在原料条件差的条件下，采用"大批重（矿批由 17t 增大到 36t）、大风量、大喷吹量、大风口"操作，消除了管道，利用系数也由 $1.82t/(m^3 \cdot d)$ 提高到 $1.90t/(m^3 \cdot d)$，获得了高产量、低焦比的良好效果。

7.5.3 偏料

高炉横截面圆周方向下料速度不一样，导致料面呈现一边高、一边低的现象，称为偏料。产生偏料的原因是：煤气分布极不均匀或各风口进风不均匀，使局部区域料速过快或过慢；炉墙部分被侵蚀或结瘤，造成高炉内型不规整；装料设备中心不正；炉料在炉喉圆周方向的分布不均匀等。

根据偏料产生的具体原因和偏料产生的严重程度，应采取上、下部调节和其他相应措施，及时给予消除。

7.5.4 崩料

炉料突然塌落的现象，称为崩料。煤气分布失常（中心或边缘煤气过分发展、管道行程）和炉缸热制度被破坏（过热或过凉）等，均易产生崩料。

崩料将使煤气分布紊乱，大量在上部未充分加热和还原的炉料一下落入下部高温区，即发生"生降"，因而炉温急剧下降，严重时甚至造成风口灌渣和炉缸冻结。崩料往往发生于炉料难行或停滞之后，因而崩料往往也是悬料的前奏和原因。

在高炉基本顺行的条件下，偶尔有 1~2 次崩料可以暂不做特殊处理。但对于多次的连续崩料，应根据崩料产生的原因和崩料的严重程度，通过上、下部调节，甚至连续加数批净焦和采取人工坐料，及时消除崩料。

7.5.5 悬料

炉料停止下降的时间超过 1~2 批料时，称为悬料。悬料是炉料和煤气运动最严重的失常现象，往往是管道行程、液泛、崩料等进一步发展的结果。

当高炉料柱有效重量 $p_{有效}$ 大于煤气阻力 Δp 时，炉料能顺利下降；当 $p_{有效}$ 与 Δp 相等或小于 Δp 时，将产生悬料。即悬料的条件是 $\Delta p \geqslant p_{有效}$。但是，往往悬料的产生并不是整个料柱都需要满足这一条件，而是局部料层满足这一条件。

煤气分布失常、热制度的破坏以及炉型的破坏（炉墙结厚与炉瘤）等，都可以引起悬料。按悬料的部位，可分为上部悬料与下部悬料；根据导致悬料的热制度情况，又可分为凉悬料和热悬料。

悬料一经产生，一般首先通过人工坐料予以消除；对于小高炉悬料，也可以开全风向上"顶"，有时能顶出煤气通路，使炉料自行崩落。然后，应根据悬料的原因，利用上、下部调节和其他措施解除悬料问题，以避免再次悬料和恶性悬料的发生。

复习思考题

7-1 炉料下降的空间条件有哪些？

7-2 什么称为料线，什么称为矿批，装料顺序又是如何定义的？

7-3 什么是装料制度，装料制度对炉料和煤气分布有何影响？

7-4 什么是正装、倒装、正同装、正分装、倒同装和倒分装，它们各自对炉料和煤气的分布有何影响？

7-5 分析料线的高低对炉料和煤气分布的影响。

7-6 分析批重大小对炉料和煤气分布的影响。

7-7 分析影响炉料有效重量的因素。

7-8 何谓"上部调节"和"下部调节"，它们各自的作用是什么，为什么要将它们有机地结合起来？

7-9 分析影响煤气阻力损失 Δp 的因素。

7-10 何谓炉喉煤气二氧化碳曲线，为什么它能表示煤气的分布？

7-11 分析影响炉内煤气分布的因素。

7-12 高炉煤气分布的典型类型有哪些，各类型煤气分布对高炉冶炼的影响是什么？

7-13 为什么说燃烧带上方的炉料在炉内下降速度最快？

8 高炉炼铁计算

8.1 配料计算

8.1.1 配料计算方法

高炉配料计算是根据冶炼条件、生铁品种等原始数据，通过计算确定单位生铁所需的矿石、熔剂、焦炭、喷吹物和其他附加物数量，以保证高炉合理的造渣制度和热制度，从而使高炉冶炼获得合格的生铁和良好的技术经济指标。它是高炉物料平衡与热平衡计算的基础。

配料计算的方法很多，但其基本原则是一样的，即加入炉内的炉料中各种元素和化合物的总和应等于高炉产品中各元素和化合物的总和。下面我们介绍简易配料计算。

8.1.2 配料计算所需资料

在简易配料计算中，焦比和喷吹物数量是根据冶炼条件直接选定的，矿石和熔剂数量需通过计算确定。如果生铁中的含锰量有特殊要求而所用矿石不能满足要求时，还要通过计算确定锰矿需要量。如果要求炉渣中含有一定数量的 MgO，则还要通过计算确定白云石需要量。为了进行配料计算，需要现收集、整理一些资料：

（1）需要原料和燃料的全分析数据，并折算成 100%。

（2）生铁品种及其成分。参照国家标准，根据生产计划和冶炼条件确定生铁品种及其主要成分含量。

（3）确定矿石配比。根据矿石供应情况和造渣制度的要求等，选定适宜的配矿比。

（4）确定焦比。可根据实际冶炼焦比来确定，在喷吹条件下，还应结合选定的喷吹燃料量。

（5）各种元素在生铁、炉渣和煤气间的分配率。可按实际生产经验来确定。

（6）炉渣成分。根据所炼铁种选定合适的炉渣碱度。

8.1.3 配料计算实例

8.1.3.1 确定原始条件

原始条件包括：

（1）原料主要成分，见表 8-1。

表 8-1 原料主要成分（质量分数） （%）

成分\原料	TFe	FeO	CaO	SiO$_2$	MgO	Al$_2$O$_3$	MnO	S	P	Fe$_2$O$_3$	烧损
烧结矿	53.46	9.69	11.86	8.61	2.02	1.70	0.62	0.023	0.041		
球团矿	62.52	0.50	0.49	3.54	0.12	0.43	2.39	0.010	0.035		
天然矿	59.40	7.13	1.91	7.12	0.52	1.18	1.05	0.210	0.023		

续表 8-1

成分\原料	TFe	FeO	CaO	SiO$_2$	MgO	Al$_2$O$_3$	MnO	S	P	Fe$_2$O$_3$	烧损
混合矿	55.87	7.60	8.59	7.45	1.49	1.39	1.02	0.039	0.038	66.20	1.15
石灰石	0.63	0.814	54.02	1.38	0.37	0.27		0.01	0.004		45.43

矿石分析现场一般只给出 Fe、Mn、P、S、FeO、CaO、SiO$_2$、MgO、Al$_2$O$_3$ 和烧损等成分分析数据，配成全分析要通过换算。原料成分的换算，一要确定存在形态，二要掌握元素量与化合物量之间的换算关系，换算之后各成分之和应平衡成 100%。可以根据化验室对某种化学成分的分析误差范围，人为地调成 100%；也可以用均衡扩大或缩小的方法配成 100%。

（2）焦炭成分及焦炭灰分、挥发分和有机物组成，见表 8-2 ~ 表 8-4。

表 8-2　焦炭成分（质量分数）　　　　（%）

灰　分	水　分	挥发分	有　机　物	S	固　定　碳	TFe
14.61	4.00	0.92	0.70	0.48	83.77	1.06

表 8-3　焦炭灰分含量（质量分数）　　　　（%）

Fe$_2$O$_3$	SiO$_2$	CaO	MgO	Al$_2$O$_3$	MnO	P$_2$O$_5$
9.28	54.01	4.34	1.11	25.64	0.39	3.68

表 8-4　焦炭挥发分和有机物含量（质量分数）　　　　（%）

成　分	CO$_2$	CO	CH$_4$	H$_2$	N$_2$	S
挥发分	0.34	0.34	0.03	0.06	0.15	
有机物				0.3	0.3	0.1

（3）煤粉成分，见表 8-5。

表 8-5　煤粉成分（质量分数）　　　　（%）

C	H$_2$	N$_2$	O$_2$	H$_2$O	S	灰分（16.23）				
						SiO$_2$	Al$_2$O$_3$	CaO	MgO	FeO
74.47	4.21	0.42	3.37	0.8	0.50	8.76	4.06	0.62	0.35	2.44

（4）炼钢生铁成分，见表 8-6。

表 8-6　炼钢生铁成分（质量分数）　　　　（%）

Si	Mn	S	P	C	Fe
0.30	0.80	0.03	0.10	4.00	94.77

（5）配矿比，具体为：烧结矿 70%、球团矿 20%、天然矿 10%。

（6）元素分配率，见表 8-7。

表 8-7　各种元素的分配率　　　　　　　　（%）

项目\元素	Fe	Mn	P	S
生　铁	99.5	60	100	3
炉　渣	0.5	40	0	82
煤　气	0	0	0	15

（7）炉渣碱度，$R = w(CaO)/w(SiO_2) = 1.05$。

（8）焦比为 420kg/t，煤比为 100kg/t。

8.1.3.2　计算

以 1t 生铁作为计算单位，进行计算如下：

（1）根据铁平衡求铁矿石需要量。

焦炭带入的 Fe 量：$420 \times 0.0106 = 4.45$kg

煤粉带入的 Fe 量：$100 \times 0.0244 \times 56/72 = 1.90$kg

进入炉渣的 Fe 量：$947.7 \times 0.005/0.995 = 4.76$kg（相当于 FeO 量为 6.12kg）

需要混合矿量：$(947.7 - 4.45 - 1.90 + 4.76)/0.5587 = 1693.41$kg

（2）根据碱度平衡求石灰石用量。

混合矿带入的 CaO 量：$1693.41 \times 0.0859 = 145.46$kg

焦炭带入的 CaO 量：$420 \times 0.1461 \times 0.0434 = 2.66$kg

煤粉带入的 CaO 量：$100 \times 0.0062 = 0.62$kg

共带入的 CaO 量：$145.46 + 2.66 + 0.62 = 148.74$kg

混合矿带入的 SiO₂ 量：$1693.41 \times 0.0745 = 126.16$kg

焦炭带入的 SiO₂ 量：$420 \times 0.1461 \times 0.5401 = 33.14$kg

煤粉带入的 SiO₂ 量：$100 \times 0.0876 = 8.76$kg

共带入的 SiO₂ 量：$126.16 + 33.14 + 8.76 = 168.06$kg

还原 Si 消耗的 SiO₂ 量：$3 \times 60/28 = 6.43$kg

石灰石用量：$[(168.06 - 6.43) \times 1.05 - 148.74]/(0.5402 - 0.0138 \times 1.05) = 39.89$kg

考虑到机械损失及水分含量，则每吨生铁的原料实际用量列于表 8-8。

表 8-8　每吨生铁的原料实际用量

名　称	干料用量/kg	机械损失/%	水分含量/%	实际用量/kg
混合料	1693.41	3		1744.21
石灰石	39.89	1		40.29
焦　炭	420.00	2	4	445.20
合　计	2153.30			2229.70

（3）终渣成分。

1）终渣 S 量：

炉料全部含 S 量：$1693.41 \times 0.00039 + 420 \times 0.0048 + 100 \times 0.005 + 39.89 \times 0.0001 = 3.18$kg

进入生铁 S 量：0.3kg

进入煤气 S 量：$3.18 \times 0.15 = 0.48$kg

进入炉渣 S 量：$3.18 - 0.3 - 0.48 = 2.40$kg

由于分析得到的 Ca^{2+} 都折算成 CaO，而其中一部分 Ca^{2+} 以 CaS 形式存在，CaS 与 CaO 的质量差为 S/2，为了质量平衡，Ca^{2+} 仍以 CaO 存在计算，而 S 则只算 S/2。

2）终渣 FeO 量：6.12kg

3）终渣 MnO 量：$1693.41 \times 0.0102 \times 0.4 = 6.91$kg

4）终渣 SiO_2 量：$168.06 - 6.43 = 161.63$kg

5）终渣 CaO 量：$148.74 + 39.89 \times 0.5402 = 170.29$kg

6）终渣 Al_2O_3 量：

$1693.41 \times 0.0139 + 420 \times 0.1461 \times 0.2564 + 100 \times 0.0406 + 39.89 \times 0.0027 = 43.44$kg

7）终渣 MgO 量：

$1693.41 \times 0.0149 + 420 \times 0.1461 \times 0.0111 + 100 \times 0.0035 + 39.89 \times 0.0037 = 26.41$kg

终渣成分见表 8-9。

表 8-9　终渣成分

成　分	SiO_2	Al_2O_3	CaO	MgO	MnO	FeO	S/2	Σ	R
质量/kg	161.63	43.44	170.29	26.41	6.91	6.12	1.20	416.00	
质量分数/%	38.85	10.44	40.94	6.35	1.66	1.47	0.29		1.05

（4）生铁成分校核。

1）生铁含 P 量：$1693.41 \times 0.00038 + 420 \times 0.1461 \times 3.68 \times 62/142 + 39.89 \times 0.00004 = 99.24$kg

$w(P) = 99.24/1000 = 0.10\%$

2）生铁含 S 量：$w(S) = 0.03\%$

3）生铁含 Si 量：$w(Si) = 0.3\%$

4）生铁含 Mn 量：$w(Mn) = 6.91 \times 0.6/0.4 \times 55/71 \times 100/1000 = 0.80\%$

5）生铁含 Fe 量：$w(Fe) = 94.77\%$

6）生铁含 C 量：$w(C) = 100\% - 0.03\% - 0.3\% - 0.80\% - 94.77\% - 0.10\% = 4.00\%$

最终生铁成分列于表 8-10。

表 8-10　最终生铁成分

成　分	Si	Mn	S	P	C	Fe	Σ
质量分数/%	0.30	0.80	0.03	0.10	4.00	94.77	100.00

校验结果与原设生铁成分相符合。当计算中生铁成分不符合时，可在铁种合理范围之内变更 C 量，否则需重新给定生铁成分，重算一遍。

8.2　物料平衡计算

8.2.1　物料平衡计算方法

高炉物料平衡是在配料计算的基础上编算的，计算内容包括风量、煤气量计算，然后根据加入高炉的物料与高炉出来的物料应收支平衡的原则编算物料平衡表，它能帮助我们了解高炉冶炼的物理化学反应，检查配料计算是否正确，校核高炉冷风流量表的数据，核定煤量和煤气成分，并能帮助检查现场称量的准确性，进一步为高炉的热平衡计算做准备。

高炉物料平衡的计算方法有两种，即一般物料平衡计算法与现场物料平衡计算法。一般物料平衡计算用于高炉配料计算的设计阶段的工艺计算；现场物料平衡计算用实际的生产数据做物料平衡，用来检查和校核入炉物料和产品称量的准确性等。我们以前面配料计算的原始数据为基础，用实例计算介绍现场物料平衡计算如下。

8.2.2 原始条件的确定

原始条件为：

（1）选择及确定直接还原度，可根据煤气成分来计算，但较繁杂；也可根据操作水平原料条件、喷吹物多少及其利用程度等因素来选择及确定。本例选定直接还原度 $\gamma_d = 0.45$。

（2）鼓风湿度 f，本例取大自然湿度为 0.012kg/m^3，$f = 1.5\%$。

（3）假定入炉碳量中 0.5% 的碳与 H_2 反应生成 CH_4（纯焦冶炼可取 $0.5\% \sim 1.0\%$，喷吹燃料时可取 1.2%）。

8.2.3 物料平衡计算实例

物料平衡计算的步骤为：

（1）风口前燃烧的碳量。

焦炭带入固定碳量：$420 \times 0.8377 = 351.83\text{kg}$

煤粉带入固定碳量：$100 \times 0.7447 = 74.47\text{kg}$

共计燃料碳量：$351.83 + 74.47 = 426.30\text{kg}$

生成 CH_4 的碳量：$426.30 \times 0.012 = 5.12\text{kg}$

熔于生铁的碳量：$0.04 \times 1000 = 40.00\text{kg}$

还原 Mn 消耗的碳量：$0.008 \times 1000 \times 12/55 = 1.38\text{kg}$

还原 Si 消耗的碳量：$0.003 \times 1000 \times 24/28 = 2.57\text{kg}$

还原 P 消耗的碳量：$0.001 \times 1000 \times 60/62 = 0.97\text{kg}$

还原 Fe 消耗的碳量：$0.9477 \times 1000 \times 0.45 \times 12/56 = 91.39\text{kg}$

直接还原消耗的碳量：$1.38 + 2.57 + 0.97 + 91.39 = 96.31\text{kg}$

风口前燃烧的碳量：$m_{C_{风}} = 426.30 - 5.12 - 40.00 - 96.31 = 284.87\text{kg}$

$m_{C_{风}}$ 占入炉总碳量的质量分数：$284.87/426.3 \times 100\% = 66.82\%$

（2）根据碳平衡计算风量。

1m^3 鼓风中氧的浓度：$0.21 \times 0.985 + 0.5 \times 0.015 = 0.2144\text{m}^3$

风口前燃烧碳需要氧量：$284.87 \times 22.4/(2 \times 12) = 265.88\text{m}^3$

煤粉可供给：$100 \times (0.0337/32 + 0.008/36) \times 22.4 = 2.86\text{m}^3$

则每吨生铁鼓风量 $V_{风} = (265.88 - 2.86)/0.2144 = 1226.77\text{m}^3$

（3）计算煤气各组分的体积和成分。

1）CH_4 体积：

由燃烧炭素生成 CH_4 量：$5.12 \times 22.4/12 = 9.56\text{m}^3$

焦炭挥发分含 CH_4 量：$420 \times 0.0003 \times 22.4/16 = 0.18\text{m}^3$

进入煤气的 CH_4 量：$9.56 + 0.18 = 9.74\text{m}^3$

2）H_2 体积：

由鼓风中水分分解出的 H_2 量：$1226.77 \times 0.015 = 18.40\text{m}^3$

焦炭挥发分及有机物中的 H_2 量：$420 \times (0.0006 + 0.003) \times 22.4/2 = 16.93\text{m}^3$

煤粉分解出的 H_2 量：$100 \times (0.0421 + 0.008/18) \times 22.4/2 = 47.65\text{m}^3$

入炉总 H_2 量：$18.40 + 16.93 + 47.65 = 82.98m^3$

在喷吹条件下，参加还原反应的 H_2 量为入炉总 H_2 量的40%，即：$82.98 \times 0.4 = 33.19m^3$

生成 CH_4 的 H_2 量：$9.56 \times 2 = 19.12m^3$

进入煤气的 H_2 量：$82.98 - 33.19 - 19.12 = 30.67m^3$

3）CO_2 体积：

由 Fe_2O_3 还原 FeO 所生成的 CO_2 量：$1693.41 \times 0.662 \times 22.4/160 = 156.95m^3$

由 FeO 还原 Fe 所生成的 CO_2 量：$947.70 \times (1 - 0.45) \times 22.4/56 = 208.49m^3$

由 MnO_2 还原 MnO 所生成的 CO_2 量：$1693.41 \times (0.0102 \times 87/103) \times 22.4/87 = 3.76m^3$

另外，H_2 还参加还原反应，即相当于同体积的 CO 参加反应，所以，CO_2 生成量中应减去 $33.19m^3$。

总计间接还原生成的 CO_2 量：$156.95 + 208.49 + 3.76 - 33.19 = 336.01m^3$

石灰石分解出的 CO_2 量：$39.89 \times 0.4543 \times 22.4/44 = 9.23m^3$

焦炭挥发分的 CO_2 量：$420 \times 0.0034 \times 22.4/44 = 0.73m^3$

混合矿分解出的 CO_2 量：$1693.41 \times 0.0115 \times 22.4/44 = 9.91m^3$

煤气中总 CO_2 量：$336.01 + 9.23 + 0.73 + 9.91 = 355.88 m^3$

4）CO 体积：

风口前炭素燃烧生成的 CO 量：$284.87 \times 22.4/12 = 531.76 m^3$

各种元素直接还原生成的 CO 量：$96.31 \times 22.4/12 = 179.79 m^3$

焦炭挥发分中的 CO 量：$420 \times 0.0034 \times 22.4/12 = 2.67m^3$

间接还原消耗的 CO 量为 $336.01m^3$，则煤气中总 CO 量：

$531.76 + 179.79 + 2.67 - 336.01 = 378.21m^3$

5）N_2 体积：

鼓风中带入的 N_2 量：$1226.77 \times (1 - 0.015) \times 0.79 = 954.61m^3$

焦炭带入的 N_2 量：$420 \times 0.0045 \times 22.4/28 = 1.51m^3$

煤粉带入的 N_2 量：$100 \times 0.0042 \times 22.4/28 = 0.34m^3$

煤气中总 N_2 量：$954.61 + 1.51 + 0.34 = 956.46m^3$

根据计算，列出煤气成分如表8-11所示。

表 8-11 煤气成分

成 分	CO_2	CO	N_2	H_2	CH_4	总 计
体积/m^3	355.88	378.21	956.46	30.67	9.74	1730.96
体积分数/%	20.56	21.85	55.26	1.77	0.56	100.00

（4）计算物料质量和编制物料平衡表。

1）计算鼓风质量：

$1m^3$ 鼓风质量：

$(0.21 \times 0.985 \times 32 + 0.79 \times 0.985 \times 28 + 0.015 \times 18)/22.4 = 1.28kg/m^3$

全部鼓风质量：$1226.77 \times 1.28 = 1570.27kg$

2）计算煤气的质量：

$1m^3$ 的质量：

$(0.2056 \times 44 + 0.2185 \times 28 + 0.5526 \times 28 + 0.0177 \times 2 + 0.0056 \times 16)/22.4 = 1.37\text{kg}$

全部煤气质量：$1730.96 \times 1.37 = 2371.42\text{kg}$

3）计算水分质量：

炉料带入的水分：$420 \times 0.04 = 16.80\text{kg}$

H_2 还原生成的水分：$33.19 \times 18/22.4 = 26.67\text{kg}$

总计水分质量：$16.80 + 26.67 = 43.47\text{kg}$

4）计算炉料机械损失：

$2229.7 - 2153.6 - 16.80 = 59.30\text{kg}$

根据上述计算，列出物料平衡如表 8-12 所示。

表 8-12 物料平衡

序　号	收入项/kg		支出项/kg		绝对误差/kg	相对误差/%
1	原　料	2229.70	生　铁	1000.00		
2	鼓　风	1570.26	炉　渣	416.00		
3	煤　粉	100.00	煤　气	2371.42	0.23	0.006
4			水　分	53.47		
5			炉料机械损失	59.30		
合　计		3899.96		3900.19		

一般平衡相对误差允许在 0.3% 以下，所以计算是正确的。

8.3 常用的工艺计算

在实际生产中，我们常常需要通过各种计算来分析和调整炉况，并与操作经验相结合，确定调整的时间与幅度。

8.3.1 每批料的出铁量计算

根据物料平衡可知，一批料中炉料带入的铁量，应等于冶炼生铁的铁量和炉渣中的铁量之和。其具体计算如下：

计算的是净炉料用量，不考虑炉尘的影响，炉渣中的铁一般以入炉总铁量的 0.2% ~ 0.5% 来计算，由收入项与支出项的平衡得：

$$Q_{\text{铁}} \cdot w[\text{Fe}] = 0.995 Q_{\text{料}}$$

则

$$Q_{\text{铁}} = 0.995 Q_{\text{料}}/w[\text{Fe}] \qquad (8\text{-}1)$$

式中 $Q_{\text{铁}}$——每批料的出铁量，kg；

$w[\text{Fe}]$——生铁含铁量，%；

$Q_{\text{料}}$——原燃料带入炉内的铁量，kg。

在现场计算中，因为焦炭灰分带入的铁量较少，而且与进入炉渣的铁量具有相同的数量级，故二者可以抵消，所以上式简化为：

$$Q_{\text{铁}} = Q_{\text{矿}}/w[\text{Fe}] \qquad (8\text{-}2)$$

式中 $Q_{\text{矿}}$——矿石带入的铁量，kg。

又：

$$Q_{\text{矿}} = P_{\text{矿}} \cdot w(\text{Fe})_{\text{矿}} \qquad (8\text{-}3)$$

将式（8-3）带入式（8-2），得：

$$Q_{铁} = (P_{矿} \cdot w(Fe)_{矿})/w[Fe] \qquad (8\text{-}4)$$

式中　$P_{矿}$——每批料的质量，kg；

　　$w(Fe)_{矿}$——入炉矿石的含铁量，%。

了解每批料的出铁量，便可掌握要完成一定产量每昼夜、每班、每小时应下几批料；了解两次铁间炉缸积聚的铁水量，判断所需铁罐数量，判断炉内铁水是否出净；由于每吨铁的渣量不变，可算出每批料的渣量，确定打渣口的时间，判断上渣是否放净。

[**实例1**]　已知料批组成及成分如表8-13所示，矿批重为27000kg，焦批重为9900kg。炼钢生铁中含铁量$w[Fe]=94\%$，试计算每批炉料的出铁量$Q_{铁}$。

表8-13　料批组成及成分　　　　　　　　　　（%）

料批组成	烧结矿	球团矿	生矿	焦炭
配　比	70	20	10	
含铁量	53.46	62.52	59.40	1.06

解： $Q_{料} = 27000 \times (0.5346 \times 0.7 + 0.6252 \times 0.2 + 0.594 \times 0.1) + 9900 \times 0.0106$

$\qquad = 15188.76\text{kg}$

$\qquad Q_{铁} = 0.995 \times 15188.76/0.94 = 16077\text{kg}$

8.3.2　石灰石用量的计算

石灰石的用量取决于原燃料的成分及炉渣的碱度。配好石灰石的用量，也就是配好炉渣的碱度，从而可得到合格的生铁。

石灰石用量的计算依据就是碱度平衡，即炉料收入的CaO与SiO$_2$扣去还原进入生铁的Si所对应的SiO$_2$量后，其余全部进入炉渣，而它们的比例符合碱度要求，即：

$$\sum m_{CaO收入} / (\sum m_{SiO_2收入} - m_{SiO_2生铁}) = R \qquad (8\text{-}5)$$

式中　R——炉渣碱度；

　　$\sum m_{CaO收入}$——烧结矿、球团矿、生矿、焦炭带入的CaO的量，kg；

　　$\sum m_{SiO_2收入}$——烧结矿、球团矿、生矿、焦炭带入的SiO$_2$的量，kg；

　　$m_{SiO_2生铁}$——进入生铁的Si换算成SiO$_2$的量，kg。

为了简化石灰石用量的计算，引入石灰石有效氧化钙的概念，即石灰石有效氧化钙的含量为：

$$w(CaO)_{有效} = w(CaO)_{石灰} - w(SiO_2)_{石灰} \cdot R$$

式中　$w(CaO)_{有效}$——石灰石中有效氧化钙的含量，%；

　　$w(CaO)_{石灰}$——石灰石中CaO的含量，%；

　　$w(SiO_2)_{石灰}$——石灰石中SiO$_2$的含量，%。

这样，当引入石灰石有效氧化钙后，在计算时可省去石灰石中SiO$_2$含量这一项，则石灰石用量可用如下公式计算得出：

$$\Phi = [(\sum m_{SiO_2收入} - w(SiO_2)_{生铁})R - \sum m_{CaO收入}]/w(CaO)_{有效} = [(\sum m_{SiO_2收入} -$$

$$60/28 w[Si] \cdot Q_{铁}) \cdot R - \sum m_{CaO收入}] / w(CaO)_{有效} \qquad (8\text{-}6)$$

式中　Φ——石灰石用量，kg；

　　$w[Si]$——生铁含硅量，%；

60/28——SiO_2 与 Si 的相对分子质量比;

$Q_{铁}$——每批炉料冶炼所得的生铁量,kg。

[实例2]　已知料批组成及其成分如表 8-14 所示,矿石批重 27000kg,焦炭批重 9900kg。炼钢生铁中 $w[Fe] = 94\%$,$w[Si] = 0.7\%$,$R = 1.05$,求每批料的石灰石用量。

表 8-14　料批组成及其成分

炉料名称		烧结矿	球团矿	生矿	焦炭	石灰石
配比/%		70	20	10		
成分/%	CaO	11.86	0.49	1.91	0.63	54.02
	SiO_2	8.61	3.54	7.12	7.90	1.38
	Fe	53.46	62.52	59.40	1.06	0.63

解:
$$\sum m_{SiO_2收入} = 27000 \times (8.61\% \times 0.7 + 3.54\% \times 0.2 + 7.12\% \times 0.1) + 9900 \times 7.9\%$$
$$= 2792.79kg$$
$$\sum m_{CaO_{收入}} = 27000 \times (11.86\% \times 0.7 + 0.49\% \times 0.2 + 1.91\% \times 0.1) + 9900 \times 0.63\%$$
$$= 2381.91kg$$

根据实例 1 的计算可知,批出铁量 $Q_{铁} = 16077kg$

$$m_{SiO_2进铁} = 60/28 \cdot Q_{铁} \cdot w[Si] = 60/28 \times 16077 \times 0.7\% = 241.16kg$$
$$w(CaO)_{有效} = 0.5402 - 0.0138 \times 1.05 = 0.5257 = 52.57\%$$

石灰石用量:
$$\Phi = [(2792.79 - 241.16) \times 1.05 - 2381.91]/0.5257 = 565.54kg$$

8.3.3　渣量的计算

渣量计算时,根据 CaO 在冶炼中全部进入炉渣的特点,用 CaO 量的平衡求出每批料的出渣量:

$$Q_{渣} \cdot w(CaO)_{渣} = \sum m_{CaO料}$$
$$Q_{渣} = \sum m_{CaO料}/w(CaO)_{渣} \tag{8-7}$$

式中　$Q_{渣}$——每批料的出渣量,kg;

　$\sum m_{CaO料}$——入炉 CaO 的总量,kg;

$w(CaO)_{渣}$——渣中 CaO 的含量,%。

[实例3]　石灰石批重为 560kg,$w(CaO) = 39.79\%$,其他条件同实例 2,求每批料的出渣量。

解:
$$\sum m_{CaO料} = \sum m_{CaO收入} + m_{CaO石灰} = 2381.91 + 560 \times 0.5402 = 2684.42kg$$
$$Q_{渣} = 2684.42/39.79\% = 6746.47kg$$

式中　$m_{CaO石灰}$——石灰石带入的 CaO 量,kg。

8.3.4　常用定量调剂

影响高炉炉温变化的因素很多,虽然每个因素在不同条件下对炉温影响不一样,但大致波动在较小的区间内。在实际生产中,可根据经验把这些因素看作常量,进行适时的定量调剂。

以下是几个定量调剂的方法:

（1）矿石品位变化时的调剂。已知矿石品位波动 1%，影响燃料比 2% 左右，在矿石批重不变的情况下，可按下式计算调整后的焦炭批重：

$$K = [K_{原}/w(TFe)_{原} \times (1 \pm \Delta w(TFe) \times 2\%)]/w(TFe)_{现} \qquad (8-8)$$

式中　　K——调整后的焦炭批重，kg；

　　　　$K_{原}$——原来的焦炭批重，kg；

$w(TFe)_{原}$——原来的矿石品位，%；

$w(TFe)_{现}$——现在的矿石品位，%；

$\Delta w(TFe)$——矿石品位的变化量，%。

（2）生铁含 Si 量变化时的调剂。生铁含 Si 量变化 1%，影响燃料比 40 ~ 60kg/t。因此，当生铁含 Si 量大幅度变化时，应按下式进行适当调剂：

每批料增减的燃料量（焦炭 + 喷吹燃料）= $(40 ~ 60) \times \Delta w[Si] \times$（矿石批重 $\times w(TFe)$）/$w[Fe]$

$$\qquad (8-9)$$

式中　　$\Delta w[Si]$——生铁含 Si 变化量，%；

　　　　$w(TFe)$——矿石品位，%；

　　　　$w[Fe]$——生铁中 Fe 的含量，%。

（3）风温大幅度变化时的调剂。风温大幅度变化时，应根据风温水平和风温影响燃料比的经验值相应的调整负荷。不同的风温水平有不同的影响系数。风温变化 100℃ 时影响燃料比的经验值见表 8-15。

表 8-15　风温变化 100℃ 时影响燃料比的经验值

干风温度/℃	500 ~ 600	600 ~ 700	700 ~ 800	800 ~ 900	900 ~ 1000	1000 ~ 1100	1100 ~ 1200	>1200
影响燃料比的系数 β/%	7.3	6.0	5.0	4.3	3.85	3.5	3.2	3.0

根据表 8-15 的经验数据，在风温大幅度变化时，可按下式调整负荷：

$$每批燃料增减量 = \beta \times \Delta t/100 \times 燃料批重 \qquad (8-10)$$

（4）增减喷吹时的调剂。改变喷吹量时，应根据喷吹物与焦炭的置换比、焦炭负荷和每小时上料批数，及时调整负荷：

$$每批焦炭增减量 = （增减喷吹物 / 每小时上料批数）\times 置换比 \qquad (8-11)$$

（5）按炉渣碱度的需要调整石灰石。当需要提高和降低炉渣碱度时，必须相应调整石灰石，调整量与每吨铁的渣量和渣中 SiO_2 含量有关：

$$每吨铁变动的石灰石量 = \mu \, w(SiO_2) \Delta R/w(CaO)_{有效} \qquad (8-12)$$

式中　　μ——渣量，kg/t；

$w(SiO_2)$——渣中 SiO_2 含量，%；

　　　　ΔR——炉渣碱度变化值。

每批料石灰石的变动量 = 每吨铁石灰石的变动量 × 每批料的出铁量

（6）根据烧结矿碱度变化调整石灰石。当其他条件不变时，烧结矿碱度的变化直接引起炉渣碱度的变动。为了稳定造渣制度，需调整石灰石用量。调整的量可通过烧结矿中的 SiO_2 含量和碱度变化值 ΔR 来计算，并按石灰石变动量相应调整负荷。

$$1t 烧结矿需加石灰石量 = 1000w(SiO_2) \Delta R/w(CaO)_{有效} \qquad (8-13)$$

8.3.5　冶炼周期

炉料在炉内停留的时间，称为冶炼周期。这个指标可以充分说明炉料下降的速度，冶炼周期长，则炉料下降速度慢，否则反之。其计算方法为：

$$T = \frac{24V_u}{PV_{料}(1-\varepsilon)} \tag{8-14}$$

式中 T——冶炼周期，h；

V_u——高炉有效容积，m³；

P——日产生铁量，t/d；

$V_{料}$——每吨生铁所需要的炉料的体积，m³/t；

ε——炉料在炉内的平均压缩率，在大、中型高炉中，此值为11% ~13%。

另外，实际生产中常用炉料由料线到达风口时所需的下料批数来表示冶炼周期：

$$N = \frac{V_u - (V_{喉} + V_{风口})}{V_{批}(1-\varepsilon)} \tag{8-15}$$

式中 N——一个冶炼周期的下料批数；

V_u——高炉有效容积，m³；

$V_{喉}$——炉喉料面上的空间体积，m³；

$V_{风口}$——炉缸风口中心线以下的空间体积，m³；

$V_{批}$——每批料的体积，m³。

复习思考题

8-1 根据实习所在铁厂的原燃料条件，进行以下综合计算：

（1）配料计算；

（2）物料平衡计算。

8-2 某炉每批配比为：矿石5500kg、焦炭1610kg，废铁100kg。其中，矿石成分（质量分数）为：铁45%、焦炭灰分15.24%，灰中含铁5%，求每批料的出铁量。

8-3 已知某炉吨铁原料消耗及炉料CaO的质量分数为：矿批1900kg，矿中CaO含量为11.0%；焦比460kg/t，焦灰分含量16%，灰分中含CaO 5%；石灰石含CaO 52%；渣中含CaO 44%，求渣量。

9 高炉冶炼强化技术

9.1 高炉冶炼强化技术概述

9.1.1 高炉冶炼强化的目的和技术进步

高炉冶炼强化技术是指采取一系列技术措施，创造优良的冶炼条件，使高炉内的各种物化反应尽可能加速进行，缩短冶炼周期，提高煤气热能和化学能的利用率，以达到高产、优质、低耗、长寿和环保的目的。高产是指高炉的有效容积利用系数高；优质是指生铁质量高；低耗主要是指焦比低和燃料比低，其次还指其他原料和辅助材料及动力消耗低；长寿是指高炉寿命长；环保是指高炉生产污染小。因此可以说，高炉强化的目的是为了使高炉生产获得最佳的经济效益。

由于现代炼铁技术的进步，高炉生产有了巨大的发展，单位容积的产量大幅度提高，单位生铁的消耗，尤其是燃料的消耗大量减少，高炉生产的强化达到了一个新水平。

我国高炉炼铁在近几年来取得了很大的进步，冶炼强度在中、小型高炉上超过了 1.5t/(m³·d)，大高炉也达到了 1.1t/(m³·d) 以上，利用系数相应达到 3.5 t/(m³·d) 以上和 2.3 t/(m³·d) 以上，燃料比降低到 530kg/t 和 500kg/t 左右。这是采取了所谓的高炉冶炼强化技术的结果。

9.1.2 高炉冶炼强化的基本方向

高炉的产量 P、有效容积利用系数 η_V、有效容积 $V_{有}$、焦比（或燃料比）K 和冶炼强度 I 五者之间存在着如下关系：

$$P = \eta_V V_{有} = \frac{I}{K} V_{有} \tag{9-1}$$

式中　P——高炉日产生铁，t/d；

　　　η_V——高炉有效容积利用系数，t/(m³·d)；

　　　$V_{有}$——高炉有效容积 m³；

　　　I——冶炼强度，t/(m³·d)；

　　　K——焦比（或燃料比），kg/t。

高炉强化在很大程度上意味着提高产量，从式（9-1）中可以看出，对于一定炉型的高炉来说，提高产量即是提高利用系数，要提高利用系数，就要提高冶炼强度和降低焦比，这是高炉冶炼强化的基本方向。因此，对于一定的炉型来说，高炉冶炼强化的途径有两个：一是提高冶炼强度；二是降低焦比。

9.1.3 冶炼强度与焦比的关系

生产实践表明，冶炼强度和焦比之间有如图9-1所示的关系。由该图可见，在一定的冶炼条件下（一定的原料、设备和操作条件下），高炉冶炼有一个适宜的冶炼强度，此时焦比最低，高于和低于这个适宜的冶炼强度，都要引起焦比升高。由该图还可以看出，随着冶炼条件的改善（即冶炼条件由曲线1向着曲线5的方向改进，冶炼条件得到逐渐提高和不断优化），焦比最低、最适宜的冶炼强度将相应升高。这种关系的形成是因为冶炼强

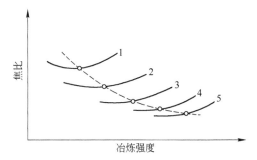

图 9-1 冶炼强度和焦比的关系
1~5—分别表示不同冶炼条件

度对高炉冶炼过程的影响是多方面的。当冶炼强度过低时，风量和煤气量很小，煤气流速低，炉缸不活跃，煤气分布不均匀（通常边缘煤气过分发展，而中心煤气不足），煤气与矿石不能充分接触，矿石加热和还原不良，煤气热能和化学能利用不好，因而焦比升高。随着冶炼强度的提高，炉缸变得活跃，煤气分布趋于均匀、合理，煤气与炉料的接触条件改善，传热、传质过程加速，煤气能量利用情况改善，故焦比逐渐降低。但是，冶炼强度过大（若超过适宜的值）将导致炉缸中心"过吹"，中心煤气过分发展，煤气流速过大，与矿石接触时间过短，传质、传热不充分，煤气把大量热量带出炉外，使焦比升高，甚至造成管道行程、液泛、崩料、难行和悬料等失常现象，所以以焦比逐渐升高。由此可知，每座高炉应根据自己的冶炼条件选择适宜的冶炼强度，以达到最大限度地降低焦比和提高产量的目的。

我国生产实践表明，就大型高炉而言，常压高炉的冶炼强度在 $0.6 \sim 1.1 t/(m^3 \cdot d)$ 之间；高压高炉的冶炼强度在 $0.6 \sim 1.2 t/(m^3 \cdot d)$ 之间。

从图9-1还可以看出，高炉冶炼强化的目的就是要采取一系列技术措施，使高炉冶炼条件不断改善（使曲线1向曲线5方向改进），以获得较高的冶炼强度和较低的焦比，从而使高炉生产得到较好的经济效益。

9.1.4 高炉冶炼强化技术的主要措施

当前，高炉冶炼强化技术的措施主要有：（1）精料；（2）高风温；（3）高压操作；（4）富氧鼓风；（5）喷吹燃料；（6）加湿或脱湿鼓风等。其主要措施叙述如下。

9.2 精 料

国内外的经验均表明，精料是高炉冶炼强化的基础。因此，应将精料放在高炉强化冶炼措施的首位。因为高炉冶炼强化以后，一方面，单位时间内产生的煤气量增加，煤气在炉内的流速增大，煤气穿过料柱上升的阻力 Δp 上升；另一方面，炉料下降速度加快，炉料在炉内停留时间缩短，也就是冶炼周期缩短，这样，煤气与矿石接触时间缩短，不利于间接还原的进行。为保持强化冶炼后炉况顺行、煤气利用好、产量高、燃料比低，原燃料质量良好成为决定性因素，其主要原因如下：

（1）矿石的入炉品位和焦炭的灰分含量及含硫量决定着渣量，渣量大小对高炉冶炼各项技术经济指标有重大影响；另外，渣量也是煤气顺利穿过滴落带的决定性因素。

（2）原料的粒度组成、高温强度和造渣特性，是影响料柱透气性和高炉顺行的决定性因素。均匀的粒度组成和较好的高温强度是保证块状带料柱透气性的基本条件，而良好的造渣性能是降低软熔带和滴落带煤气运动阻力的基本条件。

（3）原料的还原性是影响高炉内铁的直接还原度的决定性因素。只有原料具有良好的还原性（如烧结矿、球团矿或粒度较小而均匀的天然赤铁矿和褐铁矿），才能保证炉料在进入高温区以前充分还原，从而降低焦比。

（4）焦炭的强度，特别是高温强度，是软熔带焦窗和滴落带焦窗透气性和透液性的决定性因素。所以，降低焦炭的灰分含量、反应性是十分重要的。

由此可见，要想实现高炉强化冶炼并获得良好的高炉生产指标，必须改善原燃料质量，使原料具有品位高、粒度均匀、强度好、还原和造渣特性优良等条件，使燃料（焦炭）具有灰分含量低、硫含量低、强度高、反应性低等优良条件。

高炉精料技术发展的方向大致是：进一步提高入炉品位，改进焦炭质量，将灰分普遍降到12%以下，焦炭破碎强度指标 M_{40} 提高到85%～90%，焦炭耐磨强度指标 M_{10} 降到小于6%；改进烧结矿质量，含铁波动为±0.05，碱度波动为±0.03，粒度大于50mm的烧结矿不超过10%，不大于10mm的占30%以下，不大于5mm的不超过3%；大力发展球团矿，将其占人造富矿总量的比例由现在的10%提高到25%；开放生产适用于高炉使用的金属化炉料。

综上所述，所谓精料，是指高炉冶炼所使用的原料要达到"高、熟、净、匀、小、稳"六字要求。"高"是指提高入炉矿石品位、焦炭强度和固定碳含量及熔剂的有效熔剂性；"熟"是指提高入炉料的熟料比，使高炉多用或全部使用人造富矿；"净"是指筛除入炉料的粉末，保持入炉料的干净；"匀"是指缩小入炉料粒度的上、下限差距，保持其粒度均匀；"小"是指降低炉料粒度的上限，使入炉炉料的粒度不至于过大；"稳"则是指稳定入炉料的物理性能、化学性能和冶金性能。

9.2.1　提高矿石品位

入炉矿石品位的高低，是决定渣量和冶炼过程热量消耗的决定性因素之一。提高入炉矿石品位能有效地降低焦比和提高冶炼强度，它既能减少渣量和熔剂使用量，降低冶炼过程的热量消耗，又能使成渣带厚度减薄，改善料柱透气性，促进高炉顺行。资料表明，入炉矿石品位每提高1%，可减少渣量约6%，降低焦比2%，提高产量3%。因此，各厂都把提高入炉品位作为提高冶炼强度和降低燃料消耗最积极、最有效的措施。

我国宝钢、三明、杭钢等10余家企业的入炉矿石品位已在60%以上，绝大部分企业的入炉矿石品位在58.5%以上，首钢、本钢、上钢、马钢等重点企业的入炉矿石品位达到50%～55%。国外非常重视这方面的工作，日本熔剂性烧结矿的品位达到55%～58%。提高入炉矿石品位的措施是：（1）利用两种资源，适量使用进口富矿，淘汰国产劣质矿；（2）改进选矿技术，使精矿粉的品位由原来的60%～63%提高到66%～68%等。

图9-2所示为单位生铁热消耗与矿石品位之间的关系趋势。其中，a区为碳酸盐分解与

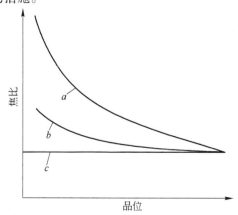

图9-2　矿石品位对热消耗的影响

结晶水分解耗热，b 区为造渣耗热，c 区为还原及熔化耗热。由图可见，冶炼 1t 生铁，用于还原铁、硅、锰、磷及脱硫的热消耗大体不变，这一部分热消耗是必不可少的，而用于碳酸盐分解及造渣等消耗的热量，随着矿石品位的提高而降低。故欲降低焦比，必须提高矿石品位。

9.2.2 　增加熟料比

烧结矿和球团矿合称为熟料，也称为人造富矿。高炉采用人造富矿冶炼时，由于孔隙率大，透气性和还原性好，有利于还原和炉况顺行。尤其是使用高碱度烧结矿时，高炉可少加或不加熔剂，从而减少热量消耗、改善造渣过程和改善料柱透气性。因此，烧结矿和球团矿在还原性、透气性、造渣性等各方面都比生矿好。资料表明，提高熟料比 1%，可降低焦比 2～3kg/t。目前，我国各炼铁厂已大部分使用熟料，但由于各种条件所限，还不能全部使用熟料。因此，当前提高入炉原料中的熟料比仍然是主要的努力方向。

冷烧结矿在运输和保护炉顶设备等方面比热烧结矿好，今后的方向是尽量使用冷烧结矿，新建的厂都应尽量采用冷烧结矿生产流程。目前，因为受到原有条件的限制，有些厂仍然使用热烧结矿；另外，热烧结矿也有一定好处，如增加烧结矿的还原度（试验表明热烧结矿的还原度比冷烧结矿高）、减少冷却过程中的粉化现象。但综合考虑，今后的方向仍然是使用冷烧结矿。

球团矿在还原性和强度等方面比烧结矿好，高炉使用球团矿以后，指标能得到进一步的改善。但球团矿也有一定缺点，如设备投资大、操作复杂、还有球团矿的高温还原膨胀问题。因此，球团矿目前仍不能完全取代烧结矿。

发展球团矿生产，可为合理炉料结构提供优质的酸性炉料。我国铁矿资源主要是贫矿，通过磁选得到精矿粉，本应用它来生产球团矿，但走的却是生产烧结矿的道路，球团矿的生产一直没有得到重视。随着精料技术的发展，球团矿逐渐被人们认识到是一种优质的高炉炉料，开始得到发展。

9.2.3 　稳定炉料成分

做到入炉炉料成分稳定、减少波动，关系到炉温的稳定和生铁质量，是保证炉况稳定的主要条件。生产实践使人们认识到，原料成分不稳定是引起高炉炉况波动的重要原因。为防止炉况失常，生产中常被迫维持较高的炉温，这就无形中增加了燃料消耗，这就是很多高炉（尤其是中小型高炉）炼钢生铁中 Si 含量降不下来的原因。例如，炼钢要求生铁中 $w[\text{Si}]$ 在 0.4% 即可，但生产者考虑烧结矿中 TFe 含量和碱度的波动，$w[\text{Si}]$ 被迫维持在 0.6%，甚至 0.8%，而 $w[\text{Si}]$ 每增加 0.1%，焦比要上升 4kg/t。生产中，常常为了应付意外的炉温波动留有一定的储备热，这就无形中增加了热消耗，如能通过混匀的方法做到原料成分稳定，消除炉温波动，便可节省这部分热量。

稳定炉料成分的关键在于加强中和混匀工作，建立现代化的混匀料场，搞好炉料的中和混匀。很多厂（包括地方骨干中型企业）建成了中和混匀料场，取得了很好的效果。

9.2.4 　优化入炉炉料的粒度组成

优化入炉炉料的粒度组成，这是改善料柱透气性和强化冶炼过程的重要影响因素。炉料的粒度适当减小，能缩短铁矿石的还原时间，改善还原过程，有利于降低焦比。但过小的炉料（指矿石小于 5mm、焦炭小于 10mm）将导致料柱透气性恶化、煤气流分布的失常和炉尘量高，对炉顶设备产生磨损等。通常，对入炉料可采用多次筛分（最重要的是槽下筛分），尽可能除去炉料中的粉末。入炉料粒度过大对高炉冶炼也是不利的，因为炉料粒度过大对加热、还原和造渣过程均不利，即需要更长的时间和消耗更多的热量，所以，炉料中的大块料也应该除去。

现在广泛地强化了筛分工作，不仅在烧结厂、球团矿厂进行，还普遍在高炉槽下进行，筛去粒度小于 5mm 的粉末；与此同时，还限制烧结矿粒度的上限为 40~50mm。

由此看来，入炉的炉料粒度应有一个适宜的范围，如表 9-1 所示。

表 9-1　高炉炉料粒度控制范围

炉　料	天　然　矿	烧　结　矿	球　团　矿	焦　　炭
粒度/mm	8~25	5~50	9~16	10~40

9.2.5　改善人造富矿的质量

改善人造富矿的质量包括改善其冷态性能和热态性能两个方面，但更重要的是后者，即改善炉料的高温冶金性能。人造富矿的高温冶金性能主要有高温还原强度、高温软熔性及高温还原性等。高炉解剖研究表明，人造富矿的高温还原强度对块状带料柱透气性有决定性的影响，若其高温还原强度高，则粉末少，料柱透气性好；若人造富矿的软化温度高、软化区间窄，则软熔层窄，相应焦窗层就多和厚，透气性就好；人造富矿的高温还原性则影响着还原进程，还原性好（常以 FeO 量为衡量标准，FeO 少则还原性好；反之，还原性就差），则有利于降低焦比。

目前，我国高炉使用的人造富矿质量不佳，主要表现在烧结矿强度低、FeO 含量高、还原性差。为此，提高烧结矿质量应在保证有足够强度的基础上降低 FeO 含量，提高还原性。具体措施是推广低温烧结、小球烧结等先进技术。柳钢烧结厂进行了"厚料层低温烧结技术在柳钢烧结机上的应用"这一实践，实践表明，柳钢 50m² 烧结机在采用了 600mm 厚料层低温烧结技术生产后，烧结温度降低，烧结矿 FeO 含量下降、强度升高、均匀性变好、粒度组成改善、返矿率下降。

9.2.6　合理的炉料结构

合理的炉料结构是指炉料组成的合理搭配。它应当符合以下要求：具有优良的冶金性能；炉料成分能满足造渣需要，不另加生熔剂；在炉料中，人造富矿占大多数。

目前，我国高炉炉料结构的形式很多，但基本上可以分为如下几种：（1）全部自熔性烧结矿；（2）高碱度烧结矿加少部分天然富矿；（3）高碱度烧结矿加少部分酸性球团矿；（4）高碱度烧结矿配加低碱度烧结矿等。

上述炉料结构中，普遍认为第（3）种是较理想的炉料结构。但由于我国各地高炉冶炼原料不同，合理的炉料结构只能通过实验时选择"最佳"而产生。例如，柳钢近几年来根据本企业的原料条件所选择的合理炉料结构为：82%~83% 的高碱度烧结矿 +7%~8% 的混合矿 + 3%~4% 的越南矿 +4%~5% 的澳矿（或南非矿）+ 转炉钢渣（每座高炉每天需 20~30t），取得了较好的冶炼效果。然而，所谓的"最佳炉料结构"也将随条件的变化而变化。

采用低温烧结法生产高碱度、低 FeO 含量、高还原性的烧结矿，并向低 SiO_2 含量发展，这是提高烧结矿冶金性能的重要措施。我国宝钢烧结矿中的 SiO_2 含量降到 4.5% 左右，达到世界先进水平，现已逐步推广。

9.2.7　提高焦炭质量

提高焦炭质量的主要措施有：

（1）提高机械强度，改善粒度组成。焦炭在高炉中的作用有 3 个方面，其中有一个是承受风口以上料柱重量的骨架作用。高炉下部高温区中，以固体状态存在的只有焦炭，上部料柱的全部有效重量压在焦炭上面，焦炭承受着很大的压力，这就要求焦炭具有一定的机械强度。另外，炉缸煤气是通过焦炭块之间的空隙上升的，因此，要求焦炭在高温下具有良好的粒度组成，满足透气性要求。如果焦炭的机械强度不好，尤其是高温下的机械强度不好，那么由于受摩擦和挤压作用而碎裂，不仅恶化了炉缸透气性，还会因焦末进入炉渣中而使其变黏，引起高炉难行、崩料、悬料等现象。除了提高机械强度以减少焦炭在高温下的碎裂现象以外，使焦炭粒度组成均匀和筛除粉末也是改善下部透气性的重要措施。

（2）降低灰分含量和含硫量。焦炭灰分含量和含硫量对高炉冶炼有很大影响。焦炭灰分大部分是由酸性氧化物组成的。因此，焦炭灰分多，势必要增加熔剂量，从而增加渣量，不仅恶化透气性，还增加焦比。

经验表明，焦炭灰分含量降低 1%，焦比降低 1.5% ~ 2.0%，渣量减少 2.7% ~ 2.9%，产量提高 2.5% ~ 3.0%。焦炭含硫量高，则为了提高炉渣脱硫能力，也需要增加熔剂量，从而增加渣量、增加焦比。焦炭含硫每升高 0.1%，焦比升高 1.2% ~ 2.0%，产量降低 2% 以上。

9.3 高 风 温

古老的高炉采用冷风炼铁。1928 年，英国第一次使用 150℃ 的热风，节约燃料 30%。从此以后，加热鼓风技术在世界上得到迅速推广，目前，风温的先进水平已达到 1300 ~ 1400℃。

9.3.1 提高风温对冶炼过程的影响

9.3.1.1 高风温对高炉燃烧带大小的影响

不同风温对于不同焦炭燃烧状态下的燃烧带的影响是不同的。通常情况下，焦炭处于回旋运动燃烧，燃烧反应处于扩散速度范围。因此，随风温的提高，因鼓风动能的增大，燃烧带扩大。但是，当焦炭层状燃烧和炉凉时，燃烧反应处于动力学范围或过渡范围。因此，随风温的提高，由于燃烧速度加快，燃烧带有可能缩小。

9.3.1.2 高风温对高炉炉温的影响

高风温使高炉炉缸温度升高。随风温的提高，鼓风带入的物理热相应增加，于是风口前的燃烧温度升高，因此，提高风温有利于提高燃烧焦比、燃烧带和整个炉缸的温度，这对于 Si、Mn 等难还原元素的还原有利。

高风温使高炉上部温度降低。随着风温的提高，焦比必然相应降低，因而单位生铁的煤气量减少，煤气水当量（$W_气$）降低，于是炉顶煤气温度下降，高温区和软熔带下移，减少了煤气带走的热量。这有利于间接还原的发展和保持炉况顺行。

由此认为，热风带入的物理热在高炉下部高温区能全部被利用，而焦炭燃烧后供给的热量只有一部分被利用，另一部分被煤气带出炉外。

9.3.1.3 高风温对高炉顺行的影响

提高风温对于高炉顺行，既有有利的一面，也有不利的一面。提高风温使鼓风动能增大，燃烧带扩大，炉缸活跃；同时，高温区和软熔带下移，块状带扩大，高炉上部区域温度降低，这些因素均有利于高炉顺行。但是，随着风温的提高，高炉下部的温度升高，使得 SiO_2 还原的中间产物 SiO 挥发加剧，恶化了料柱的透气性；同时，炉缸煤气体积因炉缸温度的提高而膨胀，煤气流速增大，于是高炉下部压差升高，易产生液泛。另外，焦比下降，使料柱的透气性相应变差，这些因素均不利于高炉顺行。因此，在一定的原料条件下，每座高炉都有一个适宜的风温水平，若盲目地追求高风温，将导致高炉不顺。

9.3.2 提高风温的效果

提高风温的效果，体现在降低焦比、提高产量和改善生铁质量、发挥喷吹燃料的效果等方面。

9.3.2.1 降低焦比

高风温可降低焦比，其原因主要有：（1）鼓风带入的物理热增加；（2）单位生铁的煤气量减少，炉顶煤气温度降低，因而炉顶煤气带走的热量减少；（3）高温区下移，中、低温区扩大，有利于发展间接还原；（4）风温提高，焦比降低，使高炉产量相应提高，因而使单位生铁的热损减少；（5）风温提高，鼓风动能增大，有利于吹透中心、活跃炉缸，使炉温稳定，生铁质量改善，生铁的含硅量可以控制在下限水平。

提高风温降低焦比的效果，随风温的提高由好变差。风温水平越低，提高风温的节焦效果越好；风温水平越高，提高风温的节焦效果越差。这一规律可用以下公式说明：

$$E = (a + b)/(K_T Q) \tag{9-2}$$

$$a = V_g c_g \Delta t_g \tag{9-3}$$

式中　E——热量（即焦炭）相对节省的百分数，%；

　　　a——冶炼 1t 生铁时鼓风带入的热量，kJ/t；

　　　b——风温提高后，冶炼 1t 生铁时各项热量消耗变化差值的代数和，kJ/t；

　　　Q——冶炼 1t 生铁的总热量消耗，kJ/t；

　　　K_T——高炉热量有效利用系数；

　　　V_g——冶炼 1t 生铁的风量，m^3/t；

　　　c_g——鼓风比热容，kJ/（$m^3 \cdot ℃$）；

　　　Δt_g——风温提高值，℃。

对式（9-2）分析如下：

（1）随着风温水平的逐渐提高，焦比必然逐渐下降，因而 K_T 逐渐增大，于是热量的相对节省量 E 逐渐降低。这是因为鼓风带入的热能量 100% 被高炉利用，因而 K_T 与焦比密切相关，焦比较高时，K_T 必然较小。因此，原来焦比高、K_T 小的高炉，提高风温后降低焦比的效果大。

（2）随着风温逐渐提高，由于焦比逐渐降低，那么单位生铁的风量逐渐减少，鼓风带入的热量 a 也相应逐渐减少，因此，E 值也就逐渐下降。

（3）风温提高后，还将引起其他热量消耗的变化，即引起 b 的变化。例如，提高风温后，焦比降低、渣量减少，那么炉渣带走的热量减少；但是，随着风温的提高，相应引起炉缸热量集中，铁水和炉渣的温度将升高，风口带和炉缸冷却水带走的热量增加。由此可见，提高风温对热量收支平衡有正、负两方面的影响，即最后影响到 b 的大小和正负。焦比高、风温低时，使 b 为正值的因素大于使其为负值的因素，因而提高风温而节省焦炭的效果比较明显；风温不断提高，b 值逐渐减少，到一定程度就可以转为负值；当 b 的负值减小到接近 a 时，提高风温的效果就等于零。

风温变化对焦比的影响可按以下经验公式计算：

$$\Delta K = \beta K_0 \Delta t \tag{9-4}$$

式中　ΔK——提高风温降低焦比的数量，kg/t；

　　　K_0——提高风温前的基准期焦比，kg/t；

　　　β——风温每变化 1℃时影响焦比的系数，1/℃；

Δt——提高的风温值（干风温度），℃。

9.3.2.2 提高产量和改善生铁质量

（1）高风温可提高产量。由于提高风温能大幅度降低焦比、减少渣量、提高焦炭负荷，因此，高炉的利用系数（即高炉的产量），将随着风温的提高而相应提高。

（2）高风温可改善生铁质量。随着风温的提高，由于焦比下降，焦炭带入的硫减少，有利于降低生铁含硫量。同时，高炉下部温度高、热量充沛、炉缸活跃，有利于生铁脱硫。另外，炉温较稳定，这样生铁的含硅量可以控制在下限水平。因此，高风温有利于冶炼低硅、低硫炼钢生铁，有利于改善生铁质量。

9.3.2.3 发挥喷吹燃料的效果

高风温可充分发挥喷吹燃料的效果。一方面，高风温配合喷吹燃料时，更能发挥其功效。这是因为喷吹燃料能降低因使用高风温而引起的风口前理论燃烧温度的提高，从而可降低煤气流速，减少 SiO 的挥发，有利于高炉顺行。喷吹量越大，越有利于使用更高的风温。另一方面，喷吹燃料需要高风温。因为高风温能为喷吹燃料后风口前理论燃烧温度的降低提供热量补偿，风温越高，补偿热越多，越有利于喷吹量的增大和喷吹效果的发挥，所以更有利于焦比的降低。实践证明，高风温与大喷吹相结合，能更好地发挥其能效。

高风温还可以增加喷吹燃料量。高炉喷吹燃料的数量，因其对风口前燃烧带的冷化作用而受限制（产生冷化作用的原因是：一是因为喷吹燃料本身是冷料；二是因为其中的碳氢化合物分解吸热；三是因为煤气量增加，理论燃烧温度降低）。提高风温正好补偿了这部分热量，从而可以增加喷吹量。同时，高风温作用下，喷吹物的燃烧更充分，从而提高喷吹效率。风温降低时喷吹置换比下降的事实，恰好证明了这一点。如鞍钢某高炉，风温由 905℃ 下降到 582℃，喷吹量没有变，结果置换比由 1.0 下降到 0.19。

一般经验是，900℃ 下可保持 20% 的喷吹率（即喷吹物占全部燃料的比例），1000℃ 时可保持 30% 的喷吹率。

9.3.3 界限风温

随着风温的不断提高，有利于高炉顺行的作用逐渐减弱，降低焦比的效果也逐渐变差。因此，在一定的冶炼条件下，高炉存在一个适宜的风温，或者说存在一个界限风温。达到界限风温后，再继续提高风温，不再收到更佳效果。

高炉生产实践表明，随着原料等冶炼条件的改善，尤其是喷吹燃料后，高炉能接受的界限风温将大大提高，风温即使达到 1200~1300℃，也能获得很好的效果。据计算，在目前冶炼条件下，理论上的界限风温为 2000℃，但现在风温水平距此还相差甚远。因此，每个高炉工作者应千方百计地提高入炉风温水平。

9.3.4 提高风温的途径

提高风温的途径有：

（1）采用新式热风炉和改造旧式热风炉。新建的大、中型高炉多采用外燃式热风炉，其提高风温的效果较好；旧式热风炉可通过改造，采用改进型内燃式或顶燃式热风炉；200m³ 级以下的小高炉也有采用球式热风炉的。每座高炉的热风炉最好有 4 座，以减少检修对风温的影响。

（2）预热助燃空气。热风炉的烟道废气，其温度常在 300℃ 以上，含有大量余热。那么，利用废气余热来预热助燃空气是提高风温和节能的廉价途径。若废气温度为 300℃，可将助燃空气预热到 200℃ 左右，则可提高热风炉理论燃烧温度 70℃ 左右，从而可相应提高风温。

（3）提高煤气发热值。热风炉烧炉使用的燃料主要是高炉自身产生的煤气，随着高炉炉内煤气利用率的提高，其发热值相应降低。过去，高炉煤气发热值一般为 3600～4200kJ/m³，能获得高风温。普遍采用的高发热值煤气是焦炉煤气（发热值为 16300～17600kJ/m³），也有的厂采用天然气（发热值为 33500～42200kJ/m³）。

（4）采用干式除尘。目前，我国大、中型高炉多采用湿式除尘系统，煤气经过多次喷水洗涤，其温度低（45～50℃）、含水量高（18% 以上），严重影响着煤气的发热值，进而影响着烧炉的效果。而干式除尘的煤气含水量低（3% 左右），温度可保持在 150～200℃（显热为 210～270kJ/m³），而且除尘效果很好。因此，高炉煤气采用布袋等干式除尘方法，是获得高风温的有效途径。

9.4　高压操作

高压操作是通过安装在煤气除尘系统管道上（文氏管后面）的高压调节阀组，改变煤气通道截面，进而改变炉顶煤气压力的一种操作。一般常压高炉的炉顶压力低于 0.03MPa，凡炉顶压力超过 0.03MPa 的操作均称为高压操作。

9.4.1　高压操作对冶炼过程的影响

在高炉的整个送风系统中，高炉和煤气除尘系统是一个连通器，因此，高压调节阀组前的压力提高后，不仅使炉顶压力提高，而且炉内压力和整个送风系统的压力都将相应升高，所以，高压操作对高炉冶炼过程会产生较大的影响。炉顶煤气压力与热风压力和炉内平均压力的关系见表 9-2。

表 9-2　炉顶煤气压力与热风压力和炉内平均压力的关系　　　（MPa）

炉顶煤气压力	热风压力	炉内平均压力	Δp
0.02	0.12	0.07	0.10
0.05	0.13	0.09	0.08
0.10	0.16	0.13	0.06
0.15	0.20	0.18	0.05
0.20	0.24	0.22	0.04

高压操作可提高炉内煤气的平均压力，能缩小煤气体积、降低煤气流速，从而减小煤气对炉料的阻力。因此，高压操作有利于高炉顺行。

高压操作可提高冶炼强度。如图 9-3 所示，在相同冶炼强度下（如 I_1），高压比常压具有较低的 Δp，而且顶压水平越高，Δp 越低（$\Delta p_3 < \Delta p_2 < \Delta p_1$）。若在高压下保持与常压相同的 Δp（如 Δp_1），则随着顶压水平的提高，冶炼强度 I 相应提高（$I_1 < I_2 < I_3$）。这样，在常压操作时不能接受的风量，在高压操作时却能有效地使用；在常压时难以达到的冶炼强度，在高压时却能顺利达到，这就是高压操作时强化冶炼的实质。

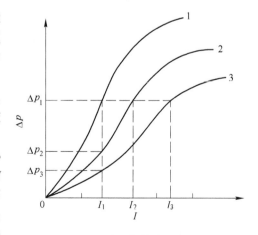

图 9-3　高压操作特性曲线
1—常压；2—高压；3—更高水平的顶压

9.4.2 高压操作的效果

采取高压操作的效果如下：

（1）提高产量。因为高压操作可以提高冶炼强度和降低焦比，所以，高压操作可使产量显著提高。根据经验统计，炉顶压力每提高 0.01MPa，产量可提高 2% ~ 3%。

（2）降低焦比。根据经验数据，炉顶压力每提高 0.01MPa，焦比可降低 0.2% ~ 1.5%。其原因是：1）高压后炉况顺行，煤气分布改善，煤气利用率提高；2）炉尘吹出量减少；炉温稳定，生铁的 $w[Si]$ 可控制在下限水平；3）产量提高，单位生铁的热损失减少；4）有利于反应 $2CO \longrightarrow CO_2 + C$ 进行，即有利于发展间接还原。

（3）改善生铁质量。这是因为高压操作后炉况顺行、炉温稳定，有利于生铁脱硫，生铁中的含硅量可以控制在下限水平。因此，高压操作有利于冶炼低硅、低硫炼钢生铁，有利于改善生铁质量。

9.4.3 高压操作的特点

采用高压操作后，由于炉况发生了变化，所以相应的，在高炉操作上有以下特点：

（1）必须改善高炉下部料柱透气性。随着炉顶压力的提高，高炉上部压差降低较多，但下部压差降低不多。因此，应努力改善下部炉料透气性，以利于冶炼强度的提高。

（2）必须适当加重边缘。从高炉下部看，高炉风压升高，鼓风受到"压缩"，风速降低，鼓风动能和燃烧带缩小，易使边缘气流过分发展、中心煤气不足，从而造成煤气分布不合理、煤气能量利用恶化，甚至引起炉况不顺。因此，在高压操作条件下，应相应加重边缘。

9.4.4 高压操作必备的条件及技术进步

采用高压操作和进一步提高炉顶压力，必备的条件是：（1）高炉本体及整个送风系统和煤气除尘系统应有可靠的密封性和足够的强度；（2）鼓风机要有足够的能力；（3）炉顶装料设备密封可靠，使用寿命长；（4）使用冷料；（5）对顶压在 0.1MPa 以上的高炉应增设炉顶余压发电系统，以提高高压操作效益、降低能耗。

高炉采用高压操作时炉顶压力的水平，主要是根据原料条件和炉容大小来确定的。对于大型高炉，表 9-3 所示数据可供参考；对于中型高炉（250 ~ 620m³），应根据高炉容积大小及现有设备的可能，采用 0.025 ~ 0.04MPa 的小高压操作较合适；对于有条件的 620m³ 高炉，也可将顶压提高到 0.05 ~ 0.08MPa，但不宜过高。

表 9-3　高压高炉的炉顶压力和风机压力　（MPa）

高炉有效容积/m³	设计顶压	送风系统阻损	料柱阻损	要求风机出口压力	选用风机出口压力
1000	0.15	0.02	0.12 ~ 0.13	0.26 ~ 0.30	0.35
2000	0.15 ~ 0.20	0.02	0.13 ~ 0.15	0.30 ~ 0.37	0.35 ~ 0.40
3000	0.20	0.02	0.18	0.40	0.43
4000	0.25	0.02	0.20	0.45	0.50
5000	0.30	0.02	0.22	0.54	0.60

俄罗斯和日本 3000m³ 以上的高炉，顶压一般均为 0.25 ~ 0.3MPa，个别高炉超过 0.3MPa。

我国目前高炉的高压水平还较低，应采取措施，创造条件，使这一技术得到推广。近年来我国高炉的高压操作水平不断提高，有些高炉顶压已达到国际先进水平，如宝钢顶压达

0.25MPa，但多数高炉的顶压还在 0.15MPa 以下。

9.5 富 氧 鼓 风

所谓富氧鼓风，就是提高鼓风中的氧浓度（体积分数大于21%）。通常，从放风阀与热风炉之间的冷风总管上将氧气加入冷风中，实现富氧鼓风，如图9-4所示。

9.5.1 富氧鼓风对冶炼过程的影响

富氧鼓风对冶炼过程的影响包括：

（1）对炉缸煤气的影响。

1）富氧鼓风可使炉缸煤气量减少。富氧鼓风时，由于鼓风中 O_2 的浓度提高，因而风口前燃烧 1kg 碳需要的风量减少，生成的煤气量相应减少，于是单位生铁的煤气量也自然减少，其减少程度见表9-4。

2）富氧鼓风可使炉缸煤气中 CO 浓

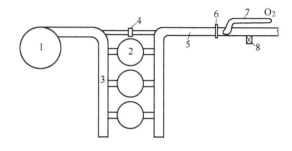

图9-4　富氧鼓风工艺流程示意图

1—高炉；2—热风炉；3—热风管；4—混风管；5—冷风管；
6—冷风流量孔板；7—氧气管道；8—放风阀

度升高。富氧鼓风时，由于所鼓风中的 O_2 浓度提高和 N_2 浓度下降，炉缸煤气成分发生变化，即炉缸煤气中 CO 浓度升高，其升高程度见表9-4。

表9-4　鼓风中含氧量不同时的燃烧指标

干风含氧量 $\varphi(O_2)/\%$	燃烧1kg 碳的风量（湿度1%）/m³	燃烧1kg 碳产生的煤气量/m³	炉缸煤气中 CO 含量 $\varphi(CO)/\%$	风温 1000℃时的 $t_理/℃$
21	4.38	5.33	35.0	2120
25	3.70	4.66	40.0	2280
30	3.09	4.04	46.2	2480

（2）对高炉温度的影响。

1）富氧鼓风可使理论燃烧温度（$t_理$）升高。由燃料在风口前的理论燃烧温度公式（见第6章式（6-19））：

$$t_理 = \frac{Q_碳 + Q_风 + Q_燃 - Q_分}{V_煤 \cdot c_煤}$$

可以看出，理论燃烧温度（$t_理$）与产生的煤气量（$V_煤$）成反比，且与鼓风带入的热量（$Q_风$）成正比。富氧鼓风时，风量和煤气量均减少，但由于风量减少对 $t_理$ 的影响小于 $V_煤$ 减少对 $t_理$ 的影响，因此，$t_理$ 将随鼓风中 O_2 浓度的提高而升高（见表9-4），从而有利于提高燃烧焦点、燃烧带和整个炉缸的温度。

2）富氧鼓风可使高炉上部温度降低。富氧鼓风时，由于单位生铁煤气量减少，因而煤气水当量（$W_气$）降低，炉顶煤气温度下降，高温区和软熔带下移，中、低温区扩大（见图9-5），高炉上部温度降低，从而减少了煤气带走的热量，有利于间接还原的发展和炉况顺行。

（3）对还原度的影响。富氧鼓风可使直接还原度降低，有利于间接还原的发展。富氧鼓风后，首先由于煤气中 CO 浓度提高，煤气的还原能力提高，于是有利于间接还原的发展。其次，由于高温区下移，使中、低温区扩大，炉料与煤气的接触时间延长，因而也有利于间接还原的发展。

必须指出：当富氧程度超过一定水平后，由于高炉上部温度过分降低，还原速度缓慢的低温区扩大，反而限制了间接还原的发展。

（4）对高炉顺行的影响。富氧鼓风对高炉顺行的影响既有有利的一面，也有不利的一面。

富氧鼓风时，单位生铁的煤气量减少、软熔带下移而块状带扩大、高炉下部温度升高、炉缸因此而活跃等，这些因素都有利于顺行。

当富氧程度超过一定的限度后，不利于顺行的因素将起主导作用，于是引起难行、悬料，其原因主要是：

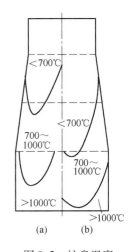

图 9-5　炉身温度
（a）普通鼓风；（b）富氧鼓风
（体积分数为 27% ~28% ）

1）当燃烧带温度超过 1900℃ 时，将引起 SiO_2 转变为 SiO 而激烈挥发，使料柱的透气性急剧变坏，从而导致高炉难行、悬料；

2）炉缸温度升高，煤气体积因此而膨胀，使下部的煤气压差（Δp）增大；

3）由于煤气量减少和燃烧温度提高，促使燃烧带缩小、中心煤气流减弱，易造成炉缸中心堆积；

4）当软熔带下移到横断面比较小的炉腹时，将恶化高炉下部料柱的透气性。

生产实践表明，仅富氧鼓风而不喷吹燃料，在冶炼炼钢生铁时，当风中的氧含量（体积分数）超过 24% 后，就会引起炉况不顺。

9.5.2　富氧鼓风的效果

富氧鼓风的效果为：

（1）富氧鼓风可提高产量。富氧鼓风时，由于风中含氧量增加，单位生铁所需风量减少，因此，若保持风量不变，则冶炼强度提高，产量可得到增加（在焦比不变的条件下，产量可获得与冶炼强度相同的增加值；在焦比降低的条件下，产量可更多地增加）。同时，由于鼓风带入氮量减少，产生的煤气量减少，使得压差降低，有利于顺行，因而产量提高。根据经验，鼓风中 O_2 浓度每增加 1% ，产量可提高 3% ~4% 。

（2）富氧鼓风可降低焦比。这是因为：1）富氧鼓风时，由于单位生铁炉顶煤气量减少，炉顶煤气温度降低，因而炉顶煤气带走的热量减少；2）煤气中 CO 浓度提高，同时，中、低温区扩大，有利于间接还原的发展；3）在一定的富氧率下，有利于炉况顺行，从而使煤气利用率提高。生产实践表明，在一定的富氧率范围内，鼓风中 O_2 浓度每提高 1% ，约降低焦比 1% 。

（3）富氧鼓风能提高喷吹燃料的效果。富氧鼓风后由于单位生铁生成的煤气量减少，炉顶煤气温度降低，高炉中、低温区扩大，高温区下移，$t_{理}$ 升高，使高炉竖向温度发生变化，即高炉上部变冷、下部变热。这种影响与喷吹燃料的影响正好相反。因此，富氧鼓风与喷吹燃料相结合能互相取长补短，从而使喷吹燃料和富氧鼓风达到最佳的效果。

9.5.3　富氧鼓风技术的发展

富氧鼓风的发展取决于制氧工业，也就是大功率制氧机的发展水平。高炉富氧鼓风所用工业氧气，可以不达到转炉炼钢要求的高纯度（$\varphi(O_2)\% \geqslant 99.5\%$），这就减轻了制氧机制造的难度和投资费用。德国、日本等国都生产专供高炉使用的低纯度（$\varphi(O_2)\% = 60\% \sim 90\%$）、大容量（$23000 \sim 103000\text{m}^3/\text{h}$）的制氧机。

我国高炉从 20 世纪 80 年代开始对富氧鼓风进行工业试验，并取得了良好的效果。但直到现在，我国高炉富氧还不普遍，富氧率还不高，其主要原因是还没有生产出专供高炉用的制氧机。大多数高炉用的氧源是转炉炼钢富余的氧，致使富氧鼓风在我国始终处于较低水平。因此，尽快研制或引进低纯度、大容量制氧机，是我国发展富氧鼓风的首要问题。其次，喷吹燃料是提高富氧率不可缺少的条件，因而也是发展富氧鼓风不可忽视的问题。

9.6　喷　吹　燃　料

高炉喷吹燃料，是指从风口喷入气体、液体和固体燃料，代替一部分焦炭，以降低焦比的一种强化冶炼的手段。高炉可以喷吹的液体燃料有重油、焦油和沥青等；固体燃料有无烟煤、烟煤和焦粉等；气体燃料有天然气、焦炉煤气和炉身喷吹用还原性气体等。我国有丰富的煤资源，因此，喷吹燃料以喷煤为主。实践表明，喷吹燃料不仅能大幅度降低焦比，而且还能使高炉冶炼的技术经济指标大为改善。

由于我国煤炭资源比较多，喷吹天然气、重油价格较贵，因此，我国喷吹燃料以喷煤为主。我国是应用喷煤技术最普遍的国家，我国的喷煤技术在世界上处于领先地位，喷煤量最高已达 250kg/t。从我国的资源情况看，在相当一段时间内，喷吹煤粉是我国主要的发展方向。从提高我国高炉喷煤的技术水平看，应从改善喷吹用煤质量、提高热补水平、提高计量与控制调节水平等方面加大力度，使之继续保持领先地位。

9.6.1　喷吹燃料对冶炼过程的影响

喷吹燃料对高炉冶炼过程的影响包括：

（1）对炉缸煤气和燃烧带的影响。炉缸煤气量增加，燃烧带扩大。由表 9-5 可见，喷吹用燃料与焦炭相比，含碳氢化合物在风口前气化后产生大量的 H_2，使炉缸煤气量增加。煤气量的增加与燃料的氢碳质量比 $w(H)/w(C)$ 有关，$w(H)/w(C)$ 的比值越高，增加的煤气量越多。由于喷吹燃料的氢碳质量比的比值是天然气 > 重油 > 煤粉 > 焦炭，因而燃烧生成的煤气量也是天然气 > 重油 > 煤粉 > 焦炭。煤气量的增加，无疑将增大燃烧带。另外，煤气中含 H_2 量的增加也扩大燃烧带，H_2 的黏度和密度均小，其穿透能力大于 CO；造成燃烧带扩大的另一原因是，部分燃料在直吹管和风口内就开始燃烧，在管路内形成高温（高于鼓风温度 400 ~ 800℃）的热风和燃烧产物的混合气流，它的流速和动能远大于全焦冶炼时的风速和燃烧产物的混合气流。这一燃烧特征应加以重视，因为过大的流速和动能，会使燃烧带内出现与炉内正常循环区方向相反的一向下顺时针旋转的涡流，如图 9-6 所示。据研究，形成向下放置涡流是炉况恶化的原因，它给炉缸堆积碳质粉末创造了条件，并使冶炼的渣铁流动变坏，严重时大量烧坏风口。

（2）对炉温的影响。

1）喷吹燃料可使理论燃烧温度 $t_{理}$ 下降。理论燃烧温度下降的主要原因有：①燃烧产物的数量增加,将产物加热到燃烧温度所需的热量增大；②喷吹燃料气化时，因碳氢化合物分解吸热，燃烧放出的热值降低；③焦炭到达风口燃烧带时温度约达 1500℃，而喷吹燃料的温度一般在 100℃ 左右。

表 9-5   风口前每千克燃料燃烧产生的煤气体积

| 燃 烧 | 炉缸煤气中各成分的量/m³ | | | 炉缸煤气 | $\varphi(CO) + \varphi(H_2)$ | 氢碳质量比 |
	CO	H₂	N₂	生成量/m³	/%	$w(H)/w(C)$
焦 炭	1.553	0.055	2.92	4.528	35.5	0.002 ~ 0.005
煤 粉	1.408	0.41	2.64	4.458	40.8	0.02 ~ 0.03
重 油	1.608	1.29	3.02	5.918	49.0	0.11 ~ 0.13
天然气	1.370	2.78	2.58	6.730	61.9	0.333

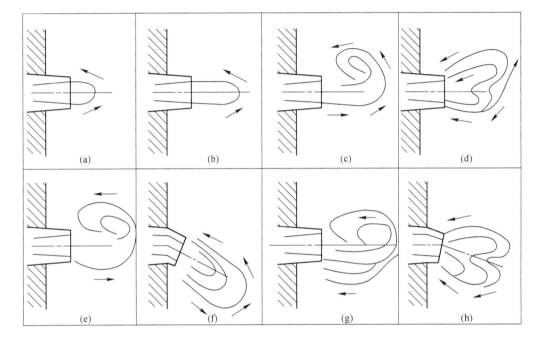

图 9-6   不同动能条件下风口区内焦炭的循环特征
(a), (b) 鼓风动能过小；(c), (e), (f) 鼓风动能正常；(d), (g), (h) 鼓风动能过大

2) 喷吹燃料可使炉缸温度升高且趋于均匀。炉缸温度升高且趋于均匀的主要原因有：①煤气量及其动能增加、燃烧带扩大，使到达炉缸中心的煤气量增多，中心部位热量收入增加；②上部还原得到改善，使得炉缸中心的直接还原减少、热支出减少；③高炉内热交换改善，使进入炉缸的物料和产品的温度升高。因此，高炉喷吹燃料后，热量由边缘向中心转移，边缘温度降低，中心温度升高，热损失减少，于是炉缸温度分布趋向均匀。

3) 喷吹燃料可使高炉上部温度升高。高炉喷吹燃料后，炉料水当量 $W_料$ 因焦比和直接还原度降低而减少，而煤气水当量 $W_气$ 却因煤气量增加而增大，因此，$W_料/W_气$ 下降。$W_料/W_气$ 下降使炉顶煤气温度升高，因而高炉上部温度升高。由此可知，高炉喷吹燃料后，不仅炉缸温度分布均匀，而且沿高炉高度的温度分布也趋向均匀。

（3）对还原度的影响。喷吹燃料可使直接还原度降低，有利于间接还原的发展。喷吹燃料后，由于炉缸煤气中氢含量增加，还原剂（CO 和 H₂）浓度升高，因而煤气的还原能力增强，直接还原度降低，有利于间接还原的发展。

（4）产生"热滞后"现象。燃料喷入高炉后，对炉温的影响要经过一段时间才能完全显示出来，这种现象称为"热滞后性"。这是因为喷吹用燃料在炉缸分解要耗热，刚喷入燃料或增大喷吹量时，炉缸温度暂时下降；当被 H_2 含量高、还原能力强的煤气加热和充分还原的上部矿石下降到炉缸后，由于直接还原消耗热量减少，炉缸温度回升，喷吹燃料的热效果才能完全显示出来。热滞后的时间随高炉容积的大小、冶炼周期和喷吹用燃料种类的不同而异，通常为 3~4h。

当开始喷吹、停止喷吹或大幅度增、减喷吹量时，由于热滞后性，炉缸热状态会出现所谓的"先冷后热"和"先热后凉"现象。即开始喷吹或大幅度增加喷吹量时，炉缸先暂时变冷而后转热；相反，停止喷吹或大幅度减少喷吹量时，炉缸先变热而后转冷。因此，在高炉实际操作中，有计划的停喷或大幅度增、减喷吹量时，应按照热滞后的时间事先调整焦炭负荷，使之适应，以免炉温剧烈波动。

（5）中心煤气流发展。高炉喷吹燃料后，煤气分布的一个显著特点是中心煤气流容易发展。其原因是：在风量不变的情况下，炉缸煤气量增加；煤气中 H_2 含量升高，使煤气扩散能力增强；部分燃料在未喷入高炉前（在风口内）燃烧，使鼓风温度升高、体积增大，因而鼓风动能增大。一般喷吹量越大，中心煤气流越发展。

（6）压差（Δp）升高。高炉喷吹燃料后，煤气量增加和料柱透气性变差（由焦比降低所致）使煤气压力损失 Δp 升高的作用超过煤气密度和黏度减少使 Δp 降低的作用，因此，Δp 将升高。

（7）对顺行的影响。高炉喷吹燃料后，虽然 Δp 升高，但高炉顺行不一定变差。这是因为焦比下降，料柱的有效重量升高；更为重要的是，温度分布均匀，炉缸活跃，热状态稳定，渣量减少。因此，大量的生产实践表明，喷吹燃料后，炉况更加稳定顺行，能较好地维持较高的压差进行操作。

9.6.2 喷吹燃料的效果

喷吹燃料的效果为：

（1）焦比降低。喷吹燃料可降低焦比的原因主要有：1）喷吹燃料中的碳代替了焦炭中的固定碳；2）喷吹燃料中的 H_2 约有 30%~50% 参加还原，而且在一定程度上提高了 CO 的利用率，从而使直接还原度大大降低；3）炉缸热状态和生铁成分稳定，生铁硫含量低，因而生铁中 $w[Si]$ 可以控制在下限水平；4）渣量减少（对于喷吹重油和天然气而言）；5）为高炉接受高风温创造了条件。

（2）产量提高。我国高炉喷吹燃料的实践表明，在喷吹量一定的条件下，高炉的利用系数一般有所提高。这是因为置换比高，单位喷吹燃料置换的焦炭量大于按含碳量计算应置换的焦炭量，即综合冶炼强度有所提高。

（3）生铁质量改善。喷吹燃料后，炉缸活跃，温度分布均匀，热状态稳定，渣铁物理热充沛，因而生铁的脱硫条件改善；喷吹燃料后，尽管渣量减少，但生铁中硅含量却可以控制在下限水平，能够冶炼低硅、低硫炼钢生铁。

（4）生铁成本降低。喷吹用的燃料，尤其是煤粉的价格通常比焦炭低得多，所以，高炉喷吹燃料后生铁的成本大大降低。

9.6.3 喷吹燃料的高炉操作特点

喷吹燃料对高炉操作的影响为：

（1）抑制中心气流，适当疏松边缘。

1）上部调节措施：扩大矿石批重、增加倒装比例、适当提高料线，以抑制中心气流。

2）下部调节措施：扩大风口直径、缩短风口长度，以减小鼓风动能。另外，增加富氧率、提高炉顶压力等对抑制中心气流也有一定效果。

（2）可通过调节喷吹量来调节炉温。高炉操作中除可用前述的措施调节炉温外，还可用调节喷吹量的方法来调节炉温。

调节喷吹量一方面改变了焦炭负荷，从而达到提高或降低炉温的目的；另一方面，则相当于改变进风量的大小。这是因为在风量不变的情况下，增加喷吹量时，由于喷吹物中碳燃烧消耗了风口前一部分氧，使与焦炭燃烧的氧减少，从而使焦炭燃烧量减少、下料速度降低、炉温升高；反之，减少喷吹量，炉温则下降。

用喷吹量调节炉温需具备两个条件：一是计量应准确，操作应方便；二是操作者应掌握本高炉的热滞后时间。调剂方法是：向凉炉增加喷吹量，向热炉减少喷吹量，用调节量保持料速的稳定。但应注意：当炉温已凉时则禁止增加喷吹量。

9.6.4　煤粉喷吹的热滞后、热补偿和对煤的性能要求

9.6.4.1　喷煤的"热滞后"

煤粉喷吹是增加入炉燃料，炉温本应提高；但在煤粉喷吹的实践中发现，煤粉喷吹初期的炉缸温度反而暂时下降，只有过了一段时间，炉缸温度才会升上来。喷吹煤粉的热量要经过一段时间才能显现出来，炉缸出现"先凉后热"的现象，这种现象称为"热滞后现象"。喷吹煤粉对炉缸温度增加的影响要经过一段时间才能反映出来的这个时间，称为"热滞后时间"。产生热滞后的原因，主要是由于煤气中 H_2 和 CO 的量增加，改善了还原过程，当还原性改善后的这部分炉料下降到炉缸时，减轻了炉缸的热负荷，喷吹煤粉效果才反映出来。由于高炉冶炼强度、炉容条件不同，热滞后的时间也不一样，一般为冶炼周期的 70% 左右。而喷吹煤粉量减少时，则出现与此相反的现象。因此，用改变喷吹量调节炉况显得不如调节风温来得快，但掌握了这个规律后，仍可应用自如地用喷煤量来调节。热滞后时间与喷吹煤种、炉容、冶炼周期（料速）等因素有关。其一般规律是，煤中 H_2 含量越大，风口前分解消耗的热越多，则热滞后时间越长。例如，喷烟煤就比喷无烟煤热滞后时间长；炉容大，热滞后时间也长，一般热滞后时间为 2~4h。生产中也可用下式估算热滞后时间：

$$\tau = (V/V_{批}) \cdot (1/n) \tag{9-5}$$

式中　τ——热滞后时间，h；

　　　V——H_2 参与间接还原开始处的平面（等温线 1100~1200℃处）至风口平面之间的容积，m^3；

　　　$V_{批}$——每批料的体积，m^3/批；

　　　n——每小时平均下料批数，批/h。

例如，1000m^3 高炉，$V = 478m^3$，焦批 5.85t，矿批 23.4t，每小时平均下料批数 6.5 批/h，其热滞后时间为：

$$\tau = [478/(5.85/0.5 + 23.4/1.7)] \times (1/6.5) = 2.89h$$

9.6.4.2　喷煤的"热补偿"

高炉喷吹煤粉时，煤粉以 70~80℃ 的温度进入炉缸燃烧带，它的挥发分加热分解，消耗热量，致使理论燃烧温度下降，炉缸热量显得不足。为了保持良好的炉缸热状态，需要给予热补偿。最好的热补偿措施是提高风温，其次是富氧。

以提高风温来进行热补偿，可以根据热平衡来估算需要提高的风温，即：

$$V_{风} c\Delta t = Q_{分} + Q_{1500}$$

则：

$$\Delta t = (Q_分 + Q_{1500})/(V_风 \cdot c) \tag{9-6}$$

式中　Δt——喷煤时应补偿的风温，℃；

$\quad Q_分$——煤粉分解耗热，kJ/kg；

$\quad Q_{1500}$——煤粉由 70～80℃提高到 1500℃需要的热量，kJ/kg；

$\quad V_风$——风量，m^3/kg；

$\quad c$——热风的比热容，$kJ/(m^3 \cdot ℃)$。

9.6.4.3　高炉喷煤对煤的性能要求

高炉喷吹用煤应能满足高炉冶炼工艺要求，并对提高喷吹量和置换比有利，以替代更多的焦炭。具体要求如下：

（1）煤的灰分含量越低越好，灰分含量应与使用的焦炭灰分含量相同，一般要求 w（灰分）＜15%。

（2）硫含量越低越好，硫含量应与使用的焦炭硫含量相同，一般要求 $w(S)$＜0.8%。

（3）表明煤结焦性能的焦质层越薄越好，以免煤粉在喷吹过程中结焦，堵塞煤枪和风口，影响喷吹和高炉正常生产。生产中常用无烟煤、贫煤和长焰煤作为喷吹用煤。

（4）煤的可磨性好，高炉喷吹的煤需要磨细到一定细度。例如，无烟煤粒度小于 0.074mm（200 目）的要达到 80% 以上，烟煤粒度小于 0.074mm 的要达到 50% 以上。可磨性好，则磨煤消耗的电能就少，可降低喷吹费用。

（5）煤的燃烧性能好，即煤的着火温度低、反应性好，这样，可使喷入炉缸的煤粉能在有限的空间和时间内尽可能多地气化。另外，燃烧性能好的煤也可以磨得粗一些，即小于 0.074mm 的比例少一些，以降低磨煤的能耗和费用。

就目前有的煤种来说，可以发现，任何一种煤都不能达到上述全部要求；另外，各种煤源由于产地远近、开采方法、运输到厂的方式等不同，其单位价格也不同，生产中常采用配煤来获得性能好而且价格低的混合煤。国外常采用碳含量高、发热值高的无烟煤与挥发分高、易燃的烟煤配合，使混合煤中的挥发分含量为 20%～25%、灰分含量在 12% 以下，充分发挥了两种煤的优点，取得了良好的喷煤效果。我国宝钢就是这样处理的。

对磨好的喷吹用煤粉的要求主要是：

（1）粒度。无烟煤粒度小于 0.074mm 的应达到 80%～85%；烟煤粒度小于 0.074mm 的应达到 50%～65%。含结晶水的烟煤、褐煤在高富氧的条件下，粒度还可以更粗些。

（2）温度。应控制在 70～80℃之间，以避免输送煤粉载体中的饱和水蒸气结露而影响收粉。

（3）水分含量。煤粉的水分含量应控制在 1.0% 左右，最高不超过 2.0%。因为水分多一方面影响煤粉的输送；另一方面，其喷入炉缸，在风口前分解吸热，加剧了理论燃烧温度的下降。为保证必要的理论燃烧温度，要增加热补偿，无补偿手段时要降低喷吹量。

9.7　加湿与脱湿鼓风

1927～1928 年，苏联曾用加湿鼓风作为高炉炼铁调节手段。1939 年，库兹涅茨克钢铁公司使用加湿鼓风 16～32g/m^3，高炉产量提高了 10%～15%，焦比降低了 1.45%～3.4%。以后，加湿鼓风作为稳定风中湿分、增加风温和产量的一种强化手段而得到推广。

我国于 1952～1953 年在鞍钢使用了加湿鼓风，产量增加了 4.75%，焦比降低了 2.16%，随后，加湿鼓风得到普遍推行。但到 60 年代，喷吹燃料技术兴起，高风温已作为必须的热补偿措施，加湿鼓风就逐渐停止使用了，取而代之的是脱湿鼓风。不过，在无喷吹燃料的高炉上，加湿鼓风仍不失为一种调节和强化高炉冶炼的手段。

9.7.1 加湿鼓风

加湿鼓风是往鼓风中加入水蒸气，使鼓风中所含湿度超过自然湿度，用于调节炉况和强化冶炼。通常，是在冷风放风阀前（鼓风机与放风阀之间）将水蒸气加入冷风总管中，进行鼓风加湿。

9.7.1.1 加湿鼓风对冶炼过程的影响

生产实践表明，加湿鼓风后炉况更顺行。这是由于炉缸中的水蒸气在炉缸燃烧带发生分解反应：

$$H_2O = H_2 + \frac{1}{2}O_2 \quad -242039kJ \tag{9-7}$$

$$或 \quad H_2O + C = CO + H_2 \quad -124474kJ \tag{9-8}$$

由于反应吸收大量热量，致使燃烧温度降低，炉缸温度发生变化。在燃烧焦点，水分分解进行最激烈，因而降低了燃烧焦点温度，消除了过热区，使 SiO_2 挥发减弱，于是有利于防止因高风温或炉热引起的难行和悬料；同时，使燃烧温度均有所降低，即使炉缸煤气温度有所降低，因此，煤气体积和煤气流速减小，从而有利于顺行。

此外，大气鼓风中含有一定的水分，但大气的自然水分含量是波动的，一年四季、天晴和下雨，甚至白天和晚上，大气湿度均不相同，这势必造成高炉热制度的波动。加湿鼓风可以使鼓风湿度稳定在一定水平，消除这种波动，显然也有利于稳定炉况。

随着鼓风湿度的提高，煤气中还原剂浓度将增加，于是煤气的还原能力提高，有利于间接还原的发展，降低直接还原度。

9.7.1.2 加湿鼓风的效果

由于加湿鼓风使鼓风的含氧量提高，可以认为，加湿鼓风实际上是富氧鼓风的一种形式。因此，鼓风在一定加湿程度下也可以提高冶炼强度，从而提高产量。

干风的含氧量（体积分数）为 21%，水蒸气的含氧量（体积分数）为 50%（$H_2O = H_2 + \frac{1}{2}O_2$）。于是水蒸气与干风的含氧量之比为 50%/21% = 2.38，即 1 单位体积水蒸气的含氧量为 1 单位体积干风含氧量的 2.38 倍。因此，鼓风中湿度每增加 1%，相当于增加干风 1.38%，即可以使冶炼强度提高 1.38%；在焦比不变的条件下，产量可提高 1.38%。

鼓风在一定加湿程度下，可以降低焦比。其主要原因是：

(1) 有利于炉况顺行，故有利于提高煤气的利用率；

(2) 有利于高炉接受高风温，这样，鼓风中 H_2O 消耗的热量可以由提高风温补偿，而 H_2O 分解产生的 H_2，一部分在上升过程中参加间接还原再度变成 H_2O，其放出的热量可以被高炉利用，相当于增加了热收入；

(3) 直接还原度降低；

(4) 产量提高，可以减少单位生铁的热损失。

9.7.1.3 加湿鼓风与提高风温的关系

鼓风中水蒸气在炉缸的分解反应为：

$$H_2O = H_2 + \frac{1}{2}O_2 \quad -242039kJ \tag{9-9}$$

1kg 水蒸气的分解耗热为 242039/18 = 13447kJ。

温度为 0～800℃时，干风的比热容为 1.386kJ/($m^3 \cdot$℃)。因此，在 $1m^3$ 鼓风中加入 1g 水蒸气时，需要提高风温 13447/(1.386 × 1000) = 9℃，才能补偿 H_2O 在炉缸内分解所消耗的热量。但由于部分水蒸气分解产生的 H_2 参加还原再度转变为 H_2O 时放出了热量，因此，在考虑提高风温补偿水蒸气分解所消耗的热量时，应该扣除这部分热量。通常，约有 1/3 的 H_2 参加了还原，故 $1m^3$ 鼓风中加入 1g 水蒸气需要提高的风温为：9 × (1 – 1/3) = 6℃。由此可见，为补偿 $1m^3$ 鼓风中加入 1g 水蒸气所耗的热量，需要提高的风温可少于 9℃，但不能少于 6℃，否则可能引起焦比升高。因此，加湿鼓风与高风温相配合，才能获得更好的效果。

由上述讨论可知，鼓风中水的含量不仅对高炉热制度有影响，而且对顺行和冶炼强度等也有影响。

9.7.2 脱湿鼓风

脱湿鼓风与加湿鼓风正好相反，它是将鼓风中湿分脱除到较低水平，使其鼓风湿度保持在低于大气湿度的稳定水平，以增加干风温度，从而稳定风中湿度，提高 $t_{理}$ 和增加喷吹量。显然，脱湿鼓风一方面降低了鼓风的水分含量，因而可减少水分分解耗热；另一方面又消除了大气湿度波动，对炉况稳定有利。因此，脱湿鼓风能取得很好的效益。

1904 年，美国就在高炉上进行过脱湿鼓风的试验，湿风含水量由 $26g/m^3$ 降到 $6g/m^3$，风温由 382℃提高到 465℃，高炉产量增加 25%，焦比下降 20%。但因脱湿设备庞大、成本高，一度未得到发展。70 年代以来，由于焦炭价格暴涨、脱湿设备已臻完善，脱湿鼓风才又被一些企业使用。

目前，脱湿设备有干式、湿式和冷冻式三种：

（1）氯化锂干式脱湿鼓风。氯化锂干法脱湿采用结晶 LiCl 石棉纸过虑鼓风空气中的水分，其吸附水分后生成 $LiCl_2 \cdot H_2O$；然后再将滤纸加热至 140℃以上，使 $LiCl_2 \cdot H_2O$ 分解脱水，LiCl 则可再生循环使用。这种脱湿法平均脱湿量可达到 $7g/m^3$。

（2）氯化锂湿式脱湿鼓风。氯化锂湿法脱湿采用浓度（质量分数）为 40% 的 LiCl 水溶液吸收经冷却的水分，LiCl 液则被稀释；然后再送到再生塔，通蒸汽加热 LiCl 的稀释液，使之脱水再生以供使用。此法平均脱湿量可以达到 $5g/m^3$，湿法工艺流程如图 9-7 所示。

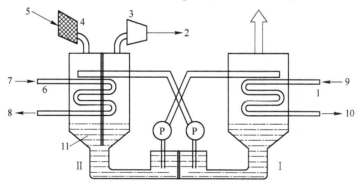

图 9-7 湿法脱湿鼓风流程

I—再生塔；II—脱湿塔

1—蒸汽加热蛇形管；2—脱湿后的空气（送往高炉）；3—风机；4—过滤器；
5—空气；6—换热器；7—制冷物质（液体或气体）；8—受热后的制冷物质；
9—蒸汽；10—冷凝水蒸气；11—40%（质量分数）LiCl 水溶液；P—泵

（3）冷冻式脱湿。冷冻法是随着深冷冻技术的发展而采用的一种方法。其原理是用大型螺杆式泵把冷媒（氨或氟利昂）压缩液化，然后在冷却器管道内气化膨胀、吸收热量，使冷却器表面的温度低于空气的露点温度，高炉鼓风温度降低（夏天可由32℃降到9℃，冬天可由16℃降到5℃），饱和水含量减少，湿分即可凝结脱除。

宝钢采用冷冻式脱湿装置，在鼓风机吸入侧管道上安装大型冷冻机，作为脱湿主要装置。此法易于安装和调节，尤以节能和增加风量为最大优点。表9-6所示为宝钢脱湿装置的主要参数。

表9-6　宝钢脱湿装置参数

项　　目		工　　况	
		夏季平均最高（设计条件）	年　平　均
脱湿前	空气量/$m^3 \cdot min^{-1}$	7900	7900
	温度/℃	32	16
	相对湿度/%	83	80
	含湿量/$g \cdot m^{-3}$	32.5	12.9
脱湿后	温度/℃	8.5	2.5
	含湿量/$g \cdot m^{-3}$	9.0	6.0

复习思考题

9-1　高炉强化冶炼的目的和途径是什么？

9-2　为什么说精料是高炉强化冶炼的基础？

9-3　提高风温对冶炼过程及顺行的影响有哪些？

9-4　高炉接受高风温的条件是什么？

9-5　提高风温的效果是什么，提高风温的途径有哪些？

9-6　什么是高压操作，高压操作对生产过程的影响有哪几方面？

9-7　高压操作的效果和特点是什么？

9-8　采用高压生产后，高炉的生产特点是什么？

9-9　什么是富氧鼓风？

9-10　富氧鼓风对高炉冶炼的影响有哪几方面？

9-11　高风温和富氧鼓风都可以提高炉缸温度，但有什么不同？

9-12　喷吹燃料后高炉冶炼的特点是什么？

9-13　喷吹燃料后高炉冶炼效果如何？

9-14　高炉喷吹操作中应注意什么问题？

9-15　加湿鼓风对高炉冶炼有什么影响？

9-16　什么是脱湿鼓风，脱湿鼓风的方法有哪几种？

10 炼铁环境保护和资源利用——烟尘、煤气、炉渣和废水的处理

10.1 煤气、炉渣、烟尘和废水的处理与环境保护及资源利用的关系

环境保护是人类共同的主题，是我国的基本国策。目前，环境污染已成为全球的中心问题之一，而工业污染又是环境污染的主要方面。国家制定的环保法明确规定："一切企业、事业单位的选址、设计、建设和生产，都必须充分注意防止对环境的污染与破坏。在新建、改建和扩建工程时必须提出对环境影响的报告书，经环境部门和其他有关部门审查批准后才能进行设计；其中防止污染和其他公害的设施，必须与主体工程同时设计、同时施工、同时投产；各项有害物质的排放必须遵守国家的标准。"因此，自觉、认真贯彻"可持续发展战略"，坚决执行环保"三同时"方针，坚持经营生产与治理环境污染并重的原则，在发展炼铁生产的同时有效保护环境和充分利用资源，是炼铁企业和职工义不容辞的责任。

炼铁生产过程中的主要污染源有废水、废气和废渣。在炼铁生产过程中，会产生大量的废气、废渣、废水。其中，废水来源主要是煤气清洗废水、水冲渣废水等，废气则主要来自高炉含尘烟气及生产过程中形成的含尘气体，而废渣则主要有水淬渣、块渣、膨胀矿渣等。冶金工业是环境污染大户，而炼铁厂又是冶金工业中污染较严重的企业，每炼 1t 铁约排出煤气 $2000 \sim 2500m^3$、产生粉尘 100kg、煤气洗涤水 $2.5 \sim 3.5m^3$、渣 $300 \sim 1000kg$，如不经治理或治理不好，其对环境的危害和造成的资源浪费是相当严重的。炼铁主要污染源是，高炉冶炼中排渣、出铁产生的烟尘和冶炼用原燃料在仓储、筛分、转运过程中的粉尘，烟尘浓度为 $16 \sim 30g/m^3$，粉尘浓度为 $1 \sim 6g/m^3$。国家标准为：冶金企业现有污染源的有组织排放浓度为不大于 $150mg/m^3$，新建设施的有组织排放浓度为不大于 $120mg/m^3$；另外，国家工业卫生标准对岗位粉尘浓度要求不大于 $10mg/m^3$。高浓度的烟尘和粉尘对厂区大气环境形成严重污染。因此，炼铁生产过程中大量"三废"排放，既是资源的浪费，又严重污染环境，直接危害职工的身体健康，从企业生存和发展的战略高度出发，发展循环经济，对炼铁生产过程中的烟尘、煤气、炉渣和废水进行科学、合理的处理，实现生产全过程污染的控制和清洁生产，对于有效保护环境和充分利用资源有着极为重要的现实意义。

10.2 烟尘治理

现将出铁场烟尘与高炉原料系统粉尘的控制与治理及除尘设备的原理和结构，逐一加以介绍。

10.2.1 高炉出铁场烟尘治理

10.2.1.1 烟尘捕集

在高炉出铁出渣过程中，渣铁从铁口流出以及流经渣铁沟时都会有烟尘产生（高炉每生产 1t 铁水，即出铁场平均散发约 2.5kg 烟尘），大量的烟尘产生不仅损害生产操作人员的身

体健康，而且污染环境。为改善出铁场劳动条件以及附近区域环境，防止烟尘对周围大气污染，采取在高炉出铁场设置除尘设施的措施，主要是在出铁口、主铁沟、支铁沟、砂口（即小坑或撇渣器）、下渣沟、铁水罐等部位设除尘罩。主铁沟、支铁沟除尘罩的结构形式如图10-1、图10-2所示。

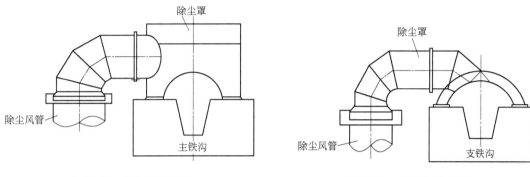

图 10-1　主铁沟除尘罩　　　　　　　图 10-2　支铁沟除尘罩

10.2.1.2　烟尘净化

高炉出铁场烟尘净化主要是采用布袋除尘器或电除尘器。除尘器入口管道与出铁场各产尘点烟尘捕集罩连通，含尘气体经除尘器净化后排入大气。

10.2.2　高炉原料系统粉尘治理

10.2.2.1　粉尘捕集

高炉原料系统主要包括原燃料储存料仓、运料皮带机和原燃料筛分振动筛。针对高炉原料系统产尘点，采取以下密封捕集措施：

（1）移动卸料导向内卸料尘源捕集，一般采用移动式通风口除尘或仓内抽风除尘的方式。

（2）料仓仓口采用Π形皮带密封方式。

（3）皮带机机头采用工艺密封加吸尘罩的捕集方式。

（4）皮带机机尾受料点采用单层（见图10-3）或双层（见图10-4）工艺密封罩的捕集方式。

（5）振动筛采用全封闭式和局部工艺密封加吸尘罩的捕集方式（见图10-5）。

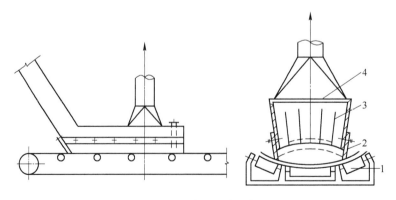

图 10-3　皮带受料点单层密闭罩

1—托辊；2—橡胶板；3—除尘罩；4—导料槽

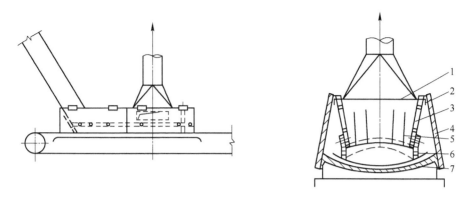

图 10-4　皮带受料点双层密闭罩

1—导料槽；2—折页；3—空气回流孔；4—外罩；5—除尘罩；6—橡胶板；7—托辊

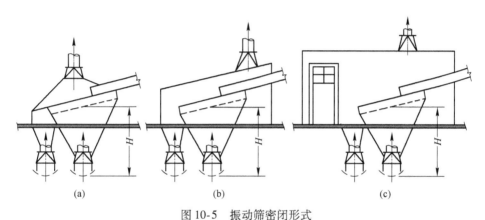

图 10-5　振动筛密闭形式

（a）局部密闭；（b）整体密闭；（c）大容积密闭

10.2.2.2　粉尘净化

高炉原料系统粉尘的净化主要采用的是布袋除尘器或电除尘器，二者均可达到净化的效果。在除尘器排放浓度标准高的地区，最好选用袋式除尘器。高炉原料系统尘源点数量多，从便于管理和维护、利于节能降耗的角度出发，一般采用集中除尘的方式。

10.3　高炉煤气除尘

高炉煤气含有 CO、H_2、CH_4 等可燃气体，其发热值为 $3000 \sim 4000kJ/m^3$，占燃料平衡的 $25\% \sim 30\%$。但从高炉引出的煤气不能直接使用，需经除尘处理。荒煤气的含尘量一般为 $10 \sim 50g/m^3$，净化后的煤气含尘量应小于 $10mg/m^3$。

高炉上的除尘设备有袋式除尘器、电除尘器、重力除尘器、洗涤塔、文氏管等。

10.3.1　布袋除尘器的构造和原理

布袋除尘器有多种形式和构造，现以使用最广泛的长袋低压脉冲除尘器为例加以介绍。

（1）长袋低压脉冲除尘器的构造，见图 10-6。

（2）长袋低压脉冲除尘器的工作原理：含尘气体由进风总管进入到滤袋室下部的灰斗。

灰斗内设有挡风板，其作用是一方面将气流中的大颗粒阻挡下来，一方面使气流均匀分布通过滤袋。含尘气体经过滤袋后，粉尘被阻留在滤袋外表面。含尘气体通过滤袋，气体的尘粒附着在织孔和袋壁上并逐渐形成灰膜，当气体通过布袋和灰膜时得到净化。经过净化的气体经上箱体、气动停风阀和出风总管进入除尘风机，由烟囱排入大气。随着过滤的不断进行，灰膜增厚，阻力增加；达到一定数值时要进行反吹，抖落大部分灰膜使阻力降低，恢复正常的过滤。反吹是利用自身净化后的气体进行的。为保持气体净化过程的连续性和满足工艺上的要求，一个除尘器要设置多个箱体轮流进行。反吹风后的灰尘落到箱体下部的灰斗中，经卸灰、输灰装置排出外运。

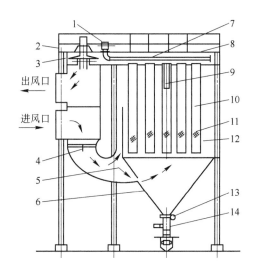

图 10-6　长袋低压脉冲除尘器的构造

1—脉冲阀；2—上箱体；3—气缸；4—手动蝶阀；
5—挡风板；6—下箱体；7—喷吹管；8—清灰系统；
9—滤袋框架；10—滤袋；11—滤袋室；12—中箱体；
13—手动插板阀；14—卸灰阀

10.3.2　电除尘器的构造和原理

电除尘器有多种构造形式，现以广泛使用的板卧式电除尘器为例介绍如下。

（1）电除尘器的构造，见图10-7。

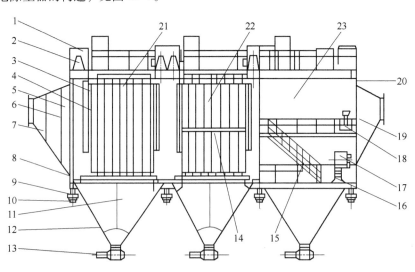

图 10-7　电除尘器的构造

1—绝缘子室；2—阴极吊挂装置；3—阴极大框架；4—集尘极部件；5—气流分布板；6—分布板振打装置；
7—进口变径管；8—内部分走道；9—支座接头；10—支座；11—灰斗阻流板；12—灰斗；13—星形卸灰阀
或拉链输灰机；14—电晕极振打部件；15—梯子平台；16—集尘极振打装置；17—检修门；
18—电晕极振打装置；19—出口变径管；20—壳体；21～23—第一、第二、第三电场

（2）电除尘器的工作原理。在高压电场中，气体受电场力作用发生电离，电离后的气体中存在着大量电子和离子。当含尘气体通过高压电场时，电子和离子与粉尘结合而使粉尘粒荷

电，在电场力的作用下，荷电粉尘分别向不同极性的电极运动，附着在阳极板和阴极线上。当粉尘积累到一定厚度时，通过振动装置的振动力，粉尘从极板、极线表面剥落下来，储存于灰斗中。过滤后的净气通过除尘器出风口或排风口进入除尘风机，由烟囱排入大气。

10.3.3　重力除尘器的构造和原理

高炉煤气从炉头引出，经导出管、上升管、下降管进入重力除尘器。

重力除尘器的构造，见图10-8。它由8～16mm的钢板焊成，底部保持53°以利于清灰。除尘原理是：煤气经中心导入管进入除尘器后突然减速和改变流动方向，煤气中心的尘粒在重力和关系作用下沉降，灰尘集于下部，定期排出。重力除尘器也称为粗除尘器。

10.3.4　洗涤塔、溢流文氏管及文氏管的构造和原理

洗涤塔和溢流文氏管是半精细除尘设备，文氏管属于精细除尘设备。

（1）洗涤塔是湿法除尘设备，其构造见图10-9。其外壳由8～16mm的钢板焊成，内设

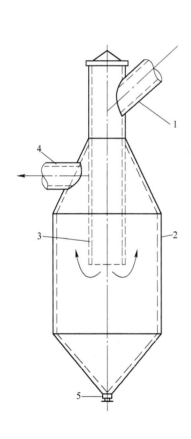

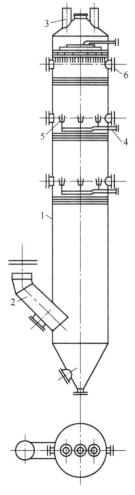

图 10-8　重力除尘器的构造
1—下降管；2—炉壳；3—中心导入管；
4—塔前管；5—清灰口

图 10-9　洗涤塔的构造
1—外壳；2—煤气导入管；3—煤气导出管；
4—喷嘴给水管；5—喷嘴；6—人孔

2~3层喷水管和木格栅，每层均设喷头，上层逆气流喷水，下层顺气流喷水，灰尘与雾水相碰降至塔底，经水封排出；同时，煤气与水进行热交换，使煤气温度降至40℃以下，从而降低了饱和水含量，洗涤塔的除尘效率可达80%以上。

（2）溢流文氏管的构造，见图10-10。它由煤气入口管、溢流水箱、收缩管、喉管和扩张管组成。文氏管的工作原理是：在喉管处按给水方向喷入净化水，煤气高速通过喉管与净化水相互冲击，使水雾化且与煤气接触，灰尘湿润、凝聚沉降后随水排出；同时，煤气与水还进行热交换，使煤气温度降低，起到煤气冷却的作用。溢流水箱的水沿溢流口流入收缩管，以保证客观上经常有一层水膜，以避免灰尘在干湿交界处聚集，防止喉管堵塞。喉口给水为外喷式，在喉口上距离 l 处，按给水方向装两层喷水嘴。

它的主要特点是，煤气在喉管处流速低和通过喉管的压头损失低。溢流文氏管可代替洗涤塔作为半精细除尘设备。溢流文氏管的优点是构造简单、体积小、高度低、钢材消耗为洗涤塔的一半、除尘效率高、耗水量低；存在的问题是阻力较洗涤塔大，温度也高出 3~5℃。

（3）文氏管的构造，见图10-11。它由收缩管、喉管、扩张管三部分组成，在收缩管中心设一个喷嘴。文氏管的除尘原理与溢流文氏管相同，所不同的是煤气在文氏管喉管处的流速更大，水与煤气的扰动更激烈，雾化水能将更细的灰尘捕集而沉降。由于高炉冶炼条件的经常变

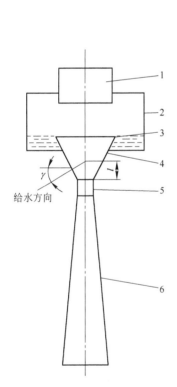

图 10-10　溢流文氏管的构造

γ—给水方向角；l—喉口上部
距喷水嘴的距离

1—煤气入口管；2—溢流水箱；3—溢流口；
4—收缩管；5—喉管（也称喉口）；6—扩张管

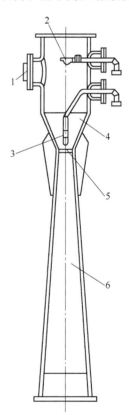

图 10-11　文氏管的构造

1—人孔；2—螺旋喷水嘴；3—弹头式喷水嘴；
4—收缩管；5—喉管；6—扩张管

化，煤气量也经常变化。所以，多用变径文氏管或将多个文氏管并联，当煤气量减小时，可适当调小喉管直径或关闭若干文氏管，以保证喉管流速相对稳定。

文氏管的结构简单，设备重量轻，制作、安装与维修方便，耗水、耗电量少，除尘效率高，用文氏管作为精细除尘设备是经济合理的。

10.3.5 脱水器的构造和原理

经过湿法除尘的煤气中含有大量的细小水滴，如不除去将使煤气的发热值降低，而且水滴中的灰泥还将堵塞管道和燃烧器。脱水器常见的有挡板式、重力式和旋风式。

（1）挡板式脱水器，煤气以 13～15m/s 的速度沿切线方向进入，气流在脱水器内一面旋转，一面沿伞形挡板曲折上升，靠离心力、重力和直接碰撞挡板而与气体分离。挡板式脱水器的构造见图 10-12。

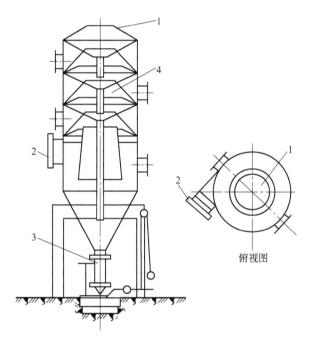

图 10-12 挡板式脱水器的构造
1—煤气出口；2—煤气入口；3—排水口；4—挡板脱水装置

（2）重力式脱水器，是利用煤气的速度降低和方向改变来使水滴在重力和惯性力作用下与煤气分离的。煤气在脱水器内的运动速度为 4～6m/s。

（3）旋风式脱水器，多用于小高炉，煤气沿切线方向进入后，水滴在离心力的作用下与器壁发生碰撞而失去动能，实现与煤气分离。

10.4 高炉煤气的余压利用

1965 年以来，国际上许多新建高炉的炉顶压力都超过了 0.3MPa，将煤气压力能转化为电能，利用高炉煤气压力能量，可大大降低高炉产品生铁的单位能耗。

一座 4000m³ 高炉的煤气透平发电机组，可以产生相当于 13000kW 的能量，而高炉煤气可照常使用。利用高炉煤气压力能发电，不必像火力发电那样建造锅炉和高的烟囱，不需要燃料贮运的地方，因此，发电成本远比火力发电低廉，而且属于没有公害的发电，不到两年即可收回投资。

10.4.1 煤气压力能回收系统

高压高炉将高炉炉顶煤气压力能经透平膨胀，驱动发电机发电的高炉余压回收透平发电装置，简称 TRT。

TRT 装置分湿法和干法两种。湿法 TRT 适用于湿法除尘净化的煤气；干法 TRT 则适用于干法除尘净化的煤气。

A 湿法煤气压力能回收系统

从高炉排出的高炉煤气经重力除尘器后，送到一级和二级文氏管，在文氏管中对煤气进行湿法除尘净化处理。煤气从二级文氏管出口分为两路，一路是当 TRT 不工作时，煤气通过减压阀组减压后进入煤气管网；另一路是 TRT 运转时，煤气经入口蝶阀、眼镜阀、紧急切断阀、调压阀进入 TRT，然后经可以完全隔断的水封截止阀，最后从除雾器进入煤气管网。湿法 TRT 工艺流程如图 10-13 所示。

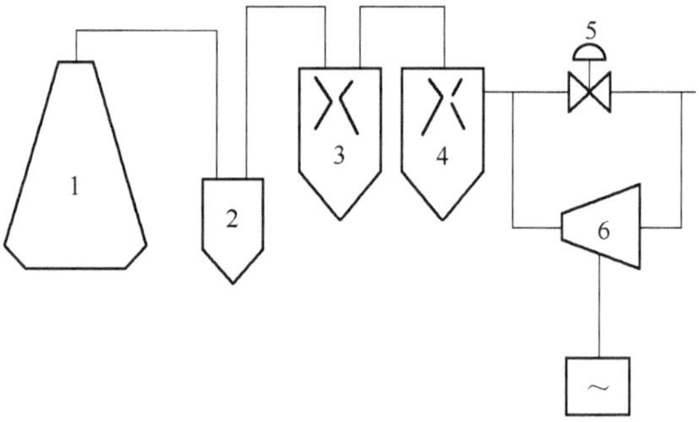

B 干法煤气压力能回收系统

透平机装在重力除尘器和旋风除尘器之后，要求进入透平的煤气温度比较高（170℃左右），以免煤气因在绝热膨胀时温度下降而冷凝，使煤气中的粉尘在叶片上黏结，如果煤气温度达不到170℃，则应把部分煤气燃烧后混入，这会使煤气的发热量降低。干法 TRT 工艺流程如图 10-14 所示。

10.4.2 TRT 的发电量

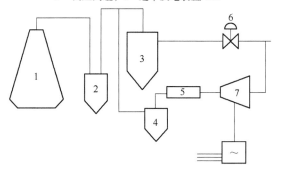

图 10-13 湿法 TRT 工艺流程
1—高炉；2—重力除尘器；3，4—文氏管；
5—调压阀组；6—透平发电装置 TRT

图 10-14 干法 TRT 工艺流程
1—高炉；2—重力除尘器；3—文氏管；4—旋风除尘器；
5—燃烧装置；6—调压阀组；7—TRT

煤气入口温度越高，TRT 的发电量越大；煤气的压力越高，流量越多，TRT 的发电量就越高。炉顶余压发电装置要求炉顶压力在 0.15MPa 以上，实际大于 0.1MPa 就可以运行，就是发电量少些。当煤气流量为 $2.2 \times 10^5 \text{m}^3/\text{h}$、透平背压为 0.1MPa 时，煤气温度和压力与发电量的关系如表 10-1 所示。

表 10-1 余压发电时煤气温度、压力与发电量的关系

表压/MPa	发电量/kW					
	150℃	200℃	250℃	300℃	400℃	600℃
0.10	3000	4600	5070	5560	7000	8500
0.15	3840	5900	6500	7150	9000	11000
0.20	4500	6900	7600	8350	10500	12700

10.4.3　国内高炉煤气余压发电的发展情况

最近几年来，国内的大型高炉炉顶余压发电发展很快。如宝钢、首钢、武钢、邯钢的高炉，均装备有炉顶余压回收透平发电装置。

如宝钢 1 号高炉的 TRT 装置为湿法的，它的具体参数为：炉顶煤气压力 0.217MPa，TRT 入口煤气压力 0.199MPa，TRT 出口煤气压力 0.013MPa，通过 TRT 的最大高炉煤气量 6.7 × $10^5 m^3/h$，入口煤气温度 55℃，出口煤气温度 25.7℃，煤气机械水含量小于 $7g/m^3$，透平机入口煤气含尘量不大于 $10mg/m^3$，透平机出口煤气含尘量小于 $3mg/m^3$，发电机的设备能力 17440kW·h。宝钢三座高炉全配有炉顶余压发电装置，吨铁发电量已达到 35kW·h。宝钢 1 号高炉 TRT 装置的操作指标见表 10-2。

表 10-2　宝钢 1 号高炉 TRT 装置的操作指标

发电量 /MW·h	运行时间 /h	炉顶平均压力 /MPa	吨铁发电量 /kW·h	$1m^3$ 煤气发电量 /kW·h	平均小时发电量 /kW·h
76549	651.08	0.21	29.96	21.8	11745

武钢 5 号高炉炉顶煤气余压发电装置为干式装置。其设计炉顶压力 0.25MPa，发电机的最大容量为 25000kW·h，现运行正常，平均每小时的发电量在 9000~10000kW·h 之间，每吨铁的发电量已达到 35kW·h。如干法除尘能更加稳定运行、炉顶煤气压力能提高到设计水平，发电量会更高。

运行正常的炉顶煤气余压发电装置，所回收的电量相当于高炉本身设备系统（不包括鼓风机）的用电量。大、中型高压高炉都应装备炉顶煤气余压回收发电装置。

10.5　炉渣处理

高炉生产过程中会产生大量的炉渣，这些炉渣用途广泛，用之为宝，弃之为害。下面就简要介绍一下高炉渣的分类、处理及利用方法、常见的渣处理系统。

10.5.1　高炉渣的处理方法及分类

高炉渣处理工艺根据对高炉排出的熔融渣流，采用的处理方法有三种，即急冷法（水淬法）、慢冷法（热泼法）和半急冷法。由此也相应得到性能不同的三种高炉渣，即水淬渣（水渣——高炉熔渣在大量冷却水的作用下形成的海绵状浮石类物质）、块渣（重矿渣——高炉熔渣经慢冷却形成的类石料矿渣）和膨胀矿渣（膨珠——高炉熔渣受半急冷作用时通过专设的成珠装备被击碎，抛甩到空气中，进而再受到空气的冷却作用所形成的珠状矿渣）。

10.5.2　渣水分离的方式及方法

目前，高炉熔渣一般在炉前冲制成水渣，渣水再经过分离，冲渣水可循环使用，水渣经过过滤后可作为水泥的原料。根据水渣过滤方式的不同，渣水分离可以分为沉渣池过滤、脱水槽脱水、机械脱水三种方式。每种方式又分为多种方法。例如，沉渣池过滤方式有沉渣池法、底滤法、沉渣池加底过滤池法等；脱水槽脱水方式有拉萨法（RASA 法）、永田法等；机械脱水方式有螺旋法、INBA 法、图拉法（转轮法）等。

10.5.2.1　沉渣池法

沉渣池法是一种传统的渣处理工艺，在我国大中型高炉上已经普遍采用。它具有设备简单、生产能力高和质量好等特点。沉渣池法的工艺流程如图 10-15 所示。

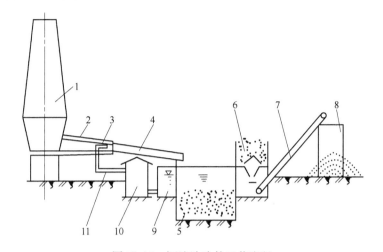

图 10-15　沉渣池法的工艺流程

1—高炉；2—熔渣沟；3—水冲渣喷嘴；4—水冲渣沟；5—沉淀池；6—贮渣槽；
7—运输皮带；8—贮渣场；9—吸水井；10—水冲渣泵房；11—高压水管

高炉熔渣流进熔渣沟后，经水冲渣喷嘴的高压水水淬成水渣，经过水冲渣沟流进沉渣池内进行沉淀，水渣沉淀后将水放掉，然后用抓斗起重机将沉渣送到贮渣场中贮存或用火车运走。

10.5.2.2　底滤法

底滤法工艺与沉渣池法工艺相似，其工艺流程如图 10-16 所示。高炉熔渣经熔渣沟进入水冲渣喷嘴，由高压水喷射制成水渣，渣水混合物经水冲渣沟流入底滤式过滤池，过滤池底部铺有滤石，水经滤石池排出，达到渣水分离的目的。水渣用抓斗起重机装入贮渣仓中贮存或用火车运走；过滤出的水通过设在滤床底部的排水管排到贮水池内，作为循环水使用。滤石要定期清洗。

10.5.2.3　沉渣池加底过滤池法

这种工艺是将沉渣池法和底滤法组合在一起的工艺。高炉熔渣经熔渣沟流入水冲渣喷嘴，被高压水射流水淬成水渣，渣水混合物经水冲渣沟流入沉渣池，水渣沉淀，水经过溢流流到配水渠中而分配到过

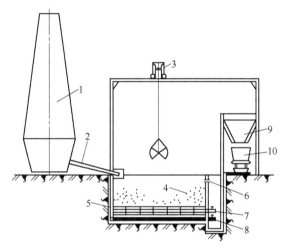

图 10-16　底滤法的工艺流程

1—高炉；2—熔渣沟和水冲渣沟；3—抓斗起重机；
4—水渣堆；5—保护钢轨；6—溢流水口；
7—冲洗空气进口；8—排出水口；9—贮渣仓；
10—运渣车

滤池内。过滤池的结构和底滤法完全相同，水经过滤床排出，循环使用。此种工艺具有沉渣池法和底滤法的优势，首钢 1～4 号高炉都采用了这种工艺。

10.5.2.4 INBA 法

INBA 法是由卢森堡 PW 公司开发的一种炉渣处理工艺。水淬后的渣水混合物经水冲渣槽流入分配器,经缓冲槽落入脱水转鼓中,脱水后的水渣经过转鼓内的胶带机和转鼓外的胶带机运至成品水渣池内,进一步脱水。滤出的水经集水斗、热水池、热水泵站送至冷却塔冷却后,进入冷却水池,冷却后的冲渣水经粒化泵站送往水渣冲制箱循环使用。INBA 法的优点是可以连续滤水,环境好,占地少,工艺布置灵活,吨渣电耗低,循环水中悬浮物含量少,泵、阀门和管道的寿命长。该方法在我国宝钢 2 号、3 号高炉,武钢 5 号高炉,马钢 2500m³ 级高炉,鞍钢 10 号高炉等得到应用。INBA 法的工艺流程见图 10-17。

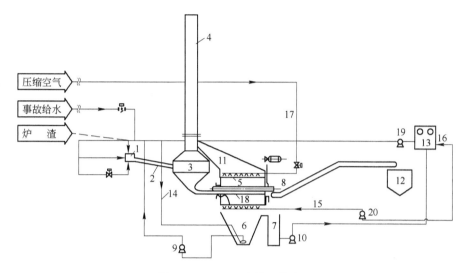

图 10-17 INBA 法的工艺流程

1—冲渣箱;2—水冲渣沟;3—水冲渣槽;4—烟囱;5—滚筒过滤;6—温水槽;7—中继槽;
8—排水胶带机;9—底流泵;10—温水泵;11—盖;12—成品槽;13—冷却塔;14—搅拌水;
15—洗净水;16—补给水;17—洗净空气;18—分配器;19—冲渣泵;20—清洗泵

10.5.2.5 拉萨法(RASA 法)

拉萨法的工艺流程见图 10-18。高炉熔渣经熔渣沟进入水冲渣槽,在水冲渣槽中用水渣冲制箱的高压喷嘴进行喷射水淬成为水渣,渣水混合物一起流入搅拌槽,水渣在搅拌槽内搅拌,使水渣破碎成细小颗粒(粒度为 1～3mm)并与水混合成渣浆,再用输渣泵送入分配槽中,分配槽将渣浆分配到各脱水槽中,分离出来的水经过脱水槽的金属网汇集到集水管后流入沉降槽,在沉降槽里排除混入水中的细粒渣后,水流入循环水槽。其中,一部分水用冷却泵打入冷却塔,冷却后再返回循环水槽,用循坏水槽的搅拌泵将水温搅拌均匀,然后部分水作为给水直接送给水渣冲制箱;另一部分水用搅拌槽的搅拌泵打入搅拌槽进行搅拌,用以防止水渣沉降。在沉降槽里沉淀的细粒水渣用排泥泵送给脱水槽,进入再脱水处理。拉萨法在我国宝钢 1 号高炉上得到应用。

10.5.2.6 图拉法(转轮法)

图拉法是由俄罗斯图拉公司开发的,其工艺流程见图 10-19。炉渣从熔渣沟流落到转轮粒化器上,粒化器由电机带动旋转,落到粒化器上的液态炉渣被快速旋转的粒化轮上的叶片击碎,并沿切线方向抛射出去;同时,熔渣受从粒化器上部喷出的高压水射流的冷却与水淬作用而形成水渣。渣水混合物进入脱水鼓中,由于喷水只对液态熔渣起水淬作用和对转轮粒化器起

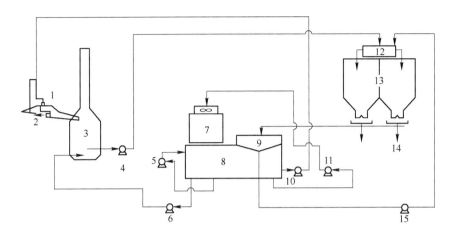

图 10-18   拉萨法的工艺流程

1—水冲渣槽；2—喷水口；3—搅拌槽；4—输渣泵；5—循环槽搅拌泵；6—搅拌槽搅拌泵；7—冷却塔；8—循环水槽；

9—沉降槽；10—冲渣给水泵；11—冷却泵；12—分配器；13—脱水槽；14—汽车；15—排泥泵

冷却作用，没有输送作用，因此，水量消耗少。

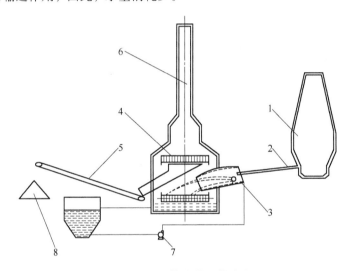

图 10-19   图拉法的工艺流程

1—高炉；2—熔渣沟；3—粒化器；4—脱水器；5—皮带机；6—烟囱；7—循环水泵；8—堆渣场

转鼓上的筛网将渣水分离，过滤后的水渣落入受料斗中，再经胶带机输送到堆渣场或渣仓中。经过脱水转鼓过滤的水，经溢流口和回水管进入集水池或集水罐，经循环泵加压后再打到转轮粒化器的喷头上。循环水中仍含有一部分粒径小于 0.5mm 的固体颗粒，沉淀在集水池下部，这部分沉淀物用气力提升泵提升到高于脱水器筛斗上部的位置，使其回流进行二次过滤，进一步净化循环水。图拉法在唐钢 2560m³ 高炉上得到应用。

10.5.2.7   螺旋法

螺旋法工艺为机械脱水工艺的一种方法，其流程参见图 10-20。它是通过螺旋机将渣、水进行分离，螺旋机呈 10°~20° 的倾斜角安装在水渣槽内，螺旋机随着传动机构进行旋转，水渣则通过其螺旋叶片将其从槽底部捞起并输送到水渣运输皮带机上，水则靠重力向下回流到水渣槽内，从而达到渣水分离的目的。浮渣则采用滚筒分离器进行分离，并将其输送到水渣运输皮带机上。水经过水渣槽上部溢流口溢流，经沉淀、冷却、补充新水等处理后循环使用。

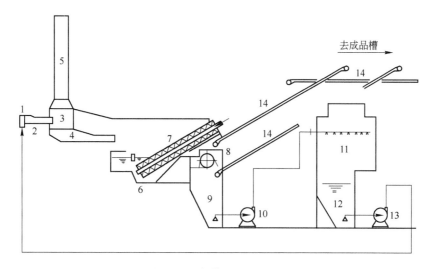

图 10-20　螺旋法的工艺流程

1—冲制箱；2—水渣沟；3—缓冲槽；4—中继槽；5—烟囱；6—水渣槽；7—螺旋输送分离机；
8—滚筒分离器；9—温水槽；10—冷却泵；11—冷却塔；12—冷水槽；13—给水泵；14—皮带机

10.5.2.8　永田法

日本川崎水岛厂在 RASA 法的基础上取消了中继槽、沉淀池和脱水槽的滤网，粗粒分离
槽和脱水槽滤出的水直接溢流进入热水池，形成所谓的永田法水渣工艺（其工艺流程参见
图10-21）。

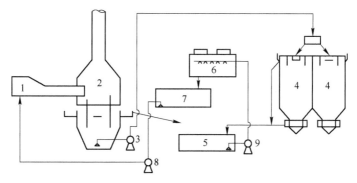

图 10-21　永田法的工艺流程

1—冲制箱及水渣沟；2—水渣槽；3—水渣泵；4—脱水槽；5—温水槽；
6—冷却塔；7—冷水槽；8—给水泵；9—冷却泵

上述各种炉渣处理工艺的优缺点比较，见表10-3。

表 10-3　各种炉渣处理工艺的优缺点比较

项　　目	底滤法	沉渣池加底过滤池法	RASA 法	永田法	图拉法	INBA 法	螺旋法
系统作业率	高	高	较高	较高	高	较高	较高
动力消耗	较小	较小	大	较大	小	较小	较小

项　目	底滤法	沉渣池加底过滤池法	RASA 法	永田法	图拉法	INBA 法	螺旋法
设备质量	轻	轻	重	较重	较轻	较轻	轻
占地面积	大	大	较小	较小	小	小	小
环保条件	差	差	好	好	好	好	好
水渣含水率	较低	高	低	低	低	低	较低
机械化程度	低	低	较高	较高	高	高	高
基建投资	较高	较低	高	高	低	较低	较低

10.5.3　高炉渣的利用

高炉熔渣处理方法不同，所得炉渣的利用途径也不相同，下面分别介绍各种高炉渣的利用。

（1）水淬渣可制造建材。水淬渣一般可制矿渣硅酸盐水泥和矿渣混凝土。矿渣硅酸盐水泥是由水泥熟料、水渣和 3%～5% 的石膏混合磨制而成；矿渣混凝土是以水渣为原料，配入激发剂、水泥熟料、石灰、石膏等，放入轮碾机加木碾磨与骨料拌和而成。

（2）块渣可用作骨料和路材。稳定性好的块渣经破碎、筛分，可以替代石材作骨料和路材。

（3）膨胀矿渣可作为轻骨料配制混凝土。

10.6　废水治理

高炉废水主要有煤气清洗废水、水冲渣废水。废水处理就是将废水的污染消除并恢复原有机能的过程，达到提高用水循环率、节约水资源、把对环境危害降至最低限度的目的。

10.6.1　高炉煤气清洗废水治理

10.6.1.1　废水特性

高炉煤气清洗废水属于浊废水，成分因原燃料成分、冶炼操作条件的不同而异。这种废水水量大、温度高、含悬浮物质多，并含有各种溶解物质和酸、氰等有害成分；另外，其在沉淀冷却过程中有大量二氧化碳逸出，重碳酸盐分解而生成难溶于水的碳酸钙沉淀，使水的硬度升高，导致水循环中管道和设备结垢。

10.6.1.2　废水治理

煤气清洗废水治理，主要是去除水中悬浮物和保持水质稳定。悬浮物去除方法有自然沉淀、加药混凝沉淀、在沉淀池上加斜板以及采用高梯度磁过滤器等。水质稳定问题可采用酸化法、加烟法、软化法、曝气法、磁化法、渣滤法、排污法、投药法以及各种基本方法的组合应用。

10.6.2　高炉水冲渣废水治理

高炉水冲渣废水治理的方法有拉萨法和过滤法（OCP 法）两种，两种方法简介如下。

10.6.2.1　拉萨法

拉萨法水处理系统是完全闭合的，不排污，且用高炉煤气清洗循环水的排污水作补充水。

拉萨法的优点是渣水混合物采用管道输送，可灵活布置，占地少，操作环境好。缺点是耗电量高（13~15kW·h/t），操作较复杂，渣泵和输渣管寿命短，浮渣用沉淀处理效果差。

10.6.2.2　过滤法（OCP 法）

过滤法是一种深池式完全底滤的方法，炉渣冲成水渣后冲进池内作为滤层，过滤后用吊车抓渣装车。滤后的水含悬浮物小于 10mg/L，不会引起设备和管道堵塞。过滤法的优点是耗电低（7~9kW·h/t），设备简易，贮存时间长，出水干净，所产热水可以利用。缺点是占地面积大，工程量大。

复习思考题

10-1　简述环境保护的定义及其主要的两方面内容。

10-2　简述炼铁厂搞好环保工作的意义。

10-3　高炉废水的主要来源及处理方法是什么？

10-4　高炉烟尘的主要来源及处理方法是什么？

10-5　简述布袋除尘器的主要组成部件及工作原理。

10-6　简述电除尘器的主要组成部件及工作原理。

10-7　高炉熔渣的处理方法主要有哪几种，这些方法处理后可得哪几种高炉渣？

10-8　高炉渣的综合利用方法有哪些？

10-9　高炉渣水分离的方式及方法有哪些？

10-10　列表比较各种渣处理方法的特点。

11 炼铁技术发展

11.1 炼铁技术发展概况

近年来，我国炼铁生产技术处于快速发展阶段，生铁产量高速增长，炼铁装备在向大型化、自动化、高效化、长寿化、节能降耗、高效率方向发展。同时，一些炼铁企业已开始在环保治理方面投入，向清洁炼铁方向发展。应当指出，目前我国炼铁工业产业集中度偏低，高炉平均炉容较小（约500m³），处于先进炼铁技术装备与落后炼铁技术装备并存的、多层次的共同发展阶段。

炼铁技术近年来飞速发展，主要进展表现在以下几个方面：

（1）高炉大型化和自动化。高炉容积向大型化发展，世界上不断有4000m³以上的高炉投入生产。由于高炉大型化，生铁产量增加，焦比降低，效率提高，成本核算降低，易于实现机械化和自动化。我国20世纪80年代开始，已有4000m³以上的高炉投入生产，为我国向钢铁大国迈进提供了条件。

（2）进一步改善原燃料条件。普遍使用精料，即要求原料品位高、熟料率高、粒度小、含粉率低、成分粒度稳定等，尤其是在改善人造矿石质量、提高矿石的高温冶金性能、加强整粒、改善炉料结构、提高焦炭质量等方面投入了大量的精力，这是改善高炉生产最基础的条件。

（3）采用大喷吹量，以其他燃料代替焦炭，同时采用富氧鼓风及应用高风温，进一步促进大喷吹，达到降低生铁成本的目的。

（4）采用高压操作。应用轴流式风机，提高风压强化冶炼，同时利用煤气进行余压发电。

（5）高炉冶炼普遍使用和应用计算机技术。例如，采用计算机专家系统进行高炉冶炼的全过程控制，炉顶采用十字测温装置等新技术，为强化高炉冶炼、改善高炉冶炼技术经济指标提供了强有力的手段。

（6）作为研究课题，探索21世纪非高炉炼铁工艺，以适应各地区资源不同的需要。

11.2 高炉炼铁新技术

11.2.1 高炉大型化和自动化

钢铁生产设备的大型化、现代化、自动化是现代国内外钢铁工业发展的总趋势。

11.2.1.1 高炉大型化

目前，世界高炉大型化、现代化、自动化的趋势和水平可以概括为：高炉容积4000～5600m³；日生产能力1.0～1.3万t；年产规模300～400万t；焦比由过去的700～800kg/t降低到240～300kg/t；重油比80～120kg/t，或天然气150m³/t，或煤比150～200kg/t（有的已突破250kg/t）；富氧（体积分数）25%～40%；风温1300～1400℃；高压有的达0.2～0.3MPa；渣量由过去的700～1000kg/t降低到150～300kg/t；熟料率80%～100%；利用系数2.3～3.0t/

（m³·d），生铁含硅量小于 0.5%，含硫量小于 0.03%。我国现有 1000m³ 高炉 120 多座，最大的是首钢曹妃甸两座 5500m³ 高炉，其采用了新装备和新工艺，可实现高效型、节约型、清洁型、可循环型生产，基本实现："三废"零排放（国外最大的高炉为 5580m³）。

11.2.1.2　高炉自动化

随着高炉检测技术和计算机的发展，在高炉大型化的要求和推动下，高炉的自动化有了迅猛地发展，以计算机的广泛运用为其主要标志。

A　高炉监测新技术

高炉的技术进步与监测技术的进步密切相关，特别是要实现高炉自动控制，没有良好的监测技术是不可想象的。当前采用的监测新技术有：红外线或激光检测料面形状，磁力仪测定焦、矿层分布和运行情况，光导纤维测高炉内状态及反应情况，高炉软熔带测定器，风口观测电视技术，中子测炉料水分，连续测定炉缸、炉底温度等。

（1）激光测料面技术。在炉顶安装激光器，连续向料面发射激光，激光反射波被接收器接收和处理后，经计算机计算可示出炉喉布料形状和料线高度，比目前所用的探尺要形象而精确得多。

（2）高炉料面红外摄像技术。现代高炉料面红外摄像技术是用安装在炉顶的金属外壳微型摄像机获取炉内影像，通过具有红外功能的 CCD 芯片将影像传到高炉工长值班室监视器上，在线显示整个炉喉料面的气流分布图像。如将上述图像送入计算机，经过处理还可得到料面气流分布和温度分布状况的定量数据，绘制出各种图和分布曲线，见图 11-1 和图 11-2。

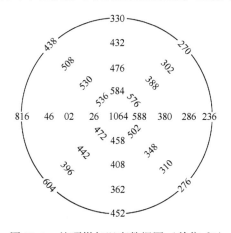

图 11-1　炉顶煤气温度数据图（单位：℃）

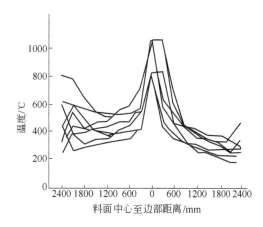

图 11-2　炉顶煤气温度曲线

（3）光导纤维检测技术。比利时和日本首先试验用光导纤维观测仪观察高炉内矿石和焦炭反应情况、渣铁形成过程及炉衬破损情况等。光导纤维是用石英纤维制成的，可将物像分解成无数像点单元，然后将不同波长、不同强度的像点单元分别传至光导纤维的另一端组合成像。这样，就使得光纤探管在高温、粉尘的高炉中进行各种性态的检测。

（4）料层测定磁力仪。利用矿石和焦炭透磁率相差较大的特点，在高炉炉壁埋设具有高敏度的磁性检测仪，用来测试矿石层与焦炭层的厚度及其界面移动情况。这对了解下料规律及焦、矿层分布很有意义。

（5）用同位素测定炉料下行速度。为了测定下料速度，可在原料中加入 ^{60}Co 放射性同位素，然后检测铁水中微量放射性 ^{60}Co，从而可推测下料速度。另外，还可在风口加入氦气以测定煤气上升速度；在冷却水中投入示踪元素，可测出漏水部位。

B 高炉检测技术的发展

现代高炉检测技术的发展集中表现在：开发更多的检测项目，使用微型计算机运算和补正以提高检测精度，开发设备诊断技术。其主要有以下几类：

（1）料面形状测量。采用辐射线或超音波式料面仪测料面形状（如图 11-3 所示）。

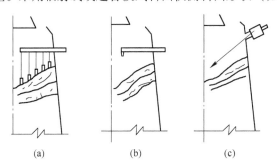

图 11-3 　测量料面形状的几种方法

（a）机械式，测量 10 点，时间 60s，精度 ±50mm；（b）微波式，测量径向各点，时间 120s，精度 ±130mm；
（c）激光式，测量料面一部分，时间 20s，精度 ±50mm

（2）煤气流分布测量。测定方法是：把热电偶直接通电，使测温点加热到规定温度；停止通电后，煤气流将测温度冷却，测定其冷却速度并补正煤气成分、温度和压力的影响，就可得出煤气流速；将探针在炉喉半径各点上进行测量后，便得出煤气流分布情况。所有这些操作和处理均由计算机来执行。

（3）炉顶煤气成分分析。主要包括除尘器后总的煤气成分分析和炉喉两垂直径向上各点煤气分析。使用固定探针，一次取样，然后依次自动分析各个样品。分析仪器采用带微型计算机的色谱仪和质谱仪。

（4）软熔带的测量。测量方法有：在炉身净压力计测量数据的基础上推算的方法；以炉喉煤气流量分布为基础，划分为多个同心圆模型推算的方法；从炉顶插入特殊导线，以其残存长度直接测定的方法；从炉顶插入热电偶，以其长度和测定的温度进行推算的方法；插入垂直或倾斜探测器测量的方法；在炉料中装入示踪原子的方法等。

（5）炉料下降速度的测量。最近开发的炉料下降速度测量方法有电磁法和电阻法。电磁法是利用磁场原理以及矿石和焦炭二者磁导率的不同，将电磁式传感器安装在炉身各层及各个方向耐火砖内，测定炉料下降速度。电阻法是通过电阻式传感器测量料层的电阻来确定焦、矿层的下降速度。

（6）风口前的检测。主要有：用工业电视测量风口前焦炭回旋区的状况、焦炭粒度和温度水平等；测量炉内微压变化，了解悬料、崩料、管道行程等炉况，并可推断焦炭回旋区的状况；测量各风口的风量和风口前端的温度等。

（7）设备诊断。主要包括风口破损的诊断、炉身冷却系统破损的诊断及耐火材料烧损的诊断。

（8）焦炭水分含量测量。目前，常用中子水分计测量焦炭水分含量。所用的中子源为人造放射性元素锎^{252}Cf 射源（252 为锎原子的原子量），其中子与 γ 射线平均能量为 2MeV，水分含量测量为 0% ~15%，密度为 0 ~1g/m^3。

除了上述各种检测技术外，还有煤粉喷吹量测量和渣、铁水测温等新技术。

C 高炉生产过程的部分自动控制

国内外先进高炉的部分生产过程，如鼓风机、热风炉、炉顶煤气压力调节，装料和喷吹燃料等系统，已采用计算机实现了自动控制。

（1）热风炉的自动控制。计算机控制热风炉的主要内容是：确定最佳的燃烧制度，根据燃烧废气成分分析、废气温度和炉顶燃烧温度等参数，自动调节助燃空气和煤气量，自动确定换炉时间和进行换炉以及自动显示和打印各种参数及报表。与人工操作相比较，自动控制能节省燃料，保持送风温度、风量和风压稳定，安全可靠，充分发挥热风炉的能力和提高热风炉的寿命。

（2）上料、装料系统的自动控制。它主要包括装料设备的顺序控制和焦炭、铁矿石及其他原料的自动称量、装料顺序控制。相应的控制系统由两部分组成，即高炉自动化操作所必需的基本功能环节和由于添加计算机而具有的附加功能。

（3）高炉的自动控制。高炉冶炼过程进行着复杂的传质、传热和传动量过程，影响因素多，采用电子计算机实现高炉冶炼过程的自动控制十分困难。尽管如此，高炉上采用电子计算机控制经过30年的研究和探索，现在已经有了很大的发展。

高炉的自动控制方法有两大类：一为前馈控制；二为反馈控制。

（1）前馈控制就是控制输入参数（炉料和鼓风），使首尾一致，尽量减少输入参数的波动。对于高炉来说，前馈控制尤为重要。因为高炉的纯时延和时间常数很长，如果输入参数波动很大，当为了校正高炉的偏离而采取的措施尚未产生全部效应之时，可能遇到新的变化，使措施无效，甚至造成更大困难。

（2）反馈控制就是根据输出参数，如铁水成分、铁水温度、煤气成分、料柱透气性等偏离预定标准值的程度，改变输入参数以消除波动。

以上两种控制方法，前馈控制是基础，反馈控制也是必不可少的，但后者只有在前者的基础上才能发挥作用。

利用计算机模拟高炉的操作系统，称为高炉的数学模型。高炉数学模型是高炉计算机系统的灵魂。它是比较完整的数学表达式，每一个高炉计算机系统都必须由若干数学模型支持其工作。功能越完备的系统，其数学模型的构成就越齐全和完善。高炉数学模型的种类很多，按使用目的划分，有控制模型和解析模型；按模型构造方法划分，有统计模型、物料及热平衡模型、反应工程学模型和控制论模型。

目前，高炉计算机控制领域里还有大量的课题亟待研究和解决，主要是：高炉冶炼过程规律性的深入研究，探索和建立更完善的数学模型；高炉检测技术的进一步发展，以为计算机提供更准确、可靠的检测参数和信息；高炉的各种操作必须逐步完善，由性能良好、适合于自动控制的机械所代替。高炉自动化的发展是实现全面自动化，但要达到这一目标还有很长的一段路要走。

11.2.2　计算机控制技术

借助计算机控制高炉冶炼过程可以获得良好的冶炼指标，取得最佳的经济效益。

高炉冶炼过程作为控制对象，是一种时间非常长的非线性系统。根据控制目标，将控制过程分为长期、中期和短期三种：长期控制是决策性的，根据原燃料供应、产品市场需求、企业内部需求的平衡变化等，对炼铁生产计划、高炉操作制度等做出重大变更决策；中期控制是预测和预报性的，主要是对一定时期内高炉炉况趋势性变化进行预测和分析，对炉热水平发展趋势、异常炉况发生的可能性进行预测和预报，使操作人员及时调整炉况，同时还可根据高炉操作条件对高炉参数和技术经济指标进行优化，使高炉处于最佳状态下运行；短期控制是调节性的，根据炉况的动态变化随时调节，消除各种因素对炉况的干扰，保证炉子生产稳定顺行、产品质量合格。

现代高炉的计算机控制系统，常担负起基础自动化、过程控制和生产管理三方面的功能。在高炉生产的计算机系统中一般不配置管理计算机，其功能由厂级管理计算机完成。

11.2.2.1 高炉基础自动化

高炉基础自动化是设备控制器，主要由分散控制系统（DCS）和可编程序逻辑控制器（PCL）构成，它们完成的职能有：

（1）矿槽和上料系统的控制。包括矿槽分配和储存情况、料批称量、水分补正、上料程序、装料制度控制、上料情况显示及报表打印。

（2）高炉操作控制。包括检测信息的数据采集和预处理、鼓风参数（风温、风压、风量、湿分等）的调节与控制、喷煤系统的操作与控制以及出铁场上各种操作（出铁量测量、铁水和炉渣温度测量、铁水罐液位测量、摆动流嘴变位及冲水渣作业等）的控制。

（3）热风炉操作控制。包括换炉、并联送风、各种休风作业、热风炉烧炉控制等。

（4）煤气系统控制。包括炉顶压力控制与调整、余压发电系统运行控制、煤气清洗系统（洗涤塔喷水、文氏管压差等）控制以及炉顶煤气成分分析等。

（5）高炉冷却系统控制和冷却器监控。包括软水闭路循环运行控制、工业水冷却控制、各冷却器工作监测和冷却负荷调整控制。

11.2.2.2 高炉过程控制

高炉过程控制由配置的各种计算机完成，它们的职能是：

（1）采集冶炼过程的各种信息数据，并进行整理加工、储存显示、通讯交换、打印报表等；

（2）对高炉过程全面监控，通过数学模型计算对炉况进行预测预报和异常情况报警，其中包括：生铁硅含量预报、炉缸热状态监控、煤气流和炉料分布控制、炉况诊断、炉体侵蚀监控、软熔带状况监测、炉况顺行及异常的监测与报警等；

（3）炼铁工艺计算；

（4）高炉生产技术经济指标、工艺参数的计算和系统分析、优化等。

高炉计算机控制主要采取功能分散、操作集中的方式来完成它的职能，在配置上采用分级系统或分布系统。

11.2.2.3 高炉炼铁过程人工智能和专家系统

A 计算机人工智能和专家系统

人工智能（英文为 artifical intelligence，简称 AI）是计算机科学的一个重要分支，它是模拟人类思维方式去认识和控制客观对象的技术，如用神经网络技术去辨识客观事物的隐含规律，用模糊理论去处理过程很复杂的控制问题。

专家系统（英文为 expert system，简称 ES）是人工智能技术的一个分支，主要由包含大量规则的知识库和模拟人类推理方式的推理机组成。近年来，在高炉上应用的 ES 中也大量应用神经网络和模糊数学的方法，因此，ES 与 AI 系统并无严格区分。

B 高炉炼铁过程人工智能专家系统简介

高炉炼铁过程专家系统是指在某些特定领域内，具有相当于人类专家的知识经验和解决专门问题能力的计算机程序系统。专家系统不同于一般的计算机软件系统，它具有的特点是：知识信息处理、知识利用系统、知识推理能力、咨询解释能力。20 世纪 80 年代，人们开始将专家系统引入高炉领域，按高炉操作专家所具备的知识进行信息集合和归纳，通过推理做出判断，并提出处理措施，形成了高炉冶炼的专家系统，它是在原高炉炼铁过程计算机系统中配备专用的人工智能处理机而构成的。程序以功能模块组成，包括数据采集、推理数据处理、过程数据库、推理机、知识库及人工智能工具（包括自学知识获取、置信度计算、推理结论和人机界面等）。专家系统要有高精度控制能力，能满足和适应频繁调整的要求，具有一定的容错能力，与原监控系统有良好的包容性。在功能上一般包括：炉热状态水平预测及控制、对高炉行程失常现象（悬料、管道、难行等）预报及控制、炉况诊断与评价、布料控制、炉衬状态的诊断与处理、出铁操作控制等。

自 20 世纪 80 年代以来，人们开始将人工智能和专家系统引入高炉系统，按高炉操作专家所具备的知识进行信息集合和归纳，通过推理做出判断，并提高处理措施，从而形成了人工智能高炉冶炼专家系统。

高炉冶炼专家系统自 1986 年日本钢管公司在福山 5 号高炉首先应用后，在不到 3 年的时间里，日本各大钢铁公司相继运行了各自开发的 ES 系统。此后，世界各主要产钢国家都相继开发了 ES 系统或 AI 系统。

1986 年，我国在鞍钢 5 号高炉开发含硅量预报专家系统，主要是为了提高炉况波动或异常时硅含量预报的命中率。首钢 2 号高炉（1991 年）和鞍钢 4 号、10 号高炉（1994 年）先后开发出了具有炉况评价诊断、异常炉况预测和炉热状态预测、控制操作指导及解释以及知识获取和模型自学习系统等较完备的专家系统。1995 年，宝钢在引进 GO – STOP 系统的基础上完成了炉况诊断专家系统的开发。1999 年，武钢 4 号高炉成功地引进了芬兰 Rautaruukki 高炉操作专家系统，实现了对炉温、顺行、炉型管理和炉缸渣铁平衡的 ES 控制。近年来，国内一批中小型（300～1500m³）高炉技术、装备水平进步很快，在济钢的高炉上也运行了以优化为核心的智能控制软件，初具炉热的管理与预测以及异常炉况的预测等控制功能。

专家系统经过三十多年的发展，经历了从低级到高级的发展过程，在一些特定的领域及范围内，求解问题的能力已经达到了人类专家的水平。

C 大型高炉专家系统应用简介（以武钢 4 号高炉为例）

每座高炉的原燃料、设备、操作参数等都不尽相同，所以，没有所有高炉都适用的专家系统，必须针对每座高炉的具体情况来开发与之适应的专家系统。

武钢 4 号高炉冶炼专家系统是与芬兰 Rautaruukki 公司联合开发的，该系统的主要功能模块有：

（1）知识库，用于存储和管理获取的高炉冶炼知识和操作经验。

（2）推理机，采用搜索式算法，根据参数变化搜索、推理炉内现象并确认，查询各现象的处理对策及优先级别和历史，最终做出动作决策。

（3）数据库，为 Oracle 关系型数据库，存储由高炉过程计算机传送过来的已经预处理过的检测数据、二次处理的结果、复合参数计算结果、通过人机界面手工输入的数据以及推理的结果、用于显示的画面数据等。

（4）人机界面，完成读取数据库中所需数据的工作，在下拉菜单中有趋势曲线、数据录入、模型显示、信息提示、统计及参数等画面。人机界面运用十几幅趋势图给操作人员提示当前炉况，将专家系统的分析结果及行动建议显示出来；在主画面上将最重要的风温、风量、炉顶煤气成分、炉热状态、铁水含硅量及温度等参数以曲线或数字形式显示；下面的提示栏有专家系统对炉况分析和操作建议文字显示。

（5）知识获取子系统，用于对知识库的编辑、修改和史新。

（6）解释子系统，对高炉现象产生的原因和推理结果进行解释。

该冶炼专家系统是一种较规则的专家系统，其从控制内容上共分为炉温控制、炉型控制、顺行控制及炉缸中渣铁平衡管理四部分。

总之，采用先进的计算机和人工智能技术，并结合符合我国高炉的实际检测水平和装备水平，建立实用的高炉冶炼专家系统，是一个十分重要的课题。

11.2.3　高炉冶炼低硅生铁

随着炼钢技术的发展，生铁中的硅作为发热剂的意义早已不太重要，为了满足无渣或少渣炼钢的需要，炼钢生铁含硅量逐渐降低。同时，低硅生铁对于铁水炉外预处理（脱磷、脱硫）是有益的。再者，冶炼低硅生铁对降低焦比、提高产量也是很有益的，一般生铁中硅含量每降低 1%，焦比降低 4~7kg/t。

最近 10 年来，国内外高炉冶炼低硅生铁也有新的进展和突破。我国炼钢生铁含硅量在 20 世纪 70 年代为 0.8% 左右，现在也降低到 0.6% 左右，有些厂高炉铁水含硅量为 0.2% ~ 0.4%。

在高炉冶炼中，降低炉温和提高炉渣碱度是降低生铁含硅量的有效方法，除此之外，对于进一步降低硅含量还有下述一些途径：

（1）降低焦比和渣量。降低焦比和渣量，也就是减少 SiO_2 的来源，抑制硅的还原反应，从而可降低生铁硅含量；同时，降低焦比使软熔带下移、滴落带缩小，因而不利于硅的还原。

（2）提高烧结矿和球团矿的碱度及 MgO 含量。烧结矿和球团矿的碱度及 MgO 含量会影响熔滴温度和硅的还原，从而影响到生铁中硅含量。碱度和 MgO 含量越高，则烧结矿和球团矿的熔滴温度越高，软熔带位置越低，于是滴落区间越小，不利于硅的还原；同时，碱度和 MgO 含量越高，SiO_2 在滴落带的反应性降低，也不利于硅的还原，因此，高碱度和高 MgO 含量的烧结矿和球团矿有利于冶炼低硅生铁。

（3）适当提高炉渣的二元和三元碱度。提高炉渣的二元和三元碱度，可降低炉渣中 SiO_2 的反应性，从而可以抑制硅的还原。如杭钢和唐钢的高炉冶炼，MgO 含量分别为 13% 和 15%，三元碱度分别为 1.55 和 1.45。

（4）提高风温和富氧鼓风。提高风温和富氧鼓风虽然有促使炉缸温度升高、促进硅还原和 w［Si］升高的作用，但由于使焦比降低和软熔带下移，又有抑制硅还原和使 w［Si］降低的作用；同时，富氧鼓风使煤气中 CO 分压 p_{CO} 升高，在一定程度上也起到抑制硅还原的作用。所以，提高风温和采用富氧鼓风不仅有利于冶炼高温生铁，而且也有利于冶炼低硅生铁。

（5）高压操作。炉顶煤气压力越高，则煤气中 CO 分压 p_{CO} 越高，越不利于硅的还原。因此，高压操作在一定程度上有降低生铁中 Si 含量的作用，有利于冶炼低硅生铁。

（6）喷吹燃料。喷吹燃料，尤其是喷吹天然气和重油，由于可以大幅度降低焦比和渣量，降低燃烧温度，因此可以减少 SiO_2 的来源和抑制硅的还原；同时，使炉缸内活跃，热状态稳定，高炉的硫负荷低，生铁成分波动小，因而生铁的 w［Si］可以控制在下限水平。所以，喷吹燃料有利于冶炼低硅生铁。

综上所述，一切有利于改善高炉冶炼条件的途径，均有利于降低生铁含硅量。

此外，国外一些高炉采用喷脱硅剂进行炉内铁水预脱硅的试验，主要喷吹石灰石粉、铁鳞和炉尘等；进一步降低硅含量的方法还有新近发展起来的铁水炉外脱硅技术。

11.2.4　等离子体炼铁

等离子体是一种新的能源技术，其实质是将工作气体（氧化性、还原性、中性均可）通过等离子发生器（等离子枪）的电弧，使之电离成为等离子体。这时的气体不是分子结构，而是由带电的正离子和电子组成。显然，等离子体在总体上是电中性的，所以有人称它为物质的第四态。这种等离子体是一种具有极高温度（可达 3700～4700℃，甚至更高）的热源，它与常规电弧比较，不但有较高的电热转换效率，还有较高的传热效率。等离子体用于炼铁过程，将极大地加速其物理化学过程，成倍地提高生产率。

目前，等离子体主要用于直接还原和熔融还原。

11.2.5 高炉使用金属化炉料

高炉使用金属化炉料（或称为预还原炉料），是将铁矿石的部分还原任务移出或提前到生产烧结或球团矿阶段进行。这样，可以减少铁矿石在高炉内还原消耗的碳量，即减少焦炭的消耗量。

此外，金属化炉料的冷强度高。由于金属化炉料基本不含 Fe_2O_3，相当一部分 FeO 已还原为金属铁，还原过程中膨胀减小，避免了异常膨胀，因而大大提高了烧结矿和球团矿的热强度，减少了高炉内还原过程中的破碎，改善了料柱的透气性。再有，金属铁的存在能明显提高炉料传热能力，加速炉内热交换过程。

由于金属化炉料的上述特点，高炉使用金属化炉料后，焦比将大幅度降低，生产率大幅度提高。但由于至今为止制取金属化炉料的成本较高，高炉冶炼所节约的费用通常还不能补偿生产金属化炉料的费用，因此，高炉使用金属化炉料暂时还不经济。但可以预料，随着直接还原炼铁方法的完善和发展，供高炉冶炼的金属化铁矿原料的数量势必增加，因而高炉使用金属化炉料这一新技术也将得到发展。

11.2.6 高炉喷吹还原气体

高炉在风口喷吹含碳氢化合物高的辅助燃料，会产生理论燃烧温度降低等不良影响。若将重油和天然气等辅助燃料转化为还原气体（CO、H_2）再进入高炉内，就可以避免辅助燃料直接喷入时的不利影响，取得更好的喷吹效果。

喷入还原气体的目的在于，提高炉内煤气中还原气氛的浓度，从而发展间接还原，降低直接还原度。因此，最好从间接还原最激烈的区域喷入，即从炉身下部、炉腰或炉腹处喷入。若喷入位置过高，则还原气体与炉料的接触时间短，同时温度太低，还原气体分布不均，难以吹透炉子中心，因而不利于还原气体参加还原，使还原气体的利用率降低；若喷入位置太低，比如从风口喷入，则因还原气体的温度不高，将会使炉缸温度降低，同时将使炉缸煤气量增大，对顺行不利。但是正在研究的还原鼓风新工艺，却采用还原气体从风口喷入的方法。

高炉喷吹还原气体的工艺是可行的，是高炉炼铁的一项新技术。但目前这一工艺仍然处于试验研究阶段，尚有许多课题有待研究和解决。高炉喷吹还原气体的关键首先在于寻求更经济合理的制取还原气体的方法，其次在于探索更有效的喷吹方法和制度。

11.3　非高炉炼铁

当今世界传统的高炉炼铁工业，无论是工艺技术还是现代化生产管理，都已达到趋于成熟和完善的阶段，但它也存在着固有的不足，即对冶金焦的强烈依赖。与此相反，蕴藏丰富的廉价非焦煤资源在炼铁生产中则得不到充分利用。为了降低炼铁成本，人们一直在孜孜不倦地寻求节焦途径，其中，高炉煤粉喷吹、重油喷吹、天然气喷吹等都是较为有效的措施，但这些措施的效果毕竟是有限的，不可能从根本上解决问题。由于焦煤资源的日益紧缺和费用昂贵等原因，迫使人们重新认识现代炼铁工业结构的合理性及其适应竞争的能力，并积极探索新工艺、新方法，于是形式多样的非高炉炼铁法应运而生。这些方法可概括为两大类，即铁矿石直接还原法和熔融还原法，这是炼铁冶金技术的新工艺、新流程。

非高炉炼铁与高炉炼铁最大的区别在于主体燃料，高炉炼铁使用冶金焦，非高炉炼铁则使用非焦煤。虽然直接还原和熔融还原同属于非高炉炼铁，但它们的产品不同，因此在钢铁冶金工艺中所处的位置是不同的。直接还原的产品是固态的海绵铁，它可代替废钢作为电炉炼钢原料；熔融还原的产品相当于高炉生铁，因此，它在转炉炼钢工艺链中可替代高炉炼铁。

11.3.1 直接还原法

11.3.1.1 直接还原法的定义

直接还原法限于以气体燃料、液体燃料或非焦煤为能源，是在铁矿石（或含铁团块）呈固态的软化温度以下进行还原而获得金属铁的方法。由于还原温度低，产品未经熔化仍保持矿石外形，但由于还原失氧形成大量气孔，在显微镜下观察形似海绵，这种含碳低、未排除脉石杂质的金属铁产品，称为直接还原铁（DRI，direct reduction iron）或称为海绵铁（sponge iron）。

11.3.1.2 直接还原法的分类

A 直接还原法的一级分类

一般根据主体能源的不同，将直接还原流程划分为煤基直接还原、气基直接还原和电热直接还原三大类，如表 11-1 所示。气基直接还原中使用气体作还原剂，在这种方法中，煤气兼作还原剂和热载体，但需要另外补加能源和热煤气；煤基直接还原是使用固体还原剂的直接还原法，碳先用作还原剂，产生的 CO 燃烧可提供反应过程需要的部分热量，过程需要热量不足的部分则另外补充；电热直接还原以电力为主要能源，是使用电热竖炉或使用电热制气的直接还原流程。

表 11-1 直接还原法分类

分　类	一级分类	二级分类	三级分类
直接还原	气　基	竖　炉	MIDREX
			ARMCO
			PUROFER
			HYL－Ⅲ
		反应罐	HYL－Ⅰ
			HYL－Ⅱ
		流化床	FIOR
			HIB
			H－IRON
			NOVALFER
	煤　基	回转窑	SL－RN
			CODIR
			DRC
			ACCAR

分 类	一级分类	二级分类	三级分类
直接还原	煤 基	转 体 炉	FASTMET
		竖 炉	FINSIDER
		外热反应炉	HOGANAS
	电 热	竖 炉	WIBERG
			PLASMARED
		电热竖炉	EDR

在气体直接还原反应过程中，能源消耗于两个方面：一是夺取矿石氧量的还原剂；二是提供热量的燃料。在气体还原法中，煤气兼有两者的作用，对还原煤气有一定的要求，符合要求的天然气体燃料是没有的。用天然气、石油气、石油及煤炭都可以制造这种冶金还原煤气，但以天然气转化法最为方便和容易。因此，天然气就成为直接还原法最重要的一次能源。但由于石油及天然气缺乏，用煤炭制造还原煤气供竖炉使用则成为当前国内外研究的重要课题。对于固体还原剂的直接还原法，还原剂与供热燃料是可以分开的，对它们也有一定要求。电热直接还原的主要能源是电力，还原剂是煤或自制煤气。能否提供合乎要求而且价廉的能源，是直接还原能否被采用的关键。

B 直接还原的二级分类

一般依据主体设备的不同，将主要直接还原流程分类，如表 11-1 所示。

目前运行中的气基直接还原设备有三种。第一种是竖炉，其特点是炉料与煤气在炉内逆向运动，下降的炉料逐渐被煤气加热和还原，以 MIDREX 流程为代表，竖炉流程占了大部分直接还原生产能力。第二种是反应罐，反应罐采用落后的固定床非连续生产方式，因此正处于逐渐被淘汰的过程中。第三种是流化床，流态化是指某物质在气体介质中呈悬浮状态，所谓流态化直接还原则是指在流态化床中用煤气还原铁矿粉的方法。在该法中煤气除用作还原剂和热载体外，还作为散料层的流态化介质，细粒矿层被穿过的气流流态化，并依次加热、还原和冷却。在流态化法中，流态化所需的煤气量大大超过还原所需的煤气量，故煤气的一次利用率低；另外，由于矿粉极易黏结引起"失常"或矿粉沉积而失去流态化状态，因而一般要求在 600~700℃ 条件下操作，这个条件不仅减慢了还原速度，而且极易促成 CO 的分解反应。目前的唯一代表是 FIOR 法。

煤基直接还原中只有回转窑流程拥有可观的生产能力，具有代表性的回转窑流程是 SL – RN 法。电热直接还原要消耗大量的电力，目前都已停产。

11.3.1.3 直接还原法的典型流程介绍

A MIDREX 流程

MIDREX 属于气基直接还原流程，如图 11-4 所示。该工艺使用的还原气用天然气经催化裂化制取，裂化剂采用炉顶煤气。炉顶煤气（300~400℃）含 CO 与 H_2 共约 70%（体积分数），经冷却净化后，将 60%~70% 的炉顶煤气用气体压缩机加压送入混合室，与当量天然气混合均匀。混合气体首先进入一个换热器进行预热。换热器热源是转化炉尾气。预热后的混合气送入转化炉中的镍质催化反应管组，进行催化裂化反应，转换成还原气。重整转化反应在 900~950℃ 下进行，反应如下：

$$CH_4 + H_2O \Longrightarrow CO + 3H_2 \quad +9203kJ/m^3 \tag{11-1}$$

$$CH_4 + CO_2 \Longrightarrow 2CO + 2H_2 \quad +11040.59kJ/m^3 \tag{11-2}$$

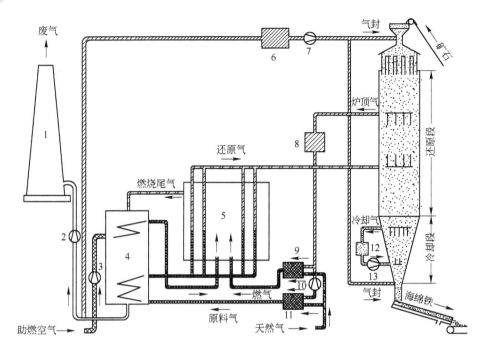

图 11-4　MIDREX 基础流程图

1—烟囱；2, 3, 7, 10, 13—加压机；4—换热器；5—转化炉；6, 8, 12—洗涤器；9, 11—混合室

转化后获得 CO 与 H_2 总量占 95% 左右、温度为 850~900℃ 的还原气，恰符合竖炉还原工艺的要求，直接送入竖炉。有的设备在转化炉与竖炉间还设有冷却器，可将少量还原气冷却，用以调节入炉还原气温度。

剩余的炉顶煤气作为燃料与适量的天然气在混合室混合后，送入转化炉反应管外的燃烧空间。助燃用的空气也要在换热器中预热，以提高燃烧温度。

转化炉燃烧尾气含 O_2 小于 1%。高温尾气首先排入一个换热器，依次对助燃空气和混合原料气进行预热。烟气排出换热器后，一部分经洗涤加压作为密封气送入炉顶和炉底的气封装置；其余部分通过一个排烟机送入烟囱，排入大气。

该法的还原过程在一个竖炉中完成。MIDREX 竖炉属于对流移动床反应器，分为预热段、还原段和冷却段三部分，断面为圆形。预热段和还原段之间没有明确的界限，一般统称为还原段。

矿石装入炉顶料仓，经下料管均匀进入竖炉后，在下降运动中首先进入还原段，炉料在还原段停留的时间大约为 6h；还原气从竖炉中部周边入口送入，参加反应后从炉顶排出。还原段温度主要由还原气温度决定，大部分区域在 800℃ 以上，接近炉顶的小段区域（预热段）内，床层温度才迅速降低。在还原段内，矿石与上升的还原气作用，迅速升温，完成预热过程。随着温度的升高，矿石的还原反应逐渐加速，形成海绵铁后进入冷却段。

冷却段内，海绵铁被底部气体分配器送入的冷却气冷却至接近环境温度，用底部排料机排出炉外。冷却段装有 3~5 个弧形断路器，调节弧形断路器和盘式排料设备可改变海绵铁排出速度。冷却气由冷却段上部的集气管抽出炉外，经冷却器净化后再用风机送入炉内。

B　SL-RN 流程

图 11-5 示出了南非 Iscor 公司 SL-RN 法的工艺流程。该直接还原厂使用非焦煤生产高金属化率海绵铁。回转窑长度为 80m，直径 4.8m。窑头（卸料端）较窑尾（加料端）稍低，坡

度为 2.5%。作业时，窑体转速通常为 0.5r/min，物料在窑内停留 10~12h。

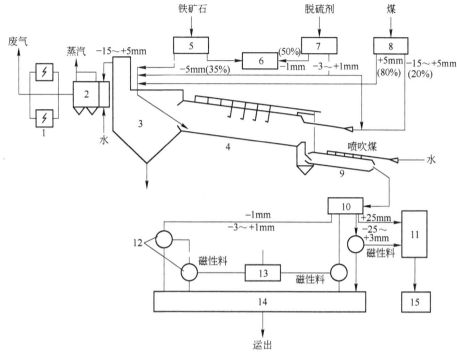

图 11-5　SL-RN 流程

1—除尘；2—锅炉；3—沉降室；4—回转窑；5，7，8，10—筛分；6—运出；9—冷却筒；
11—成品；12—磁选机；13—压块；14—尾渣仓；15—电炉

回转窑既可处理块矿，又可处理粉矿。Iscor 的回转窑使用粒度为 5~15mm 的 Sishen 天然块矿。

还原煤 Witbank 烟煤的粒度小于 12.5mm，其中 80% 与矿石一起自窑尾加入，其余 20% 自窑头喷入。

此外，还要使用粒度为 1~3mm 的白云石作脱硫剂。

铁矿石、脱硫剂和还原煤（包括返煤）自窑尾加入回转窑，以窑体的转动为动力，炉料缓慢向窑头运动，温度逐渐升高；炉料温度达到一定的水平时，矿石中铁的还原反应开始发生，并随着温度的升高越来越剧烈；完成还原反应的产品自窑头排出回转窑。这一过程约需要 10~20h。

回转窑头装有主燃烧器，以煤为燃料为窑内提供热量。窑身备有 8 个二次风机和二次风管。二次风管开口在回转窑轴线位置，吹入的助燃空气可烧掉气相中的 CO、H_2 和还原煤放出的挥发分。通过调节不同部位的二次风量，可方便地控制窑内的温度分布。在接近窑尾的部位还设有一组埋入式送风嘴，以提高炉料升温速度。窑内温度分布通过装设在窑壁、按窑身长度分布的热电偶组监测，窑身还开有取样孔。

炉料自回转窑排出后，进入一个用钢板制作的冷却筒。冷却筒直径 3.6m，长 50m，坡度 2.5%。冷却水喷淋在旋转的筒壁上，对海绵铁间接进行冷却。冷却后的炉料排出后首先进行筛分，将炉料分成小于 1mm、1~3mm 和大于 3mm 三个粒级，三个级别的炉料再分别进行磁选。海绵铁产品由三部分组成，大于 3mm 的磁性物、1~3mm 的磁性物冷压块和小于 1mm 的磁性物冷压块。压块以石灰和糖浆作黏结剂。三种产品的比例与矿石性质，特别是低温还原粉化率有关。使用 Sishen 矿时，大于 3mm 部分的比例接近 90%，金属化率在 95% 左右。

回转窑废气中的剩余化学热和物理热通过余热锅炉进行回收。废气首先通过一个沉降室进行除尘，然后通入空气烧掉残余可燃性气体，高温燃气通入一个余热锅炉回收物理热、生产蒸汽。最后，再经过进一步净化排入大气。

每吨海绵铁约消耗还原煤 800kg，回收蒸汽 2.3t，净能耗在 13.4GJ/t 左右。

11.3.2 熔融还原法

11.3.2.1 熔融还原法的定义

液态生铁除含有大量的物理热外，还含有较多的 C（质量分数为 2% ~4%）以及 Si、Mn 等发热元素，虽然冶炼液态生铁要消耗更多的能量，但是它便于用高效率的转炉炼钢法处理，在转炉炼钢中，以 C、Si、Mn 等成分储存的能量又可被利用；此外，生产液态生铁的过程可以把脉石成分排除也是一个优点。因此，对冶炼液态生铁的熔融还原法的研究，历来被人们所重视。

熔融还原法以非焦煤为能源，在高温熔态下进行铁氧化物还原，渣铁能完全分离，得到类似高炉的含碳铁水。其目的在于不用焦炭，取代高炉炼铁法。

11.3.2.2 熔融还原法的分类

A　按工艺阶段分类

按工艺阶段可分为一步法和两步法。

（1）一步法，是用一个反应器完成矿石的高温还原及渣铁熔化，生成的 CO 排出反应器以外后再加以回收利用。如 Dored 法、Eketorp 法、CIP 法、Eketorp – Vallak 法等。一步法工艺流程短、设备简单，但实际生产中却存在着能耗高及高 FeO 渣严重侵蚀炉衬的问题。

（2）二步法，是先利用 CO 能量在第一个反应器内把矿石预还原，而在第二个反应器内补充还原和熔化。二步法将熔融还原过程分为固相预还原及熔态终还原，并分别在两个容器中完成，改善了熔融还原过程的能量利用，降低了渣中 FeO 浓度，使熔融还原有了突破性的进展。主要的工艺流程有 COREX 法、川崎法、SC 法、Plasmasmelt 法、COIN 法、Elred 法、Inred 法、CIG 法等。

B　按使用能源分类

按使用能源可分为氧煤法和电煤法。

（1）氧煤法，靠氧煤在高温熔池或风口区燃烧提供过程的热量，用煤作还原剂，该方法需要大型制氧机。目前，开发的多数工艺为氧煤法。

（2）电煤法，是利用电提供熔融还原过程所需的热量，用煤作还原剂，该工艺电耗很高。电热转换方式有电弧放热和等离子技术，该方法只适用于电力充足、电价低廉的地区。

C　按设备分类

（1）可按终还原设备分类，分为竖炉法、转炉法、电炉法和旋转炉法等。

（2）可按预还原设备分类，分为流化床法、竖炉法、回转窑法、闪速炉法等。

11.3.2.3 熔融还原法的典型流程——COREX 流程（KR 法）

COREX 流程是熔融还原的重点流程，与传统高炉工艺不同，COREX 流程中铁的还原和熔炼过程是在两个不同的容器中完成的。这两个容器分别是上部的预还原竖炉和下部的熔炼造气炉，组成所谓的 COREX 塔。COREX 工艺流程如图 11-6 所示。

COREX 法的预还原竖炉采用高架式结构，位于熔炼造气炉上面。熔炼造气炉产生的高温还原气经环管送入预还原竖炉，逆流穿过下降的矿石层。预还原竖炉顶部排出的煤气含 CO 约

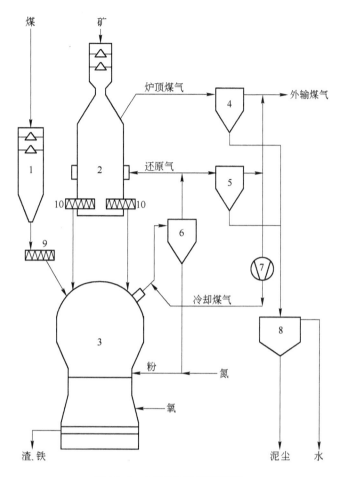

图 11-6 COREX 工艺流程图

1—加煤料斗；2—还原竖炉；3—熔炼造气炉；4—炉顶煤气清洗；5—冷却煤气清洗；
6—热旋风除尘器；7—煤气加压泵；8—沉淀池；9—熔炼煤螺旋；10—海绵铁螺旋

30% ~ 40%，发热值约为 8400kJ/m³，煤气量约为 2000m³/t，经湿法除尘、冷却后，作为燃料供给其他单位。

　　COREX 流程可使用天然矿、球团矿和烧结矿等块状含铁料，燃料为非焦煤，熔剂主要是石灰石和白云石。原燃料经备料系统处理后，分别装入矿仓和辅助原料仓，等待上料。

　　矿石和部分熔剂按预定料批由还原竖炉顶部的双钟式装料器加入炉内，在下降运动中完成预热和还原过程。降至竖炉底部的是金属化率平均为 95% 的海绵铁，料温为 800 ~ 900℃，海绵铁通过海绵铁螺旋加入下部的熔炼造气炉。

　　COREX 的熔炼造气炉（melter – gasifier）上部为扩大的半球形，下部为圆柱形。它有两个作用，即将海绵铁熔炼成生铁及产生还原竖炉需要的还原气。熔炼造气炉的燃料是非焦煤，由密封料斗送入加压料仓，再用速度可调的螺旋给料机加入熔炼造气炉。从炉顶加入的煤与 900 ~ 1100℃ 的高温煤气相遇，立即被干燥、分解和干馏焦化。焦粒在下降过程中受上升流股的作用，在风口区上部形成了松散的悬浮床层，悬浮床层的温度为 1600 ~ 1700℃。床层下部的焦粒遇氧气燃烧放热，生成的 CO_2 上升时又与床层的焦粒反应生成 CO。熔炼造气炉产生的还原煤气成分（体积分数）为：CO 65% ~ 70%，H_2 20% ~ 25%，CO_2 2% ~ 4%。在熔炼造气炉中形成的煤气自炉顶排出时温度在 1100℃ 以上，兑入净化冷煤气调温到 850～900℃ 后，再经热旋风除尘器进行粗除尘，粗除尘收得的粉尘用高压氮气重新吹入煤炭流化床回收利用。为了调节炉顶温度，可使用少量氧气烧掉粉尘中的可燃物。半净煤气分为两路，一路作为还原气经还原竖炉的环气管送入炉内，还原气入炉温度在 850℃ 左右，温度可通过兑入的冷却煤气量进行调节；另一路经进一步清洗形成冷却煤气，冷却煤气的一部分经加压后返回熔炼造气炉炉顶煤气管道，用于调整还原煤气温度，冷却煤气的过剩部分则向外输送给煤气用户。还原气进入竖炉后向上流动，对矿石进行还原，然后自竖炉炉顶排出。经过清洗的竖炉炉顶煤气与过剩的冷却煤气一起作为外输煤气输送给用户。

熔炼造气炉的助燃剂使用工业纯氧。煤与氧燃烧放出熔炼和造气所需的热量。熔炼过程形成的渣铁积存于炉缸底部，等待排放。燃烧和气化过程形成的煤气自炉顶连续排出，进入煤气处理系统。

COREX 的煤气处理系统较复杂，它主要由煤炭流化床炉顶煤气热除尘、清洗冷却和还原竖炉炉顶煤气清洗三部分组成。

COREX 的渣铁处理系统与高炉类似。熔炼造气炉不设渣口，渣铁分离后，铁水装入铁水罐，由罐车运走，炉渣则流入渣坑。

COREX 的冷却系统主要针对煤炭流化床。冷却形式分为三种，风口采用冷却套水冷，煤炭流化床中部采用冷却壁，下部采用喷水冷却。

COREX 法在煤的干燥、煤的运输、矿仓和煤仓四个多尘点设有专门的除尘系统，以净化空气和回收粉尘。

11.3.3　直接还原铁的性质与应用

11.3.3.1　直接还原铁的性质

由于直接还原铁的原料多用还原性好的球团矿，还原后的产品也能保持球团矿的外形，所以也称直接还原铁为金属化球团（metallized pellets）。

直接还原铁的化学成分特点是含碳量低，根据其还原温度和工艺过程（使用的还原剂）的不同，一般直接还原铁含碳量在 0.2%～1.2% 之间，HYL 法可高达 1.2%～2.0%。生产过程中未经软熔的直接还原铁的另一特点是具有高的孔隙率，这是由于还原失氧而形成的。

低碳含量和高孔隙率造成直接还原铁具有很高的反应活性，暴露于大气中时易于再氧化，即直接还原产品中的金属铁与大气中的氧及水蒸气发生反应。大部分再氧化反应是放热反应，最重要的再氧化反应是：

$$3Fe + 2O_2 \rightleftharpoons Fe_3O_4 + 114.61 kJ/mol \tag{11-3}$$

$$2Fe + 2H_2O + O_2 \rightleftharpoons 2Fe(OH)_2 + 56814 kJ/mol \tag{11-4}$$

这两个大量放热的反应，在大气温度下反应速度很慢，当温度升高到 200℃ 以上时，反应速度明显加快。环境中湿度增大或有水分存在时，也能促进再氧化反应。当放热反应的再氧化作用激烈进行时，氧化－升温连锁效应可导致直接还原铁发生"自燃"现象，即可使铁料迅速变成红色的 Fe_2O_3，并升温到 600℃ 以上。

由于直接还原铁的活性与孔隙率和含碳量有关，孔隙率大和含碳量低可促进铁的反应活性。各种直接还原法制出的产品，其活性有很大差别。流态化法制出的直接还原铁粉因还原温度低，还原铁中还原形成的气孔被封闭的程度最小；又因使用高 H_2 气体还原，其含碳量也最低；再加上产品呈粉末状态，这种直接还原铁粉具有最大的活性，在热状态下出炉即可立即自燃，因此，这种产品必须经过钝化处理。竖炉及回转窑法制出的直接还原产品具有中等的化学活性。反应罐法因操作温度高，产品含碳达2%以上，其化学反应活性最低。直接还原铁的物理性质见表11-2。

表 11-2　直接还原铁的物理性质

项　　目	真密度/$g \cdot cm^{-3}$	假密度/$g \cdot cm^{-3}$	体积密度/$kg \cdot cm^{-3}$
DRI 压块	5.5	5	2.7
金属化球团	5.5	3.5	1.84

10.3.3.2　直接还原铁的处理与贮运

为了避免再氧化，直接还原铁应在还原气氛下至少冷却到200℃以下再排出反应器，实际上为了更保险，大部分直接还原反应器的设计把排料温度降低到50℃以下。原则上，直接还原铁也应在产出后直接入炉使用，应当避免长期贮存和长途运输。但是实践证明，只要是措施得当，直接还原产品的安全贮运是可以解决的。

流态化法制出的细粒直接还原铁由于活性太强，必须经过钝化处理才便于贮运。竖炉及回转窑法制出的块状直接还原铁或金属化球团，如需要长期运输或长期贮放，也需要钝化处理。钝化处理直接还原铁有两种方法：

（1）制成大块。在氮气气氛中升温至900℃，再用压力机将直接还原铁压制成块，可以有效地改善直接还原铁的抗氧化能力，这是因为加热后气孔被封闭，而加压后减少了孔隙率。

（2）喷涂覆盖层。在直接还原铁上喷涂上一层能隔离空气的物质，也可以有效地防止再氧化。喷涂物有焦油、木质素（一种有机物）及水玻璃等。但是这种方法以喷涂在大堆贮放的直接还原铁料堆上较为经济和有效，而不便于应用到运输过程中的直接还原铁上。

上述两种方法都是有效的抗氧化措施，但费用都较高，约为直接还原铁生产成本的10% ~ 20%。

11.3.3.3　直接还原铁的使用

95%的直接还原铁是代替废钢用于电炉的，但也可搭配用于氧气转炉、高炉和化铁炉。

A　电炉使用直接还原铁

直接还原铁用于电炉有以下特点：

（1）化学成分合适而且成分稳定，能准确地控制钢的成分；

（2）有害金属杂质的含量较少；

（3）可以与价格低的轻废钢配合使用；

（4）能自动连续加料，有利于节电和增产；

（5）熔化期噪声较小；

（6）供应稳定、价格平稳。

与废钢比较，直接还原铁也有两个缺点：

（1）还原不充分，炉料中含 FeO 高，电炉溶池中的下列反应将大量吸热而导致能耗损失：

$$FeO + C =\!=\!= Fe + CO \tag{11-5}$$

（2）含酸性脉石（SiO_2 和 Al_2O_3）高，从而使电炉的渣量增加。

这两个缺点严重影响电炉作业指标，是影响直接还原质量的主要因素。

B　直接还原铁的其他应用

（1）在氧气转炉炼钢中的应用。直接还原铁作为冷却剂在氧气转炉炼钢中使用，因反应 $FeO + C =\!=\!= Fe + CO$ 吸热而增加了冷却效果，其冷却效果比返回废钢好，其加入转炉中的直接还原铁量约为铁矿石的1/3，直接还原铁的冷却效果因金属化率的降低而增大。因为氧气转炉的炉渣碱度为3.5左右，直接还原铁用于冷却剂时，其 SiO_2 含量要求低于3%。

（2）在炼铁中的应用。在高炉炉料中配加直接还原铁以增加高炉入炉料的金属化程度，则对降低焦比、增加高炉产量有一定的效果。

11.3.4　非高炉炼铁的发展

据统计，世界燃料总储量约为9000Gt（标准煤）。其中，2.3%是天然气，石油约占4.3%，92%是煤，其余为油页岩。从总的能源结构看，发展气基直接还原的条件不如煤基直接还原和熔融还原优越，但是天然气分布非常集中，且运输困难的地区存在发展气基直接还原的优越条件。

煤的储量很大，其中大部分是非焦煤，而且其价格低、分布广。世界范围内大部分地区都具备发展煤基直接还原和熔融还原的能源条件，且煤的运输较天然气方便得多，地域性也远低于天然气。

我国可开发水电资源达370GW，但目前已开发的装机容量不足10%。这种状况对我国钢铁冶金工业具有两种影响。首先，丰富的水电资源为海绵铁后续电炉炼钢工业的发展提供了可靠的远景能源资源；廉价的电力供应是发展海绵铁生产的前提条件之一；在水电供应丰富的地区，适量发展电热熔融还原也是可能的。其次，由于水电资源开发不足，致使电力供应紧张、电价昂贵，这会限制电炉钢生产能力的提高或导致电炉开工率不足，从而掩盖了对废钢和海绵铁的实际需求量。

我国铁矿资源丰富，矿石中金属铁总储量居世界第七位。我国铁矿石的特点主要有三项：

（1）品位低。我国铁矿资源中绝大多数是贫矿，这一特点决定了我国的铁矿供应以精矿为主。

（2）难选。难选的结果是精矿粒度偏小。

（3）多金属共生矿多。在以铁为主的矿山，往往伴生着具有回收价值的共生元素，例如，攀枝花矿中的钒、钛以及包钢中的稀土和铌。

很明显，我国的铁矿资源不适用于直接还原。因此，如果我国的直接还原工业得以大规模发展的话，原料应以进口矿为主。不过，直接还原有一个重要特点，即它的还原势比较容易控制，这一特点可以用来有选择地还原矿石中的某些元素，而使另一些元素保持其氧化状态。选择性还原可以用于某些共生矿的综合回收，如包头高铁铌精矿。在我国开发一些处理多金属共生矿的直接还原流程，应当是一件极有意义的工作。

自1976年开始，在世界范围内海绵铁生产得到了飞速发展，在此之前，海绵铁生产能力微不足道。表11-3给出了1977～1997年海绵铁生产能力和实际产量。

表 11-3　海绵铁生产能力与实际产量的对比

年　份	生产能力[①]/Mt	实际产量/Mt	开工率[②]/%
1977	3.49	3.52	100
1978	5.05	5.00	99
1979	6.73	6.64	99
1980	8.64	7.14	83
1981	10.23	7.92	77
1982	11.75	7.28	62
1983	13.79	7.90	57
1984	15.45	9.34	60
1985	16.48	11.17	68
1986	17.24	12.53	73

年　份	生产能力[①]/Mt	实际产量/Mt	开工率[②]/%
1987	17.66	13.52	77
1988	18.57	14.09	76
1989	19.96	15.63	78
1990	22.48	17.68	79
1991	24.52	19.32	79
1992	26.32	20.51	78
1993	29.98	23.65	79
1994	33.86	27.37	81
1995	36.51	30.67	84
1996	37.68	33.25	88
1997	39.96	36.18	91

① 当年投产的生产能力按 50% 计算。② 由实际产量与生产能力之比近似求出。

该期间海绵铁的生产状况典型地体现了该工业的特点。首先可以看到，直接还原生产能力呈加速的上升趋势，21 年间生产能力增加了 10 倍。这一情况说明，钢铁工业对海绵铁的需求量在稳步上升，市场形势看好。

直接还原的另一特点是设备开工率波动较大，造成这种情况的直接原因是某些大型气基直接还原厂的减产和停产，其影响来自两个方面。一方面是废钢市场的变化，在废钢供应充足的年代，廉价的废钢对海绵铁市场造成巨大的冲击，迫使某些直接还原厂降低生产量，甚至停产；在废钢供应不足的年代，电炉炼钢工业原料供不应求，这种需求又会刺激海绵铁工业的发展，促使闲置装置的重新投产和新装置的兴建。另一方面的影响来自天然气供应，大型油、气田的开发往往会导致直接还原厂的建立，而天然气价格的上升则容易造成直接还原工业的减产和倒闭，1980 年前后开始的开工率突降就体现了天然气价格上涨造成的影响。

复习思考题

11-1　降低生铁含硅量的途径有哪些？

11-2　高炉大型化和自动化有哪些特点？

11-3　高炉监测有哪些新技术？

11-4　什么是激光测料面技术？

11-5　什么是高炉料面红外摄像技术？

11-6　什么是光导纤维检测技术？

11-7　什么是料层测定磁力仪？

11-8　如何用同位素测定炉料下行速度？

11-9　何谓高炉冶炼过程的计算机控制？

11-10　高炉基础自动化包括哪些内容？

11-11　高炉过程控制完成哪些职能？

11-12　什么是高炉过程专家系统？

11-13　高炉炼铁过程人工智能和专家系统的功能有哪些？

11-14　高炉喷吹还原性气体的目的是什么？

11-15　简述直接还原法炼铁与熔融还原法炼铁的方法和分类。

11-16　直接还原铁有哪些用途？

参 考 文 献

[1] 王明海. 炼铁原理与工艺[M]. 北京：冶金工业出版社，2006.

[2] 卢宇飞. 炼铁工艺[M]. 北京：冶金工业出版社，2006.

[3] 卢宇飞. 冶金原理[M]. 北京：冶金工业出版社，2009.

[4] 王筱留. 钢铁冶金学（炼铁部分）（第2版）[M]. 北京：冶金工业出版社，2000.

[5] 王筱留. 高炉生产知识问答（第2版）[M]. 北京：冶金工业出版社，2004.

[6] 由文泉. 实用高炉炼铁技术[M]. 北京：冶金工业出版社，2004.

[7] 周传典. 高炉炼铁生产技术手册[M]. 北京：冶金工业出版社，2004.

[8] 黄希祜. 钢铁冶金原理（第3版）[M]. 北京：冶金工业出版社，2002.

[9] 王明海. 钢铁冶金概论[M]. 北京：冶金工业出版社，2001.

[10] 王宏启. 高炉炼铁设备[M]. 北京：冶金工业出版社，2008.

冶金工业出版社部分图书推荐

书 名	作 者	定价(元)
物理化学(第4版)(国规教材)	王淑兰	45.00
钢铁冶金学(炼铁部分)(第4版)(本科教材)	吴胜利	65.00
现代冶金工艺学——钢铁冶金卷(第2版)(国规教材)	朱苗勇	75.00
冶金物理化学研究方法(第4版)(本科教材)	王常珍	69.00
冶金与材料热力学(本科教材)	李文超	65.00
热工测量仪表(第2版)(国规教材)	张 华	46.00
金属材料学(第3版)(国规教材)	强文江	66.00
钢铁冶金原理(第4版)(本科教材)	黄希祜	82.00
冶金物理化学(本科教材)	张家芸	39.00
金属学原理(第3版)(上册)(本科教材)	余永宁	78.00
金属学原理(第3版)(中册)(本科教材)	余永宁	64.00
金属学原理(第3版)(下册)(本科教材)	余永宁	55.00
冶金热力学(本科教材)	翟玉春	55.00
冶金设备基础(本科教材)	朱 云	55.00
冶金学实验教程(本科教材)	张荣良	32.00
金属学及热处理(本科教材)	范培耕	38.00
相图分析及应用(本科教材)	陈树江	20.00
冶金传输原理(本科教材)	刘 坤	46.00
钢冶金学(本科教材)	高泽平	49.00
耐火材料(第2版)(本科教材)	薛群虎	35.00
钢铁冶金原燃料及辅助材料(本科教材)	储满生	59.00
炼铁工艺学(本科教材)	那树人	45.00
炼铁学(本科教材)	梁中渝	45.00
冶金与材料近代物理化学研究方法(上册)	李 钒	56.00
硬质合金生产原理和质量控制	周书助	39.00
金属压力加工概论(第3版)	李生智	32.00
热处理工艺(高职高专教材)	胡美些	42.00
物理化学(第2版)(高职高专国规教材)	邓基芹	36.00
冶金原理(第2版)(高职高专国规教材)	卢宇飞	45.00
冶金技术概论(高职高专教材)	王庆义	28.00
高炉冶炼操作与控制(高职高专教材)	侯向东	49.00
转炉炼钢操作与控制(高职高专教材)	李 荣	39.00
连续铸钢操作与控制(高职高专教材)	冯 捷	39.00
铁合金生产工艺与设备(第2版)(高职高专国规教材)	刘 卫	45.00
矿热炉控制与操作(第2版)(高职高专国规教材)	石 富	39.00